"十四五"高等职业教育计算机类专业系列教材

数据库技术与应用
——基于华为GaussDB

曹志胜　郎振红◎主　编
刘　洋　马占杰◎副主编

中国铁道出版社有限公司

CHINA RAILWAY PUBLISHING HOUSE CO., LTD.

内 容 简 介

华为云数据库实现了企业核心数据安全上云、稳定高效处理与分析的功能。本书选用 GaussDB (for MySQL) 和 GaussDB (DWS)，结合大量案例，讨论华为云数据库的基本概念、基本语法和建设过程。全书共 9 章，第 1 章概要介绍数据库专业知识；第 2 章简述华为 GaussDB 数据库产品内容、特点、申请与使用；第 3~8 章介绍 GaussDB (for MySQL) 的基本语法与使用过程；第 9 章以前 8 章的业务和数据为基础，介绍 GaussDB (DWS) 数据仓库的建设与实现过程。本书实用性强，涉及内容和动手实践紧密结合，可较快地帮助读者建立基于华为云数据库项目开发的理论思维。

本书适合作为高等职业院校数据库相关专业的教材，也可作为企业相关技术人员的参考用书，还可作为大数据项目开发、数据库系统开发等课程的补充教材或课外读物。

图书在版编目（CIP）数据

数据库技术与应用：基于华为 GaussDB/曹志胜，郎振红主编 . —北京：中国铁道出版社有限公司，2023.3
"十四五"高等职业教育计算机类专业系列教材
ISBN 978-7-113-29503-5

Ⅰ. ①数… Ⅱ. ①曹… ②郎… Ⅲ. ①数据库系统-高等职业教育-教材 Ⅳ. ①TP311.13

中国版本图书馆 CIP 数据核字（2022）第 140098 号

书　　名	数据库技术与应用——基于华为 GaussDB
作　　者	曹志胜　郎振红
策　　划	祁　云　　　　　　　　　　　编辑部电话：（010）63549458
责任编辑	祁　云　彭立辉
封面设计	付　巍
封面制作	刘　颖
责任校对	刘　畅
责任印制	樊启鹏
出版发行	中国铁道出版社有限公司（100054，北京市西城区右安门西街 8 号）
网　　址	http://www.tdpress.com/51eds/
印　　刷	河北京平诚乾印刷有限公司
版　　次	2023 年 3 月第 1 版　　2023 年 3 月第 1 次印刷
开　　本	850 mm×1 168 mm　1/16　印张：17.5　字数：441 千
书　　号	ISBN 978-7-113-29503-5
定　　价	54.00 元

版权所有　侵权必究

凡购买铁道版图书，如有印制质量问题，请与本社教材图书营销部联系调换。电话：（010）63550836
打击盗版举报电话：（010）63549461

前 言

数据库技术可有效地将数据按业务类型进行不同结构的组织和存储，并通过数据库管理系统对这些数据库进行有效的管理，例如行式数据库 MySQL、文档数据库 MongoDB 等。随着信息化项目数据量的激增，数据的复杂性也在变化，但数据库仍是大数据有效使用的基础。为了弥补传统数据库在大数据领域应用的局限性，华为将数据库上云，基于华为数据库技术方面多年的技术积淀，结合数据库云化改造技术，大幅优化传统数据库，打造更高可用、更高可靠、更高安全、更高性能、即开即用、便捷运维、弹性伸缩的数据库服务，拥有容灾、备份、恢复、安防、监控、迁移等全面的解决方案。目前已经布局全球七大区域，拥有超过 1 500 家金融政企行业标杆大客户。基于此，我们编写了这本基于华为云的项目用书，可以帮助读者快速领悟华为云数据库的基本原理与应用方法，并且在书中插入了大量绘图及图中代码的解析，尽量降低学习的门槛，助力读者学习与理解。

华为云数据库家族分为开源增强型产品、自主品牌 GaussDB、一站式工具服务三大类产品，每一类产品下又分为不同的工具。鉴于篇幅限制，本书通过电商的案例，选用自主品牌 GaussDB 中的 GaussDB（for MySQL）和 GaussDB（DWS），以图文解析的方式进行全书的描述。

本书对基于华为云数据库的基本概念、在项目中的作用、使用方法、设计思路和建设过程进行了系统的介绍，包括数据库的基础知识、GaussDB 数据库产品架构、计费、使用和工作原理，数据库安全与管理以及数据仓库的相关知识等。考虑到读者的多样性和教材本身的实用性，对于不同的内容采取了不同的介绍方式。

为了项目开发思路和通畅性，本书的前 3 章原理性知识占比较大，主要介绍了数据库的缘起、关系型数据库与数据仓库的区别与联系、大数据时代下数据库设计、GaussDB 数据库产品架构、计费、使用和工作原理。引导读者理解数据库应用的原理和 GaussDB 数据库使用的项目成本和使用方法，帮助读者建立基于华为云数据库项目开发的理论思维。

本书的第 4~9 章，实践性知识占比较大。其中第 4~8 章，以 GaussDB（for MySQL）为主，通过对电商案例按知识点进行拆解，介绍了数据库结构设计思路、表字段形成过程、数据类型的选择、表数据操作过程、数据约束、数据迁移、表数据查询、索引、视图、存储过程、SQL 编程、自定义函数、事务和触发器的基本语法和应用过程。第 9 章以前 8 章案例中的业务和产生的数据为基础，介绍华为数据仓库 GaussDB（DWS）的设计思路、分层建设的原因、数据采集的过程和各层建设过程的实现过程。

本书以华为云数据库为主线，以 GaussDB（for MySQL）和 GaussDB（DWS）为工具，以电商购物过程为例，理论与实战兼顾，比较全面地介绍了华为云数据库的学习与使用过程。

本书由天津电子信息职业技术学院曹志胜、郎振红任主编，刘洋、马占杰任副主编，曹志胜负责全书的统稿和定稿。在此谨向本书出版过程中付出辛勤劳动的同仁表示感谢！本书在写作过程中还得到了慧科教育科技集团有限公司的资助，在此表示感谢。

限于编者的水平，全书在内容安排、表述等方面难免有不当之处，敬请读者理解，多提宝贵意见，我们将不断努力对本书进行优化改进。编者的 E-mail：25502581@qq.com。

编 者

2022 年 10 月

目 录

第 1 章 数据库认知 ·············· 1

1.1 数据库的缘起 ·············· 1
- 1.1.1 业务数据管理过程介绍 ·········· 1
- 1.1.2 数据与文件系统 ············ 2
- 1.1.3 数据存储模型 ············· 7

1.2 数据库管理系统 ·············· 8
- 1.2.1 数据库管理系统的基本概念 ······ 9
- 1.2.2 数据库管理系统的发展历史 ······ 10
- 1.2.3 数据库管理系统的要素 ········ 11

1.3 关系型数据库与数据仓库 ·········· 12
- 1.3.1 数据仓库的基本概念 ·········· 13
- 1.3.2 数据仓库的体系结构 ·········· 13
- 1.3.3 OLTP 与 OLAP ············ 14
- 1.3.4 数据仓库常用术语 ··········· 16

1.4 大数据时代下数据库的设计 ········· 17
- 1.4.1 大数据的基本概念 ··········· 17
- 1.4.2 分布式存储系统 ············ 18
- 1.4.3 关系型数据库的设计 ········· 22
- 1.4.4 数据仓库的设计 ············ 22
- 1.4.5 大数据仓库的分层建设 ········ 25
- 1.4.6 数据仓库的同步策略 ·········· 25

课后习题 ····················· 26

第 2 章 GaussDB 数据库介绍 ·········· 27

2.1 GaussDB 产品介绍 ············· 27
- 2.1.1 GaussDB 与云 ············· 27
- 2.1.2 华为云数据库家族 ··········· 30
- 2.1.3 GaussDB(for MySQL)产品的特点 ················ 32
- 2.1.4 GaussDB(for MySQL)使用限制 ················· 33

2.2 GaussDB(for MySQL)产品架构 ······ 34
- 2.2.1 概述 ·················· 34
- 2.2.2 DFV 存储与 GaussDB (for MySQL) ·············· 35
- 2.2.3 1 写 15 读 ··············· 37
- 2.2.4 高效的 GaussDB(for MySQL) ··· 38

2.3 GaussDB(for MySQL)计费说明 ····· 39
2.4 云数据库 GaussDB(for MySQL) ····· 41
- 2.4.1 购买实例 ··············· 41
- 2.4.2 实例连接方式简介 ·········· 44

课后习题 ···················· 47

第 3 章 数据库表设计 ············· 49

3.1 数据库表结构设计 ············· 49
- 3.1.1 数据库结构设计思路 ········· 49
- 3.1.2 需求分析设计 ············ 53
- 3.1.3 数据库概念设计 ··········· 55
- 3.1.4 逻辑设计与范式 ··········· 57
- 3.1.5 物理设计与反范化 ·········· 60

3.2 表字段数据类型的选择 ·········· 61
- 3.2.1 GaussDB(for MySQL)数据类型介绍 ················· 61
- 3.2.2 数据类型在数据表中的应用 ···· 62
- 3.2.3 字段属性设计 ············ 65

3.3 数据库建立与权限分配 ·········· 66
- 3.3.1 数据库管理操作 ··········· 66
- 3.3.2 建立用户并赋予数据库操作权限 ················· 67

3.4 数据表管理 …………………………… 72
　3.4.1 表空间 ………………………… 72
　3.4.2 临时表 ………………………… 74
　3.4.3 表的存储方式 …………………… 76
　3.4.4 创建数据表 …………………… 77
　3.4.5 维护数据表 …………………… 80
课后习题 ………………………………… 82

第 4 章　表数据操作 …………………… 83

4.1 表数据管理 …………………………… 83
　4.1.1 插入数据 ……………………… 83
　4.1.2 修改数据 ……………………… 95
　4.1.3 删除数据 …………………… 100
4.2 数据约束 …………………………… 106
　4.2.1 数据完整性 ………………… 106
　4.2.2 主键约束 …………………… 106
　4.2.3 唯一约束 …………………… 109
　4.2.4 外键约束 …………………… 110
　4.2.5 非空约束 …………………… 112
　4.2.6 默认约束 …………………… 112
　4.2.7 检查约束 …………………… 113
　4.2.8 查看表约束 ………………… 114
4.3 数据迁移 …………………………… 115
　4.3.1 使用 DRS 迁移到 GaussDB
　　　　(for MySQL)数据 …………… 115
　4.3.2 使用 mysqldump 迁移到
　　　　GaussDB(for MySQL)数据 …… 115
课后习题 ……………………………… 118

第 5 章　表数据查询 ………………… 119

5.1 查询语句基本语法 ………………… 119
5.2 简单查询 …………………………… 123
　5.2.1 SELECT… FROM …………… 123
　5.2.2 WHERE 子句 ……………… 127

　5.2.3 DISTINCT 与 AS 关键字 …… 136
　5.2.4 LIMIT 子句 ………………… 139
5.3 高级查询 …………………………… 141
　5.3.1 复合条件查询 ……………… 141
　5.3.2 模糊查询 …………………… 144
　5.3.3 系统函数查询 ……………… 145
　5.3.4 分组查询 …………………… 149
　5.3.5 数据排序 …………………… 149
5.4 多表连接查询 ……………………… 153
　5.4.1 自连接 ……………………… 153
　5.4.2 内连接 ……………………… 154
　5.4.3 左外连接 …………………… 156
　5.4.4 右外连接 …………………… 157
5.5 嵌套子查询 ………………………… 158
　5.5.1 带 IN 关键字的子查询 ……… 158
　5.5.2 带 EXISTS 关键字的子查询 … 159
　5.5.3 带 ANY、SOME 关键字的
　　　　子查询 ……………………… 161
　5.5.4 带 ALL 关键字的子查询 …… 162
5.6 联合查询 …………………………… 163
课后习题 ……………………………… 167

第 6 章　索引和视图 ………………… 168

6.1 索引 ………………………………… 168
　6.1.1 索引的概念 ………………… 168
　6.1.2 创建与使用索引 …………… 175
6.2 视图 ………………………………… 184
　6.2.1 视图的概念及分类 ………… 184
　6.2.2 视图的创建与管理 ………… 184
　6.2.3 利用视图维护数据 ………… 189
课后习题 ……………………………… 190

第 7 章　数据库编程 ………………… 191

7.1 SQL 编程基础 ……………………… 191

7.1.1 结构化查询语言 …………… 191
7.1.2 变量 ………………………… 192
7.1.3 流程控制 …………………… 195
7.1.4 操作运算符 ………………… 201
7.2 存储过程 ………………………… 202
　7.2.1 存储过程的概念 …………… 202
　7.2.2 简单存储过程的创建与执行 … 202
　7.2.3 带参数存储过程的创建与
　　　　执行 ………………………… 204
　7.2.4 存储过程的维护 …………… 205
7.3 自定义函数 ……………………… 207
　7.3.1 自定义函数的概念 ………… 207
　7.3.2 自定义函数的创建与使用 … 208
7.4 事务 ……………………………… 212
　7.4.1 事务的概念 ………………… 212
　7.4.2 事务的基本操作 …………… 213
　7.4.3 事务的隔离级别 …………… 216
7.5 触发器 …………………………… 217
　7.5.1 触发器的概念 ……………… 217
　7.5.2 触发器的操作 ……………… 218
课后习题 ……………………………… 221

第 8 章 数据库安全与管理 …………… 222

8.1 概述 ……………………………… 222
8.2 数据安全性 ……………………… 223
　8.2.1 身份验证 …………………… 223
　8.2.2 访问控制 …………………… 225
　8.2.3 审计功能 …………………… 228
　8.2.4 数据库加密 ………………… 229

8.3 实例生命周期管理 ……………… 229
　8.3.1 修改实例名称 ……………… 229
　8.3.2 重启实例 …………………… 230
　8.3.3 导出实例 …………………… 231
　8.3.4 删除实例 …………………… 232
　8.3.5 回收站 ……………………… 233
8.4 数据备份与恢复 ………………… 234
课后习题 ……………………………… 239

第 9 章 GaussDB 数据仓库服务 ……… 240

9.1 数据仓库设计思路 ……………… 240
　9.1.1 业务需求分析 ……………… 240
　9.1.2 数据仓库建设过程 ………… 241
　9.1.3 数据仓库框架设计 ………… 246
9.2 数据仓库原始数据层建设 ……… 248
　9.2.1 数据采集工具环境准备 …… 248
　9.2.2 数据增量与全量采集 ……… 255
9.3 数据仓库数据处理层建设 ……… 259
　9.3.1 产品类型退化维度建设 …… 259
　9.3.2 数据清洗 …………………… 262
　9.3.3 订单物流过程缓慢维度变化
　　　　建设 ………………………… 262
　9.3.4 可加事实、半可加事实、不可加
　　　　事实处理 …………………… 264
9.4 数据仓库分析层建设 …………… 265
　9.4.1 数据行为宽表建设 ………… 265
　9.4.2 OLAP 用户行为统计分析 … 269
课后习题 ……………………………… 272

第 1 章
数据库认知

信息化的大力发展催生了大数据的产生,以分布式为基础理论,融合数据库技术、程序语言、统计学、社会科学等学科知识,完成大数据项目的建设成为当今信息化的主题。一些国内大型企业也深入研究,形成了自己的产品。例如,华为自研了一系列的大数据相关产品,为大数据项目建设节省成本、提高开发效率做出重要贡献。本章主要针对大数据项目建设过程的基本知识进行介绍,为后面章节的学习打下理论基础。

重点难点

◎理解应用数据库的原因。
◎了解数据存储磁盘的过程。
◎了解计算机程序与硬件间工作的过程。
◎理解数据库基本概念、数据模型。
◎理解关系型数据库与数据仓库的设计思想及在大数据项目中的作用。

1.1 数据库的缘起

数据通常是以文件的形式存储于计算机中,如 Word 格式、Excel 格式等文件。这些文件都有不同的特色和应用场景。以数据库原理实现的文件存储,适合应用在数据查询、管理、权限限制等环境,在信息项目中应用广泛。

数据库的缘起

1.1.1 业务数据管理过程介绍

简单地讲,自然界与人类社会中一切能够被计算机识别的符号都称为数据。日常大家打开计算机看到的内容都是由数据组成并显现。从这些数据中读取出来能够被人们理解的思维推导出的内容称为信息。例如,我们看到的图可能是一只鸟,也可能是一幅风景画,这只鸟与风景画是由多个数据描述出来的信息内容,由人脑理解识别。大数据时代下所描述的众多信息带来了更大的价值,例如线下购物或线上电商平台,通过记录并分析用户购买商品的数据,得到用户可能感兴趣的其他商品,将商品摆放到当前商品旁边,或显示在电子页面上,从而促进商品的买卖。对大量信息通过关系分析出规律并能指导人们对未来做出决策的内容,称为知识。知识是人工智能领域非常重要的内容,也是大数据时代研究的重点话题。从数据记录至计算机,再表现为人们能够理解的信息,以及从众多信息中发现知识,可以最大限度地体现数据的价值。下面以大家熟悉的电商平台为例来展示这个过程,如图1-1所示。

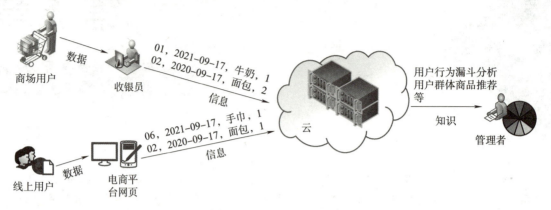

图1-1　信息化平台应用展示

图1-1描述了用户从商场或电商网络平台(如淘宝)购物的过程。其中商场购物时,通过收银员对用户购买的商品进行扫描、收费,生成购物小票;网络用户通过电商平台购物,生成电子票据。这些订单数据最终以用户可理解的组织形式(如记录商品编号、购买时间、商品名称、购买数量等)记录于计算机,即信息。通过用户的信息,应用计算分析技术,分析出用户购物行为规律或商品推荐的知识,协助管理者确定商场中哪些商品适合摆放在一起,商品浏览页面中更适合展示哪些内容。

这期间有一个非常重要的事情,就是数据的持久性存储,常常由计算机的磁盘来完成。

1.1.2　数据与文件系统

数据在计算机中存储时,首先期望磁盘能够存储大量的数据。为了方便用户从大量的数据中查询出指定的内容,这些数据通常把信息以一种单元,即文件的形式存储在磁盘或者其他外部介质上。一个文件是一个命名的、存储在设备上的信息的线性字节流。文件在需要的时候可以读取这些信息或者写入新的信息。计算机中拥有很多文件,需要对众多文件进行归类、存储、查找等。早在1965年开发的Multics(UNIX的前身)详细地设计了文件系统,这使得文件系统成为多用户单节点操作系统的重要组成部分。存储在文件中的信息必须是永久的,即它不会因为应用的创建/终止受到影响。只有当用户显式地删除它时,文件才会消失。对文件的管理,包括文件的结构以及命名、存取、使用、保护和实现,通常在文件系统中完成。从用户的观点来看,最重要的是文件系统如何呈现在他们面前,即一个文件由什么组成、文件如何命名、如何保护文件,以及对文件可以进行哪些操作等。而对文件系统的设计者来说,他们还需要关注如何记录文件的相关信息、如何组织存储区等问题。文件作为一种抽象机制,最重要的特征就是命名方法。各种系统的文件命名规则略有不同,但一般都支持由一定长度字符串作为文件名。应用创建文件时要指定文件名,文件在应用结束后仍然存在,其他应用可以使用该文件名对它进行操作。大部分文件系统不关心文件中保存的数据,把文件内容作为无结构的字节序列保存。也有一些文件系统支持结构化文件,以记录为单位组织信息,免去文件系统使用者将"原始的"

字节流转换成记录流的麻烦。除了文件名和数据,文件系统会赋予文件其他信息,如文件的创建日期、文件长度、创建信息、引用计数等,通常把这些额外的项称为文件属性,有时也称为元数据。

当用户需要读取指定文件中的指定内容时,通常会将需要的数据读取到内存中,然后通过中央处理器(Central Processing Unit,CPU)的计算进行具体内容的筛选。这个过程需要编写计算的程序来实现。计算机程序是一组计算机能识别和执行的指令。这些指令告诉计算机要做的事情,进而完成这些功能。计算机程序不运行时,以文件的形式存储于磁盘,一旦运行,将会占用计算机的资源进行工作。为了防止硬件被用户编写的失控的应用程序滥用,同时应用简单一致的机制来控制复杂而又大不相同的低级硬件设备。通常的做法就是向用户或应用程序(如画图、Word、浏览器等)提供统一的程序平台,即操作系统来完成,如图1-2所示。

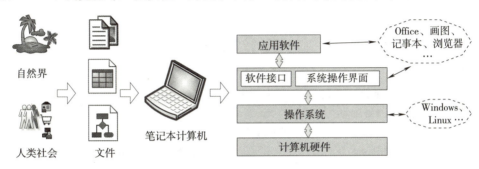

图1-2 数据记录与操作系统

操作系统的种类较多,例如手机中常用的Android、mac OS,家用笔记本计算机、台式计算机中常用的Windows,服务器中常用的Linux等。这些操作系统是通过计算机语言编写的大型软件程序,安装于裸机之上,结合计算机硬件,对命令进行解释、驱动硬件设备、管理与配置内存、决定系统资源供需的优先次序、控制输入与输出设备、操作网络与管理文件系统等基本事务。裸机即计算机硬件,主要指还未安装操作系统和任何应用软件的计算机,此时的计算机系统可进一步描述为由电子、机械和光电元器件等组成的各种物理装置的总称。这些物理装置按系统结构的要求构成一个有机整体,为计算机软件运行提供物质基础。操作系统向用户提供软件接口、操作界面等,供计算机用户通过操作界面或应用软件与系统交互,将生活中或自然界中的数据以文字、图表、图像、网页等文件形式记录,借助应用软件通过操作系统解析成计算机能识别的形式存储于磁盘中。打开这些应用软件,即启动了编写这些软件的程序,并以单独进程的形式进行展现。此时,它们会占用计算机的硬件资源进行工作,如图1-3所示。

文件系统(又称文件管理系统)是操作系统用于明确存储设备(常见的有磁盘、基于NAND Flash的固态硬盘等)或分区上的文件的方法和数据结构,用于在存储设备上组织文件,负责管理和存储文件信息的软件机构。

文件系统中的文件,通常会被操作系统划分成多个文件块,每个文件块由一个磁盘块存储。磁盘块是主存储器和磁盘存储器间的数据传输单位。操作系统忽略对底层物理存储结构的设计,分离对底层的依赖,通过虚拟出来的磁盘块的概念,在系统中认为块是最小的单位,对数据进行读取。当扇区的数量比较多时,寻址就会比较困难,所以操作系统就将相邻的扇区组合在一起,形成一个块,再对块进行整体操作。为了进一步理解数据存储于磁盘的知识,有必要了解一下磁盘存储的原理。下面以计算机机械硬盘为例,描述数据基于硬盘存储的过程。图1-4所示为计算机硬盘结构示意图。

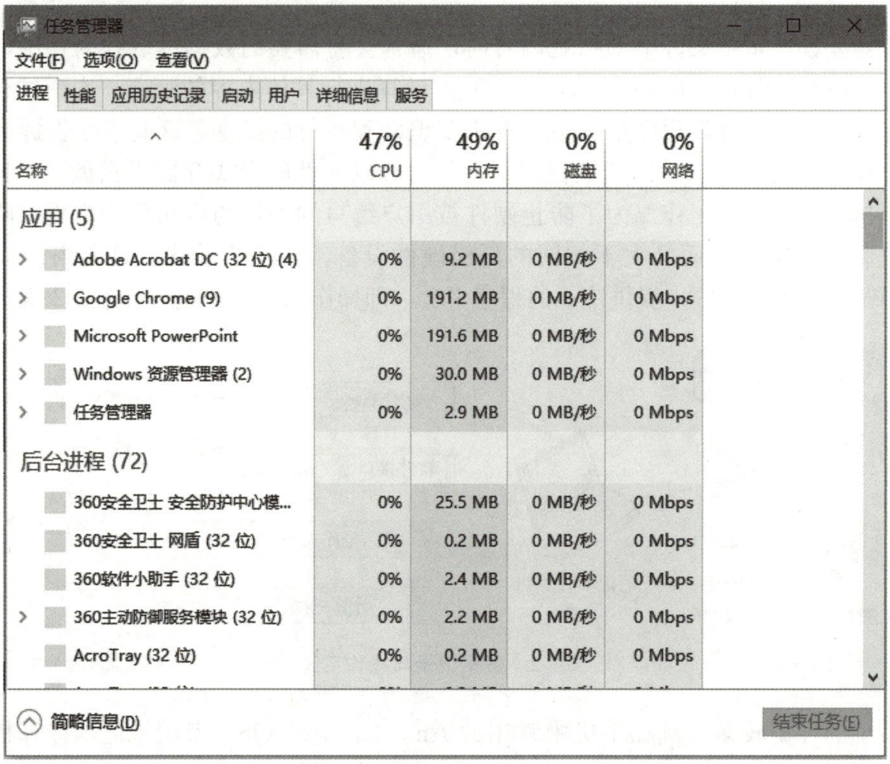

图1-3 应用程序与进程

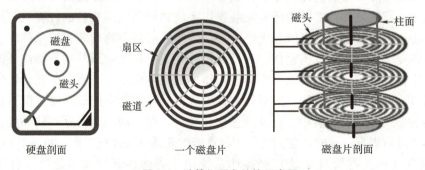

图1-4 计算机硬盘结构示意图

将计算机硬盘的盖子掀开,会看到里面有一组圆形的盘片(磁盘片),用于记录数据,下面介绍数据存储的几个概念。

(1)磁道(Track):指每个磁盘片上划分许多同心圆,这些同心的圆轨迹称为磁道;磁道从外向内从0开始顺序编号。

(2)扇区(Sector):指每个盘面上划分为若干内角相同的扇形,磁盘面上的每个磁道会被划分为若干段圆弧,每段圆弧称为一个扇区。每个扇区中的数据作为一个单元同时读出或写入。

为了对扇区进行查找和管理，扇区从 0 磁道开始，起始扇区为 1 扇区，其后为 2 扇区、3 扇区……进行编号，0 磁道的扇区编号结束后，1 磁道的起始扇区累计编号，直到最后一个磁道的最后一个扇区（n 扇区）。扇区是磁盘的最小组成单元，如 512 B。

（3）柱面（Cylinder）：指硬盘通常由重叠的一组盘片构成，每个盘面都被划分为数目相等的磁道，并从外缘的"0"开始编号，具有相同编号的磁道形成一个圆柱，称为磁盘的柱面。磁盘的柱面数与一个盘面上的磁道数是相等的。由于每个盘面都有自己的磁头，因此，盘面数等于总的磁头数。数据的读/写按柱面从外向内进行，而不是按盘面进行。定位时，首先确定柱面，再确定盘面，然后确定扇区。之后所有磁头一起定位到指定柱面，再旋转盘面使指定扇区位于磁头之下。写数据时，当前柱面的当前磁道写满后，开始在当前柱面的下一个磁道写入，只有当前柱面全部写满后，才将磁头移动到下一个柱面。在对硬盘分区时，各个分区也是以柱面为单位划分的，即从什么柱面到什么柱面；不存在一个柱面同属于多个分区。

（4）磁盘容量计算：

存储容量＝磁头数×磁道（柱面）数×每道扇区数×每扇区字节数

例如，对于一个 3 个磁盘片、6 个磁头、7 个柱面（每个盘片 7 个磁道）的磁盘，每条磁道有 8 个扇区、每个扇区 512 B 的磁盘，磁盘的容量为：

存储容量 $6\times 7\times 8\times 512=172\ 032$ B

每个磁盘块会存在指向存储同一文件信息记录的下一个磁盘块。磁盘块管理用于记录存储块和文件的关联关系，对于随机存储设备（如磁盘）而言，常用的存储方法由连续分配、链接表、索引链接表来实现。下面以图 1-1 中显示的用户购买的类似记录为例，演示文件存入磁盘的过程，文件的具体内容如图 1-5 所示。

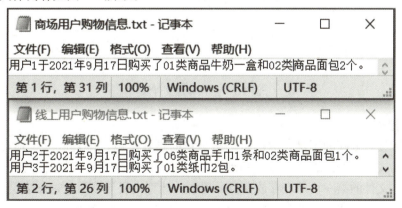

图 1-5　用户购物信息文件

文件存储前首先会切成一个或多个文件块，假设图 1-5 中每个文件中都存在若干条记录，当前两个文件分别被切分成了 3 个和 4 个文件块，通过 3 种存储方法来演示文件在磁盘上的演示过程。

1. 连续分配

最简单的物理结构是连续分配，连续分配将文件中的 N 个逻辑块映射到 N 个地址连续的物理块上。以磁盘为例，如果扇区的大小是 512 B，50 KB 的文件需要分配连续的 100 个扇区。这种方案简单、性能好，允许驱动器花较少的时间对整个文件进行读取和写入。连续存储文件块的分配过程如图 1-6 所示。

图 1-6　连续存储文件块

不足之处很明显，首先，很难预先知道文件的大小，文件系统也就无法确定要保留多少存储空间；其次，这种分配方案很容易产生存储空间碎片，原本可以使用的存储空间被浪费，同时，只要文件系统打算给一个文件分配 N 块，则存储设备中必须找到 N 个连续的物理块。

2. 链接表存储

文件的第二种方式是为每一个文件构造存储空间的链接表，在每个存储单元的特定部位，保存下一个存储单元的位置，每个逻辑块都包含一个带链接的头，用来指向下一个逻辑块对应的物理块的地址，如图 1-7 所示。与连续分配方案不同，这种方法能利用系统的每一个磁盘块，同时，目录项中只需要保存第一个存储单元的地址，文件的其他块可以根据这个地址来查找。链接分配方案顺序读取文件非常方便，但是随机存储效率比较低。如果应用需要读取文件块 3 中的内容，它必须依次读取前面的 3 个文件块，才能定位到文件块 3。

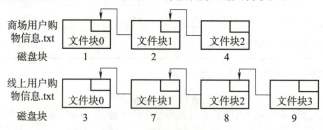

图 1-7　链接存储文件块

3. 索引链接表

为了克服链接表分配的不足，取出每个磁盘块的指针字段，将其放到一张索引表中，就形成了使用索引链式表分配。表的序号为物理块号，每个表项存放链接指针，指向属于同一文件的下一物理块，文件的第一块地址存放在目录项中，计算机引导以后，这张表会保存在内存中，不需要访问磁盘。该方法需要把整个链表存放在内存中。MS-DOS 采用的就是这种文件物理结构，如图 1-8 所示。

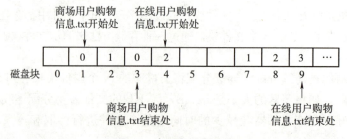

图 1-8　索引存储文件块

1.1.3 数据存储模型

数据存储依赖的文件会被切分成文件块，对应磁盘块，以不同的关联关系存储于磁盘中，这就决定了数据在文件中的组织方式会影响数据的存取性能。按数据在文件中不同的组织方式拥有不同的数据模型，如文件模型、关系模型等。

1. 文件模型

文件系统多以目录树的形式组织文件，如图 1-9（参考 CentOS 7 部分目录结构）所示。目录作为文件和子目录的容器，其数据由一组结构化的记录组成，每个记录描述了集合中的一个文件或者子目录。

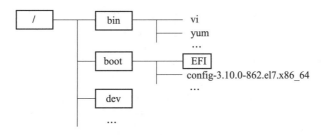

图 1-9　文件模型目录格式

记录提供足够的信息，允许文件管理器确定文件的所有已知特征，如名字、长度、建立时间、最后访问时间、所有者等。目录的实现，在存储设备中，通常将目录作为特殊文件（往往是结构化文件，支持基于记录的操作）保存，或保存在某一个特定的存储区域中。目录项中包含了文件名、扩展名等属性，特别需要注意的是，通过第一个文件块块号，顺着当前文件的组织形式（如索引链接表），就可以找到文件的所有块。

2. 关系模型

关系型数据库首先遵循数据库范式设计，使结构更合理，消除存储异常，数据冗余尽量小，便于小单元数据的插入、删除和更新。例如，将图 1-5 中的信息用关系模型存储，见表 1-1 和表 1-2。

表 1-1　用户信息表

用户编号	姓名	性别
20200101	用户 1	女
20200102	用户 2	男
...	...	...

表 1-2　订单信息表

用户编号	购买时间	购买商品	购买数量
20200101	2021 年 9 月 17 日	牛奶	1
20200102	2021 年 9 月 17 日	面包	2
...	...	...	...

在应用关系模型时将数据组织成一系列由行和列构成的二维表格，然后以文件的形式存储于文件系统中。切分文件块时，如果一条记录小于文件块大小，则尽量保证同一条记录在同一文件块中或相邻的文件块中。如果一条记录大于文件块大小，则会将该条记录存储于相邻的若干文件块中。以这样的方式，提高读取完整记录的性能。

表中的记录是按列以相同的方式进行存储，这样方便了关系模型通过关系代数、关系演算等方法来处理表格中的数据,并且可以利用多种约束来保证数据的完整准确。针对关系数据表中数据的查询,关系型数据库(如 MySQL、SQL Server、Oracle 等)支持的 SQL,在表中单元的关系代数和元组关系演算中体现了极大的优势。SQL 包括数据定义语言和数据操纵语言,其应用范围包括数据插入、查询、更新和删除,数据结构上的数据库模式的创建、修改,以及数据访问控制。SQL 是对埃德加·科德的关系模型的第一个商业化语言实现,这一模型在 1970 年一篇具有影响力的论文《一个对于大型共享型数据库的关系模型》中被描述。尽管 SQL 并非完全按照科德的关系模型设计,但其依然成为最为广泛运用的数据库语言。SQL 在 1986 年成为美国国家标准学会(ANSI)的一项标准,在 1987 年成为国际标准化组织(ISO)标准。例如,以 MySQL 为例演示 SQL 查询"用户 20200101 的购买记录",可通过下面的 SQL 语句实现。

```
SELECT 姓名,性别,购买时间,购买商品,购买数量 FROM 用户信息表,订单信息表
WHERE 用户信息表.用户编号= 订单信息表.用户编号 AND 用户编号='20200101'
```

当在支持 SQL 规则的关系数据库中执行该 SQL 时,将会得到如下结果。

```
+--------+--------+----------------+------------+------------+
|  姓名  |  性别  |    购买时间    |  购买商品  |  购买数量  |
+--------+--------+----------------+------------+------------+
|  用户1 |   女   |  2021年9月17日 |    牛奶    |     1      |
+--------+--------+----------------+------------+------------+
```

通过 SQL 中 SELECT 关键字指定的属性名(姓名,性别,购买时间,购买商品,购买数量)指定要查询的表的内容,FROM 关键字指定查询信息涉及的表名,WHERE 关键字指定两张表的查询条件。为了得到查询结果,需要将相关的信息从磁盘加载到内存,并通过 CPU 的计算得到需要的结果。这就意味着加载的数据越多,计算结果的速度越慢,为此,关系模型工具(如 MySQL)在数据按表格规范好后进行文件块切分时,尽量保证同一行数据记录在一个磁盘块上。一般来讲,记录是关系数据在磁盘上的存储形式,它是一组相关的数据值或数据项,其中的各数据项对应专属的一个或多个字节组成的域。每个域除了有一个特定的名称之外,还应该具有如整数、字符串等一个数据类型。这样的一组域即为记录格式又称记录型。当记录长度小于磁盘块容量时,可存储多条记录,即每个文件块包含多条记录。否则,需要将一条记录分成若干文件块,存入多个磁盘块。每个磁盘块必须有指针,指向下一个存储相同记录不同数据的磁盘块。跨块记录是指一条记录对应存储在多个磁盘块上,非跨块记录则指一条记录只存储在一个磁盘块内。按照对跨块记录存在的允许与否,存储记录的方法分别称为跨块存储记录方法和非跨块存储记录方法。正是这样按行记录存储数据的规则,保证了关系模型可以尽量以较快的速度获取需要的数据,达到尽量小的代价完成计算的目的。

1.2 数据库管理系统

数据库管理系统

一个应用系统中通常需要多张表完成数据的存储,这些表间可能存在一定的关系。表中按指定规则存储应用系统需要的实现数据。这些表及对应的数据通常需要进行统一管理。例如,表存储结构、表数据的访问权限、表数据的维护等。这些工作通常由一个统一的数据库管理系统完成。

1.2.1 数据库管理系统的基本概念

图 1-10 中用户的购物行为过程的数据会被记录在多个文件中，这些文件中的数据通过数据库进行统一管理，会极大地方便用户的使用。

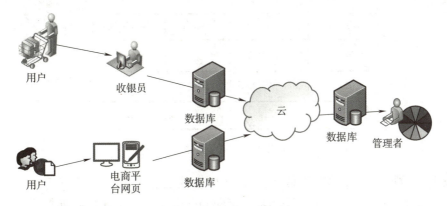

图 1-10 用户购物流程示意图

用户购物行为中的数据，首先会依据数据库工具（如 MySQL、Oracle）的规则按格式存储到不同的文件中，然后再由数据库工具对这些数据进行统一管理、维护。这些数据库工具是数据库管理系统的应用软件形成的。可以说，数据库管理系统（DataBase Management System，DBMS）是一种用于操纵和管理数据库的大型软件，专门用于建立、使用和维护数据库。它对一个或多个数据库进行统一管理和控制，以保证数据库的安全性和完整性。它对数据库进行统一的管理和控制，不同类型的数据库将数据描述的信息按业务需求以行式、列式、文档、图等方式，借助文件系统进行文件块的切分、磁盘存储，以便尽量将优质的性能呈现给用户，同时需要保证数据库的安全性和完整性。有了 DBMS，用户就可以对数据进行逻辑处理，而不必顾及这些数据在计算机中的布局和物理位置。用户通过 DBMS 访问数据库中的数据，数据库管理员也通过 DBMS 进行数据库的维护工作。它可使多个应用程序和用户用不同的方法在同时或不同时刻按数据库的规则建立、修改和查询数据库。为了便于后面的描述，有必要对数据库中的一些术语进行了解。在一个 DBMS 中，会拥有一个或多个数据库，每个数据库中存储着若干张表。例如，在关系模型的数据库中，常用的工具有 MySQL、SQL Server、Oracle 等，每款工具下可以建立多个数据库，每个数据库下面可建立多张表，如图 1-11 所示。

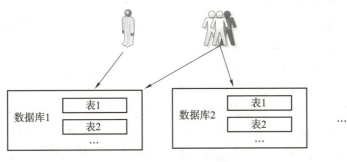

图 1-11 数据库与表

这些表按当前 DBMS 工具的规则进行设计，表中不同的部分可以用不同的名称进行统一，这样便于描述。例如，表中的每列可以称为当前表的属性（或列），第一行中描述了每一列的属性名（或列名），每一行称为元组（或行或记录），具体描述如图 1-12 所示。

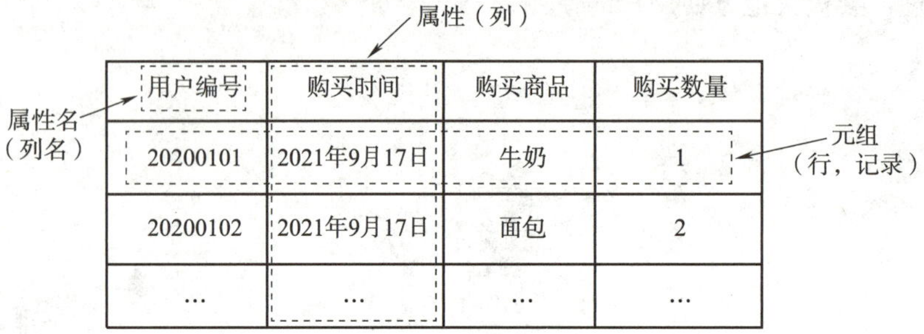

	属性（列）		
用户编号	购买时间	购买商品	购买数量
20200101	2021年9月17日	牛奶	1
20200102	2021年9月17日	面包	2
…	…	…	…

属性名（列名）指向第一列标题；元组（行，记录）指向数据行。

图 1-12 订单信息表

DBMS 针对数据库中存储的类似于图 1-12 中所描述的表，提供了 DDL（Data Definition Language，数据定义语言）和 DML（Data Manipulation Language，数据操纵语言）。其中，DDL 主要用于建立、修改数据库的结构，给出了数据库的框架，数据库的框架信息存放在数据字典中。DML 提供数据的增加、删除、更新、查询等操作。

针对数据库中的数据，通常存在多个用户同时访问时，就要求数据库在运行过程中，支持多用户环境下数据库系统正常运行。此时，DBMS 能够保证多用户环境下事务的原子性，如并发控制、安全性检查、完整性检查和执行、运行日志的组织管理、事务的管理和自动恢复等。

DBMS 能够依据业务对数据进行分类组织、存储和管理，包括元数据、用户的业务数据。要求按规则制定的数据组织和存储方式，尽量提高存储空间的利用率和存取效率。同时，分配不同数据给不同角色，对数据进行权限上的管理和分配。在数据的使用上，DBMS 从多方面实现数据的保护，例如数据库的恢复、数据库的并发控制、数据库的完整性控制、数据库的安全性控制、系统缓冲区的管理，以及数据存储的某些自适应调节机制等。在实现数据库的不同功能（如数据的载入、转换、转储、数据库的性能监控等）时，分别由各个应用程序来完成。同时，DBMS 应具有开放的接口，实现与操作系统的联机处理、远程作业输入的相关接口、与网络中其他软件系统的通信功能，以及数据库之间的互操作功能。

1.2.2 数据库管理系统的发展历史

DBMS 存在的意义是对数据的管理与控制。在计算机还未出现操作系统的时期，计算机资源与性能是有限的，同时要求能够操作计算机的人员具有较高的水平，这时从数据管理的角度来讲，主要应用于科学领域，处于人员管理阶段。此时，数据存储与管理都要求有专业的人员进行程序的编写，很难做到多个应用程序共享数据。

20 世纪 50 年代后期至 60 年代中期，文件系统相对较成熟，操作系统也有了较完善的产品，数据管理方面也随之进一步发展，数据长期保存，且文件的存储方式可以多样化、结构化。数据管理程序与存储的实际数据分离，使数据与程序之间有了一定的独立性。但此时，数据存储还不够规范，可能存在一些冗余问题，且数据的独立性并不完善，数据间的联系也较弱。

20 世纪 60 年代中期，数据库一词被引入。数据库存在最大的意义就是将数据按一定规则进行存储与控制，方便人们对数据记录的查询、管理。最早期的 DBMS 数据模型是网状数据库，紧随其后，出现层次数据库。网状数据库和层次数据库虽然已经很好地解决了数据的集中和共享问题，但是在数据独立性和抽象级别上仍存在不足。例如，操作两个数据库存取时，仍然需要指出数据的存取路径，以及明确数据的存储结构，关系型数据库的出现弥补了这样的不足。

20 世纪 60 年代末 70 年代初出现了关系数据库的理论。1970 年，Edgar F. Codd 在《大型共享数据银行的关系模型》中首次提出关系模型，实现应用程序按内容查询，引发了数据库管理系统的革命。关系数据模型是以集合论中的关系概念为基础发展起来的。关系模型中无论是实体还是实体间的联系均由单一的结构类型与关系来表示。例如，一对多关系（如传统的分层模型），以及多对多关系（如网络模型）。实际的关系数据库中的关系也称为表，一个关系数据库就是由若干个表组成的。在关系模型中，一些信息被用作"键"，用于唯一地定义特定记录。当收集关于用户的信息时，通过搜索该键可以找到存储在可选表中的信息。

关系型数据库管理系统的出现取得了极大的成功，有效地应用于各行业，成为非常重要的 DBMS 模型。但随着数据量的不断增加，关系型数据库按行存储的规则，对于按列取或其他聚合数据的读取业务显得力不从心，并不能有效地应用计算机的硬件资源。此时，一些聚合类模型的数据库成为人们关注的重心。其中，典型的是 NoSQL 数据模型的应用，主要解决一些非关系、分布式、水平可扩展等问题。2009 年初，NoSQL 得到迅速发展，具有更多的特性，如支持无模式、简单的复制、简单的 API、最终一致/BASE（非 ACID）、大量数据等。

1.2.3 数据库管理系统的要素

在 DBMS 的数据应用过程中，数据库除了 DML、DDL，还支持 DQL（Data Query Language，数据查询语言）的规则，在 DBMS 中负责数据查询，不会对数据本身进行修改。与 SQL 相对的 NoSQL 模型中，并不支持 SQL 标准，它通过提供 API 接口，供命令行、Java 等语言直接存取数据。

在 DBMS 的数据存储过程中，为了方便数据存储对象的应用，数据存储内容要给一个能够反映信息特征组成含义的名称。数据存储反映系统中静止的数据，表现出静态数据的特征。数据存储设计需要考虑数据的可用性、数据的规模、事务处理和安全性要求等。不同的数据库有着不同的存储方法。关系型数据库存储通常包含行、表、数据库 3 个层次，例如 MySQL 表由行组成，数据库由表构成。与关系模型相对的 NoSQL 在存储时，按业务对象不同而不同。例如，MongoDB 的存储包含文档、集合、数据库。文档是 MongoDB 逻辑存储的最小基本单元，集合是多个文档组成的集合。

在 DBMS 中进行数据查询处理时，是指从一个计算机文件或数据库中提取所需要的数据。考虑查询的性能，可适当地对库表应用索引机制。其中，索引在 DBMS 中是一种单独的、物理的对数据库中一个或多个对象的值进行排序的一种存储结构，索引通常是一个或多个属性指向其对应对象中标识这些值逻辑或者物理位置的指针列表。索引的作用相当于图书的目录，可以根据目录中的页码快速找到所需的内容。MySQL 提供了主键索引、普通索引、全文索引、唯一索引等。查询是数据处理的基本技术之一，如果要查询的数据全部放在计算机内存储器中，则这种查询称为内查询；如果要查询的数据不在内存而在外存储器中，则这种查询称为外查询。

对于不同的数据库结构和查询要求，需要用不同的查询技术。对于一个给定的查询，通常会有多种不同的查询策略，即查询的不同方法。查询优化就是从这些策略中找出最有效查询计划的一种过程。一个好的查询策略往往比一个坏的查询策略在执行效率（基于执行时间）上高几个数量级。

在 DBMS 关系模型的应用中，数据库事务是必不可少的内容。数据库事务通常是指对数据库进行读或写的一个操作序列。事务的存在包含有以下两个目的：

①为数据库操作提供一个从失败中恢复到正常状态的方法，同时提供数据库即使在异常状态下仍能保持一致性的方法。

②当多个应用程序在并发访问数据库时，可以在这些应用程序之间提供一个隔离方法，以防止彼此的操作互相干扰。

在 DBMS 中，业务数据通常涉及一些敏感或需要保密的内容，数据库安全显然非常重要。数据库安全是指数据库的任何部分都不允许受到恶意侵害或未经授权的存取或修改。数据库管理系统必须提供可靠的保护措施，确保数据库的安全性。其主要内涵包括三方面：保密性，不允许未经授权的用户存取信息；完整性，只允许被授权的用户修改数据；可用性，不应拒绝已授权的用户对数据进行存取。例如，关系型数据库典型的工具 MySQL 对数据安全性有着比较全面的保障机制，对数据的内部安全性的重点是保证数据目录访问的安全性，需要考虑的是数据库文件和日志文件的安全性。外部安全性的重点是保证网络访问的安全，策略包括 MySQL 授权表的结构和内容、服务器控制客户访问、避免授权表风险以及不用 GRANT 设置用户等。

1.3 关系型数据库与数据仓库

从数据存储的角度来讲，数据库是不可或缺的工具，关系型数据库适合按行进行记录读取的交互性强、实时要求较高、数据量不大的环境。而数据仓库则主要针对离线的历史性的数据、实时性要求不高的业务环境。图 1-13 所示为关系型数据库与数据仓库在购物行为信息化项目中的应用。

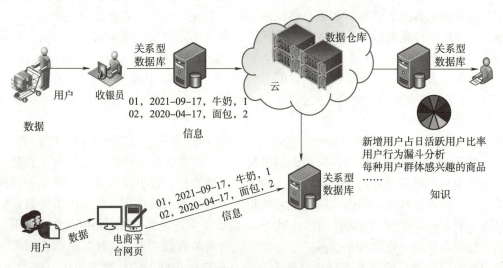

图 1-13 关系型数据库与数据仓库在购物行为信息化项目中的应用

无论是商场购物还是线上购物，用户都希望买完商品的同时，能够看到购物小票或订单，这里每一个用户都会拥有一条购物记录，显示用户的购物情况，这是明显的按行取数据进行多表关联的问题，故这里应用了关系型数据库。而在管理人员分析用户群体的购物行为时，需要对商场和线上购物的所有用户进行分析，这是典型的对已发生的历史数据的统计分析，故这里应用了数据仓库的技术，对商场和线上用户购物的信息进行了汇总。最后，将分析结果再次传递到关系型数据库，这方便了管理者能够快速、及时地查询到各种统计分析结果，辅助管理者对下一步商品投放等行为进行决策和理解。

1.3.1 数据仓库的基本概念

数据仓库是伴随着信息与决策支持系统的发展过程产生的，数据仓库之父W. H. Inmon 将其定义为：数据仓库是支持管理决策过程的、面向主题的、集成的、随时间而变的、持久的数据集合。

数据仓库（一）

数据仓库是一个将从多个数据源中收集来的信息以统一模式存储在单个站点上的仓储（或归档）。一旦收集完毕，数据会存储很长时间，允许访问历史数据。因此，数据仓库给用户提供了一个单独的、统一的数据接口，易于决策分析查询。而且，通过从数据仓库里访问用于支持决策的信息，决策者可以保证在线的事务处理系统不受决策支持负载的影响。数据仓库有如下 4 个基本特征：

数据仓库（二）

（1）数据仓库的数据是面向主题的，为特定的数据分析领域提供数据支持。

（2）数据仓库的数据是集成的，数据仓库中的数据从多个数据源中获取，通过数据集成而形成。

（3）数据仓库中的数据是非易失的，是经过抽取而形成的分析性数据，不具有原始性，主要供企业决策分析使用，执行的主要是"查询"操作，一般情况下不执行"更新"操作。

（4）数据仓库的数据是随时间不断变化的，数据仓库中的数据必须以一定时间段为单位进行统一更新。

数据仓库与传统数据库的比较见表 1-3。

表 1-3 数据仓库与传统数据库的比较

对比内容	数据仓库	传统数据库
数据内容	历史的、存档的、归纳的、计算的数据	当前值
数据目标	面向主体域、管理决策分析应用	面向业务操作程序、重复处理
数据特性	静态、不能直接更新、只是定时添加	动态变化、按字段更新
数据结构	简单、适合分析	高度结构化、复杂、适合操作计算
使用频率	中到低	高
数据访问量	有的事务可能要访问大量记录	每个事务只访问少量记录
时间要求	以秒、分钟、小时为单位计量	以秒为单位计量

1.3.2 数据仓库的体系结构

简单地说，数据从操作型数据库、文件、网络等数据源，通过 ETL（抽取-转换-加载，Extract-Transform-Load）集成工具进行数据抽取、清洗、转换、加载等工作，进入数据仓库和数据集市中，进而通过 OLAP（联机分析处理）服务器支持前台的多维分析、查询报表、数据挖掘等操作。数据集市又称数据市场，用于满足特定的部门或者用户的需求，数据按照多种方式进行存储，为用户提供决策分析。图 1-14 所示为典型的数据仓库系统的体系结构。

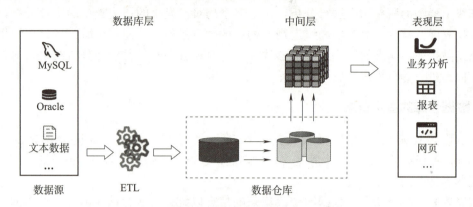

图 1-14 典型的数据仓库系统的体系结构

图 1-14 中，数据仓库的体系结构被分为数据库层、中间层和表现层三部分。

1. 数据库层

数据库层的数据来源于数据源所示的位置，即提供初始数据的地方，是数据仓库系统的基础。通过 ETL 对数据进行处理，最后将处理好的数据加载至数据仓库中。

数据仓库中的数据多以一个或多个小型的数据集市的结构进行存储。通常情况下，数据集市多以"自顶向下"或"自底向上"的思想进行建立。其中，"自顶向下"就是先创建一个中央数据仓库，然后按照各个特定部门的特定需求建立多个从属型的数据集市；而"自底向上"就是先以最少的投资，根据部门的实际需要，创建多个独立的数据集市，然后不断扩充、不断完善，最终形成一个中央数据仓库。

2. 中间层

中间层使用 OLAP 服务器对分析需要的数据按照多维数据模型进行再次重组，目的是支持用户多角度、多层级的数据分析。

3. 表现层

表现层主要描述从数据仓库中读取的数据的最终展现方式或展现形式。其中，展现方式可以是计算机、手机等形式；展现形式主要是通过对 OLAP 服务器或数据仓库进行统计查询或分析，形成各种报表、图表、邮件等内容。

1.3.3 OLTP 与 OLAP

传统的数据库技术是以单一的数据资源（即数据库）为中心，进行联机事务处理（OLTP）、批处理、决策分析等各种数据处理工作，主要划分为两大类：操作型处理和分析型处理（或信息型处理）。传统数据库系统侧重于企业的日常事务处理工作，但难于实现对数据分析处理要求，已经无法满足数据处理多样化的要求。操作型处理和分析型处理的分离成为必然。近年来，随着数据库技术的应用和发展，人们尝试对数据库中的数据进行再加工，形成一个综合的、面向分析的环境，以便更好地支持决策分析，从而形成数据仓库技术。操作型数据与分析型数据的区别见表 1-4。

表 1-4　操作型数据与分析型数据的区别

操作型数据	分析型数据
细节的	综合的
存取瞬间	历史数据
可更新	不可更新
事先可知操作需求	操作需求事先不可知
符合软件开发生命周期	完全不同的生命周期
对性能的要求较高	对性能的要求较为宽松
某一时刻操作一个单元	某一时刻操作一个集合
事务驱动	分析驱动
面向应用	面向分析
一个操作的数据量较小	一次操作的数据量较大
支持日常操作	支持管理需求

数据仓库的查询通常是复杂的、涉及大量数据在汇总级的计算，可能需要特殊的数据组织、存取方法和基于多维视图的实现方法。对数据记录进行只读访问，以进行汇总和聚集。如果 OLTP 和 OLAP 都在操作型数据库上运行，会大大降低数据库系统的吞吐量。数据仓库与操作型数据库分离是由于这两种系统中数据的结构、内容和用法都不相同，见表 1-5。

表 1-5　数据仓库与操作型数据库的区别

数据仓库	操作型数据库
面向主题	面向应用
容量巨大	容量相对较小
数据是综合的或提炼的	数据是详细的
保存历史的数据	保存当前的数据
通常数据是不可更新的	数据是可更新的
操作需求是临时决定的	操作需求是事先可知的
一个操作存取一个数据集合	一个操作存取一条记录
数据常冗余	数据非冗余
操作相对不频繁	操作较频繁
所查询的是经过加工的数据	所查询的是原始数据
支持决策分析	支持事务处理
决策分析需要历史数据	事务处理需要当前数据
需做复杂的计算	鲜有复杂的计算
服务对象为企业高层决策人员	服务对象为企业业务处理方面的工作人员

1.3.4 数据仓库常用术语

1. 维度、维度表、事实表

维度（Dimention）指人们观察事物的角度，是指一种视角，是一个判断、说明、评价和确定一个事物的多方位、多角度、多层次的条件和概念，如时间维度、地区维度、产品维度等。

维度表：维度属性的集合，分析数据的窗口。

事实表：记录业务数据的实体。

2. 粒度

粒度是指数据仓库的数据单位中保存数据的细化或综合程度的级别。细化程度越高，粒度级就越小；相反，细化程度越低，粒度级就越大。

数据的粒度一直是一个设计问题。数据仓库中的数据量大小与查询的详细程度以及性能之间要做出权衡。不同粒度的数据应用范围不同。

3. 数据立方体

数据立方体（Data Cube）是一种面向"主题"和"属性"而建立起来的一类多维矩阵，通常是一次同时考虑3个因素（维度）；但是数据立方体不局限于3个维度，大多数据在OLAP系统能用很多个维度构建数据立方体。

数据立方体是二维表格的多维扩展，如把三维的数据立方体看成一组类似的互相叠加起来的二维表格，四维度看成三维度的组合，等等。

4. 切片

切片操作就是在某个或某些维上选定一个属性成员，而在其他维上取一定区间的属性成员或全部属性成员来观察数据的一种分析方式。

5. 切块

切块就是在各个维上取一定区间的成员属性或全部成员属性来观察数据的一种分析方式，可以认为切片是切块的特例，切块是切片的扩展。

6. 翻转

翻转主要讲的是数据旋转通过变换维度的方向，重新安排维的位置，如行列转换。

7. 钻取

钻取是通过变换维度的层次，改变粒度的大小，包括向上钻取（Drill Up）和向下钻取（Drill Down）。向下钻取指从概括性的数据出发获得相应的更详细的数据，向上钻取则相反。钻取的深度与维度所划分的层次相对应。显然，钻取的深度与维度划分层次对应。如果时间维度上只定义"年""季度"这两个层次，那就只能向下钻取到"季度"，就不能再进一步向下钻取，如果时间维度增加"月""周"则可以继续向下钻取，类似部门也可以再细分到"小组"。

8. 星状模型、雪花模型、事实模型

多维数据模型是为了满足用户从多角度多层次进行数据查询和分析的需要而建立起来的基于事实和维的数据库模型，其基本的应用是为了实现联机分析处理。多维数据模型的存在形式包括星状模型、雪花模型、事实模型等。其中，星状模型中，事实表在中心，周围围绕连接着维表（每维一个），事实表含有大量数据。雪花模型是星状模型的变种，其中某些维表是规范化的（将引起冗余的字段用一个新表来表示），因而把数据进一步分解到附加表中，结果形成类似

于雪花的形状。星状模型和雪花模型的本质区别在于维表的处理，星状模型的效率高。事实模型即多个事实表共享维表，这种模型可以看作星状模型集。

1.4 大数据时代下数据库的设计

随着计算机技术、网络技术的高速发展，信息化技术发展迅速，数据量爆炸式增长，传统的数据库模型已显得力不从心。分布式技术模型应用于数据库技术中成为时代的主流。

大数据下数据库的设计

1.4.1 大数据的基本概念

大数据的概念早在 1980 年由著名未来学家阿尔文·托夫勒提出。2009 年，美国互联网数据中心证实大数据时代来临。随着 MapReduce 和 Google File System（GFS）的发布，大数据不再仅用来描述大量的数据，还涵盖了处理数据的速度。据工业和信息化部信息化和软件服务业司国家标准化管理委员会工业二部指导单位在《大数据标准化白皮书 V2.0》中记载了不同研究机构、公司从不同角度对于大数据定义的诠释。

2011 年，著名的咨询公司麦肯锡（Mckinsey）在研究报告《大数据的下一个前沿：创新、竞争和生产力》中给出了大数据的定义：大数据是指大小超出了典型数据库软件工具收集、存储、管理和分析能力的数据集。根据 Gartner 的定义，大数据是需要新处理模式才能具有更强的决策力、洞察发现力和流程优化能力的海量、高增长率和多样化的信息资产。

美国国家标准与技术研究院（National Institute of Standards and Technology，NIST）的大数据工作组在《大数据：定义和分类》中认为：大数据是指那些传统数据架构无法有效处理的新数据集。因此，采用新的架构来高效率完成数据处理，这些数据集的特征包括：容量、数据类型的多样性、多个领域数据的差异性、数据的动态特征（速度或流动率，可变性）。

还有一种定义是：大数据，或称巨量数据、海量数据、大资料，指的是所涉及的数据量规模巨大到无法通过人工在合理时间内达到截取、管理、处理并整理成为人类所能解读的信息。百度百科给出的定义是：大数据，或称巨量资料，指的是所涉及的资料量规模巨大到无法通过目前主流软件工具，在合理时间内达到撷取、管理、处理并整理成为帮助企业经营决策更积极目的的资讯。

国内普遍的理解：具有数量巨大、来源多样、生成极快且多变等特征并且难以用传统数据体系结构有效处理的包含大量数据集的数据。它具有以下特征：

1. 数据类型繁多（Variety）

除了结构化数据外，大数据还包括各类非结构化数据（如文本、音频、视频、点击流量、文件记录等）和半结构化数据（如电子邮件、办公处理文档等）。结构化数据是指具有较强的结构模式，可以使用关系型数据库表示和存储的数据。

①结构化数据通常表现为一组二维形式的数据集，每一行表示一个实体的信息，每一行的不同属性表示实体的某一方面，每一行数据具有相同的属性。这类数据本质上是"先有结构，后有数据"。

②半结构化数据是一种弱化的结构化数据形式，并不符合关系型数据模型的要求，但仍有

明确的数据大纲,包含相关的标记用来分隔实体以及实体的属性。这类数据中的结构特征相对容易获取和发现,通常采用类似 XML、JSON 等标记语言来表示。

③人们日常生活中接触的大多数数据都属于非结构化数据。这类数据没有固定的数据结构,或难以发现统一的数据结构。各种存储在文本文件中的系统日志、文档、图像、音频、视频等数据都属于非结构化数据。

2. 处理速度快(Velocity)

通常具有时效性,企业只有把握好对数据流的掌控应用,才能最大限度地挖掘利用大数据所潜藏的商业价值。

3. 数据体量巨大(Volume)

虽然对各大数据量的统计和预测结果并不完全相同,但一致认为数据量将急剧增长。

4. 数据价值(Value)

从海量价值密度低的数据中挖掘出具有高价值的数据。这一特性突出表现了大数据的本质是获取数据价值,关键在于商业价值,即如何有效利用好这些数据。

5. 真实性(Veracity)

阿姆斯特丹大学的 Yuri Demchenko 等人提出了大数据体系架构框架的 5V 特征,在 4V 的基础上,增加了真实性(Veracity)特征,强调要保证数据来源的信誉,具有可信性、真伪性、有效性和可审计性的特点。

1.4.2 分布式存储系统

针对大数据时代下多源异构的海量数据(可轻松超过 TB、PB 级且数量快速增长),其处理的核心思路就是将问题简化成一个更简单的能处理的问题,将问题拆分成多个可以简单求解的小问题。

分布式文件存储系统建立在通过网络联系在一起的服务器集群中,故分布式系统面临的第一个问题就是数据分布,即将数据均匀地分布到多个存储节点。另外,为了保证可靠性和可用性,需要将数据复制多个副本,这就带来了多个副本之间的数据一致性问题。大规模分布式存储系统的重要目标就是节省成本,因而只能采用性价比较高的 PC 服务器。这些服务器性能很好,但是故障率很高,要求系统能够在软件层面实现自动容错。当存储节点出现故障时,系统能够自动检测出来,并将原有的数据和服务迁移到集群中其他正常工作的节点。

比较理想的分布式文件存储系统应建立在通过网络联系在一起的多台价格相对低廉的服务器上,将要存储的文件按照特定的策略划分成多个片段分散放置在系统中的多台服务器上。由于服务器之间的联系相对松散,当系统存储和处理能力不足时,可以通过增加其中服务器的数量来实现横向扩容,而无须迁移整个系统中的数据。分布式文件系统在响应文件操作时,可以将操作分解成多台服务器的子操作,从而为客户端提供了很好的并行度和性能。同时,分布式文件系统中的多台服务器之间形成了硬件上的冗余,很多分布式文件系统选择将同一数据块在多台服务器上重复存放,即使其中一台服务器失效也不会影响对该数据块的访问,这也为分布式文件系统中的数据提供了更高的可靠性。例如,Hadoop 分布式文件系统(HDFS)就是一种可以在普通商用硬件上运行而设计的文件系统。HDFS 提供对应用程序数据的高吞吐量访问,适用于具有大数据集的应用程序。HDFS 放宽了一部分 POSIX(可移植操作系统接口)约束,可实现流式读取文件系统数据的目的。

分布式存储系统的一个核心问题是自动容错功能。由于服务器集群较大，故服务器节点是不可靠的，网络也是不可靠的，会发生一些异常现象，常表现在服务器宕机、网络异常或磁盘故障等方面。发生宕机时，节点无法正常工作，称为"不可用"（Unavailable），因此，设计存储系统时需要考虑如何通过读取持久化介质（如机械硬盘、固态硬盘）中的数据来恢复内存信息，从而恢复到宕机前的某个一致的状态。网络异常的原因可能是消息丢失、消息乱序（如采用 UDP 方式通信）或者网络包数据错误。故在设计网络容错时，应假设网络永远是不可靠的，任何一个消息只有收到对方的回复后才可以认为发送成功。磁盘故障是一种发生概率很高的异常。磁盘故障分为两种情况：磁盘损坏和磁盘数据错误。磁盘损坏时，将会丢失存储在上面的数据，因而，分布式存储系统需要考虑将数据存储到多台服务器，即使其中一台服务器磁盘出现故障，也能从其他服务器上恢复数据。对于磁盘数据错误，往往可以采用校验和检查机制来解决，这样的机制既可以在操作系统层面实现，又可以在上层的分布式存储系统层面实现。

在单机系统中，只要服务器没有发生异常，每个函数的执行结果就是确定的，要么成功，要么失败。然而，在分布式系统中，如果某个节点向另外一个节点发起远程过程调用（Remote Procedure Call，RPC），这个 RPC 执行的结果有 3 种状态："成功""失败""超时"（未知状态），也称为分布式存储系统的三态。

1. 衡量指标

对于分布式存储系统来讲，通过依据集群整体的性能、可用性、一致性和可扩展性来衡量。

（1）性能

常见的性能指标有：系统的吞吐能力以及系统的响应时间。其中，系统的吞吐能力指系统在某一段时间可以处理的请求总数，通常用每秒处理的读操作或者写操作数来衡量；系统的响应延迟，指从某个请求发出到接收到返回结果消耗的时间，通常用平均延时或者 99.9% 以上请求的最大延时来衡量。这两个指标往往是矛盾的，追求高吞吐的系统，往往很难做到低延迟；追求低延迟的系统，吞吐量也会受到限制。因此，设计系统时需要权衡这两个指标。

（2）可用性

系统的可用性是指系统在面对各种异常时可以提供正常服务的能力。系统的可用性可以用系统停止服务的时间与正常服务的时间的比例来衡量，例如某系统的可用性为 99.99%，相当于系统一年停止服务的时间不能超过 $365 \times 24 \times 60/10\ 000 = 52.56$ min。系统可用性往往体现了系统的整体代码质量以及容错能力。

（3）一致性

由于异常的存在，设计分布式存储系统时往往会将数据存储多份，每一份称为一个副本。这样，当某一个节点出现故障时，可以从其他副本读到数据。可以认为副本是分布式存储系统容错技术的重要手段。由于存在多个副本，如何保证副本之间的一致性是整个分布式系统的理论核心。

可以从两个角度理解一致性：第一个角度是用户，或者说是客户端，即客户端读写操作是否符合某种特性；第二个角度是存储系统，即存储系统的多个副本之间是否一致，更新的顺序是否相同，等等。

（4）可扩展性

系统的可扩展性指分布式存储系统通过扩展集群服务器规模来提高系统存储容量、计算量和性能的能力。随着业务的发展，对底层存储系统的性能需求不断增加，比较好的方式就是通过自动增加服务器提高系统的能力。理想的分布式存储系统实现了"线性可扩展"，也就是说，随着集群规模的增加，系统的整体性能与服务器数量呈线性关系。

2. 数据分布

分布式系统与传统单机系统的区别在于能够将数据分布到多个节点，并在多个节点之间实现负载均衡。数据分布的方式主要有两种：一种是哈希分布，如一致性哈希，代表系统为 Amazon 的 Dynamo 系统；另一种是顺序分布，即每张表格上的数据按照主键整体有序，代表系统为 Google 的 BigTable 系统。BigTable 将一张大表根据主键切分为有序的范围，每个有序范围是一个子表。

将数据分散到多台机器后，需要尽量保证多台机器之间的负载是比较均衡的。衡量机器负载涉及的因素很多，如机器负载值、CPU、内存、磁盘以及网络等资源使用情况，读写请求数及请求量等。分布式存储系统需要能够自动识别负载高的节点，当某台机器的负载较高时，将它服务的部分数据迁移到其他机器，实现自动负载均衡。

分布式存储系统的一个基本要求是透明性，包括数据分布透明性、数据迁移透明性、数据复制透明性、故障处理透明性。

3. 复制

为了保证分布式存储系统的高可靠和高可用，数据在系统中一般存储多个副本。当某个副本所在的存储节点出现故障时，分布式存储系统能够自动将服务切换到其他副本，从而实现自动容错。分布式存储系统通过复制协议将数据同步到多个存储节点，并确保多个副本之间的数据一致性。

同一份数据的多个副本中往往有一个副本为主副本，其他副本为备份副本，由主副本将数据复制到备份副本。复制协议分为两种：强同步复制和异步复制。二者的区别在于用户的写请求是否需要同步到备份副本才可以返回成功。假如备份副本不止一个，复制协议还会要求写请求至少需要同步到几个备份副本。当主副本出现故障时，分布式存储系统能够将服务自动切换到某个备份副本，实现自动容错。

一致性和可用性是矛盾的，强同步复制可以保证主副本和备份副本之间的一致性，但是当备份副本出现故障时，也可能阻塞存储系统的正常写服务，系统的整体可用性受到影响；异步复制协议的可用性相对较好，但是一致性得不到保障，主副本出现故障时还有数据丢失的可能。

4. 容错

随着集群规模变得越来越大，故障发生的概率也越来越大，大规模集群每天都有故障发生。容错是分布式存储系统设计的重要目标，只有实现了自动化容错，才能减少人工运维成本，实现分布式存储的规模效应。

单台服务器故障的概率是不高的，然而，只要集群的规模足够大，每天都可能有机器故障发生，系统需要能够自动处理。首先，分布式存储系统需要能够检测到机器故障，在分布式系统中，故障检测往往通过租约（Lease）实现。接着，需要能够将服务复制或者迁移到集群中的其他正常服务的存储节点。

5. 可扩展性

通过数据分布、复制以及容错等机制，能够将分布式存储系统部署到成千上万台服务器。

可扩展性的实现手段很多,如通过增加副本个数或者缓存提高读取能力,将数据分片使得每个分片可以分配到不同的工作节点以实现分布式处理,把数据复制到多个数据中心,等等。

分布式存储系统大多带有总控节点,很多人会自然地联想到总控节点的瓶颈问题,认为P2P架构更有优势。然而,事实却并非如此,主流的分布式存储系统大多带有总控节点,且能够支持成千上万台的集群规模。

另外,传统的数据库也能够通过分库分表等方式对系统进行水平扩展,当系统处理能力不足时,可以通过增加存储节点来扩容。

6. 分布式协议

分布式系统涉及的协议很多,如租约、复制协议、一致性协议等,其中以两阶段提交协议和Paxos协议最具有代表性。两阶段提交协议用于保证跨多个节点操作的原子性,也就是说,跨多个节点的操作要么在所有节点上全部执行成功,要么全部失败。Paxos协议用于确保多个节点对某个投票(如哪个节点为主节点)达成一致。

7. 跨机房部署

在分布式系统中,跨机房问题一直都很困难。机房之间的网络延时较大,且不稳定。跨机房问题主要包含两方面:数据同步以及服务切换。跨机房部署方案通常有3个:集群整体切换、单个集群跨机房、Paxos选主副本。

(1)集群整体切换

集群整体切换是最为常见的方案。假设某系统部署在两个机房:机房1和机房2。两个机房保持独立,每个机房部署单独的总控节点,且每个总控节点各有一个备份节点。当总控节点出现故障时,能够自动将机房内的备份节点切换为总控节点继续提供服务。另外,两个机房部署了相同的副本数,例如数据分片A在机房1存储的副本为A11和A12,在机房2存储的副本为A21和A22。在某个时刻,机房1为主机房,机房2为备机房。

机房之间的数据同步方式可能为强同步或者异步。如果采用异步模式,那么,备机房的数据总是落后于主机房;当主机房整体出现故障时,有两种选择:要么将服务切换到备机房,忍受数据丢失的风险;要么停止服务,直到主机房恢复为止。因此,如果数据同步为异步,那么,主备机房切换往往是手工的,允许用户根据业务的特点选择"丢失数据"或者"停止服务"。

如果采用强同步模式,那么,备机房的数据和主机房保持一致。当主机房出现故障时,除了手工切换,还可以采用自动切换的方式,即通过分布式锁服务检测主机房的服务,当主机房出现故障时,自动将备机房切换为主机房。

(2)单个集群跨机房

集群整体切换方案的所有主副本只能同时存在于一个机房内。其他2种方案(单个集群跨机房、Paxos选主副本)是将单个集群部署到多个机房,允许不同数据分片的主副本位于不同的机房。

每个数据分片在机房1和机房2,总共包含4个副本,其中A1、B1、C1是主副本,A1和B1在机房1,C1在机房2。整个集群只有一个总控节点,它需要同机房1和机房2的所有工作节点保持通信。当总控节点出现故障时,分布式锁服务将检测到,并将机房2的备份节点切换为总控节点。

如果采用这种部署方式,总控节点在执行数据分布时,需要考虑机房信息,也就是说,尽量将同一个数据分片的多个副本分布到多个机房，从而防止单个机房出现故障而影响正常服务。

（3）Paxos 选主副本

在前两种方案（集群整体切换、单个集群跨机房）中，总控节点需要和工作节点之间保持租约，当工作节点出现故障时，自动将它上面服务的主副本切换到其他工作节点。如果采用 Paxos 协议选主副本，那么，每个数据分片的多个副本构成一个 Paxos 复制组。

Google 后续开发的系统包括 Google Megastore 以及 Spanner，都采用了这种方式。它的优点在于能够降低对总控节点的依赖，缺点在于工程复杂度太高，很难在线下模拟所有的异常情况。

1.4.3 关系型数据库的设计

以图 1-13 中用户线上购物，即通过电子商务平台购物的流程为例，描述大数据时代下数据库的设计过程，首先将这个流程中的环节进行归纳，如图 1-15 所示。

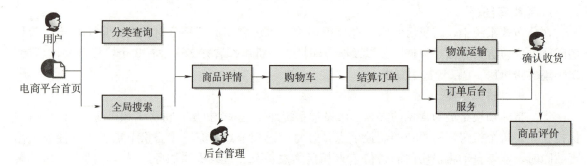

图 1-15 用户购物流程示意图

应用关系型数据库的范式，对用户购物流程的信息进行建表操作，将每个用户购物信息进行拆分，拆分成易于管理且少冗余的单元。为了说明问题，这里只列举几张表的设计内容，将用户购物的信息进行拆分，如图 1-16 所示。

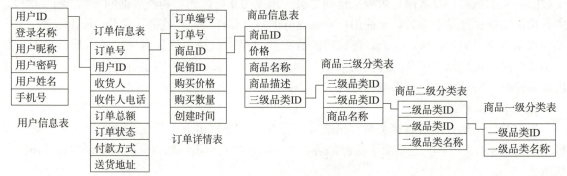

图 1-16 用户购物流程关系表

1.4.4 数据仓库的设计

当信息量增加到一定程度时，从众多的用户订单信息中，可以分析用户行为画像，例如用户的留存率、新增用户占日活跃用户比率、用户行为漏斗分析、用户相对商品复购率分析、商品推荐计算等。此时，我们关注的点不是信息单元的增、删、改、查操作（如更改某一用户的手机号），而是关注查询、统计，核心工作是从不同维度对历史数据进行统计分析。完成这样一个数据仓库的建设过程，大体可分为 4 步。

1. 选择业务过程

通过该业务分析用户行为画像，例如用户的留存率、新增用户占日活跃用户比率、用户行为漏斗分析、用户相对商品复购率分析、商品推荐计算等。涉及的库表众多，这里只选取有代表性的 7 张表，分别是订单信息表、订单详情表、商品信息表、用户信息表、商品一级分类表、商品二级分类表、商品三级分类表。

2. 声明粒度

声明粒度意味着精确定义某个事实表的每一行表示什么。粒度传递的是与事实表度量有关的细节。粒度由获取业务过程事件的操作型系统的物理实现确定。如果不能清楚地定义粒度，整个设计就像建立在流沙之上，对候选维度的讨论处于兜圈子的状态，不适当的事实将隐藏在设计中。不适当的维度始终笼罩着 DW（Data Warehouse，数据仓库）/BI（Business Intelligence，商业智能）实现。设计组的每个人都要对事实表粒度达成共识，这一点非常重要。

业务过程确定后，设计小组将面临一系列有关粒度的决策。在维度模型中应该包含哪个级别的细节数据呢？有许多理由要求以最低的原子粒度处理数据。原子粒度数据具有强大的多维性。事实度量越详细，就越能获得更确定的事实。将所知的所有确定的事情转换成维度。在这点上，原子数据与多维方法能够实现最佳匹配。原子数据能够提供最佳的分析灵活性，因为原子数据可以被约束并以某种可能的方式上卷。维度模型中的细节数据可以适应商业用户比较随意的查询请求。

> **注意**：
> 设计开发的维度模型应该表示由业务过程获取的最详细的原子信息。

当然，也可以定义汇总粒度来表示对原子数据的聚集。然而，一旦选择了级别较高的粒度，就限制了建立更细节的维度的可能性。粒度较高的模型无法实现用户向下钻取细节的需求。如果用户不能访问原子数据，则不可避免地会面临分析障碍。尽管聚集数据对性能调整有很好的效果，但这种效果的获得仍然不能替代允许用户访问最低粒度的细节。用户可以方便地通过细节数据得到汇总数据，但不能从汇总数据得到细节数据。

3. 确定维度

事实表粒度确定完毕后，需要确定维度的具体内容。维度要解决的问题是事实要分析问题的角度，例如从不同地方、不同日期等角度对关联的事实表中的事实进行统计分析。其中不同的地方可以设置成地区维；不同日期设置成日期维。在确定每一个维度时，应该明确维表中具体的属性及文本类型。

4. 确定事实

事实可分为可加事实（任意维度可聚合统计）、半可加事实（部分维度可聚合统计）和不可加事实（任何维度都不能聚合统计）。这些事实的确定，首先要充分考虑数据仓库的维度模型，例如将不可加事实拆分成可加事实。事实的来源需要考虑业务的需求、粒度等因素的综合考量，如图 1-17 所示。

图 1-17　维度设计 4 步过程的关键输入

设计的最后一步是确认应该将哪些事实放到事实表中。粒度的声明有助于稳定相关的考虑，必须与粒度吻合。在考虑可能存在的事实时，可能会发现仍然需要调整早期的粒度声明或维度选择。

依据设计的步骤对用户购物行为进行分析，得到购物流程的数据仓库创建内容，见表 1-6。

表 1-6　购物流程的数据仓库创建内容

事实	粒度	维度					支架表
		日期	订单状态	用户	商品（分类退化维度）	促销	商品评分表
支付流水表（事务）	每天	√		√			
订单表（周期）	事务	创建时间 操作时间 失效时间	√	√	√		订单详情
促销（无事实的事实表）		开始日期 结束日期			√	√	

依据表 1-6 描述，应用星状模式建立的用户购物行为仓库模型如图 1-18 所示。

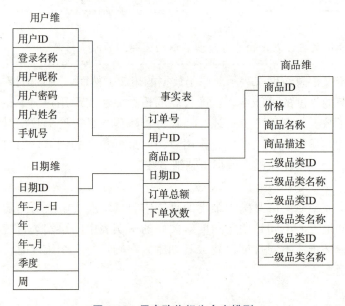

图 1-18　用户购物行为仓库模型

在大数据仓库的建设中，星状模式应用频率非常高，因为大数据仓库建设在分布式文件系统的基础上，细节信息的查询所付出的代价要大于冗余存储。例如日期维建设，虽然"年、年-

月、季度、周"这些属性对应的值都可以通过函数对"年-月-日"计算获取,但是从关系型数据库建设的角度是不提倡这种冗余存储的。在分布式文件系统的大数据仓库下,则提倡这种方法。数据量大时如果进行属性值的计算,一定要将信息先读取到内存、再通过 CPU 等硬件资源进行计算获取,这种冗余存储可以节约成本,同时也提升查询速度。

1.4.5 大数据仓库的分层建设

有人说"大数据仓库就是一个大冗余库",虽然不准确,却也形象地说明了大数据仓库建设过程中的一些现象。由于数据量增长很快,对于大型的电商平台,每天面对上千万用户的访问,数据处理起来需要众多台服务器一起工作才能保障正常运转。而在运转时,应用关系模型的数据库,可以有力地进行小单元信息的管理,和表间的关联计算。而对于历史数据,所发生的内容是不可逆转的,而历史数据最有价值的地方也是其蕴含的价值,故查询成为主体,而信息的小单元更改工作显得并不重要,甚至不需要。这时考虑整体的性能,因为交互工作占用资源较多,所以更期望历史数据的处理工作尽量放入离线的大数据平台中。而且,历史数据的统计结果相对交互工作要求是极其缓慢的,可以拥有大量的时间处理离线大数据的统计工作,因此可以有序地按层级处理大数据。这时,按层级建设大数据仓库成为较有效的思维模式。例如,将当前用户购物行为分析的数据分为 4 层,这里只是为了说明问题,实际工作中,一些大型的商务网站可能会分更加多的层次。

①原始数据层:将 MySQL 中大量数据原样抽取至该层,以备后期处理。与用户进行信息交互最紧密的是关系型数据库服务器这一端,为了尽量减轻当前服务器的压力,考虑首先将关系型数据库表中的内容尽量原样集成到大数据仓库中,减轻关系型数据库服务器的压力,而尽量将这种工作转嫁到大数据仓库的集群中。

②数据清洗层:对原始数据层数据进行简单处理,充分考虑分布式文件系统及大数据仓库的特点,对多级商品进行退化维度处理,对订单表中的时间值进行多角色处理。

③细粒度统计层:对数据进行较细粒度的汇总,建立宽表,以满足大多数汇总数据的需求。

④分析层:对数据进行粗粒度的汇总和统计分析。

1.4.6 数据仓库的同步策略

数据仓库建设完成后,将数据同步到数据仓库中是核心问题,数据同步的策略依据不同的业务需求及数据管理工具自身的特点有所不同,其中较常见的有全量表、增量表、快照表、拉链表等。

全量表通常指将数据源中指定表中数据全部导入指定平台的行为,例如,使用 Sqoop 工具直接导入或加载时,不需要任何特殊的操作。全量表存储的是完整的数据,按调度周期(如每天凌晨 0~1 点时导入前一天的全量表)导入时,表中数据有无变化都要报,而且每次都需要上报所有数据,且只有一个分区。应用全量表时,主要是指导入那些数据量不太大的数据,但是如果每次按调度周期导入时数据量过小,会造成很多小文件,不利于平台的存储。例如,用户信息表,适合用全量的导入策略。

增量表通常指继上次导出之后的新数据。例如,只关注每天或每个周期新增加的数据。该类数据,记录的是每次增加的量而不是总量,增量表只报变化量,无变化不用报,通常按业务进行分区。

快照表是把数据以副本或复制的形式存储的内容。快照表常见的模式有周期快照、累积快照和事务快照,事实表应用较多。周期快照通常指以具有规律性的、可预见的、固定的时间间隔来记录的数据,典型的例子如订单日快照表、订单月快照表等。周期快照应用于事实表时,通常比事务事实表的粒度要粗,是在事务事实表之上建立的聚集表。周期快照应用于事实表时,其维度个数比事务事实表要少,但是记录的事实要比事务事实表多。周期快照事实表的日期维度通常是记录时间段的终止日,记录的事实是这个时间段内的一些聚集事实值。事实表的数据一旦插入即不能更改,其更新方式为增量更新。累积快照和周期快照有些相似之处,它们存储的都是事务数据的快照信息。但是它们之间也有着很大的不同,周期快照记录的是确定周期的数据,而累积快照记录的是不确定周期的数据。累积快照是完全覆盖一个事务或产品的生命周期的时间跨度,它通常具有多个日期字段,用来记录整个生命周期中的关键时间点。事务快照是以一个完整的事务为粒度进行存储,如一个订单。

拉链表通常指对新增及变化表做定期合并,记录截止数据日期的全量数据。拉链表记录一个事物从开始,一直到当前状态的所有变化的信息。拉链表每次上报的都是历史记录的最终状态,是记录在当前时刻的历史总量。当前记录存的是当前时间之前的所有历史记录的最后变化量(总量),且只有一个分区。

课后习题

1. 简述数据、信息、知识的定义。
2. 简述你所了解的文件存储系统的存储方法。
3. 简述你对关系模型的理解。
4. 简述 DBMS 的基本概念。
5. 简述数据仓库的基本概念。
6. 简述关系型数据库与数据仓库的区别。
7. 简述你所了解的数据仓库的术语。
8. 简述你对数据库设计的理解。

第 2 章
GaussDB 数据库介绍

数据库在数据管理领域有着不可撼动的地位,从开始的以行进行记录、以关系模型为主的关系型数据库,到以行、列、图等模型进行聚合的 NoSQL 数据库,以及优秀的多维统计查询的数据仓库,针对不同的数据应用场景,有着优秀的表现,在 IT 行业表现尤为突出。华为针对 OLTP(On-Line Transaction Processing,联机事务处理过程)系列发布了关系型数据库与非关系型数据库,推出了数据仓库服务 GaussDB(DWS)。本章主要介绍华为关系型数据库的代表 GaussDB(for MySQL)的基本知识。

重点难点

◎了解 GaussDB 家族的产品。
◎了解 GaussDB(for MySQL)产品的应用场景。
◎掌握客户端工具(Data Studio)的安装和使用。

2.1　GaussDB 产品介绍

2.1.1　GaussDB 与云

GaussDB 产品介绍

华为云数据库实现了企业核心数据安全上云、稳定高效处理与分析的功能。这与传统数据库有着本质的不同。GaussDB 数据库产品上云的操作,使数据库可以承载更大的数据量和访问量的操作。其底层进行了封装,使用户可以像操作传统的数据库那样操作,完成的却是相对强大的功能。传统数据库,如 MySQL、Oracle、MongoDB、Redis 等,可安装在单机的操作系统上,数据库的语句解析成操作系统能够识别的指令,将数据存储于计算机的硬盘上。当对数据进行统计分析时,需要将数据磁盘读入内存,然后通过 CPU 计算,将结果通过报表、分析曲线、网页、图像等形式显示出来,或将结果存入磁盘,如图 2-1 所示。

随着信息化的高速发展,数据量飞速增长。单机的磁盘存储能力、CPU 计算能力、内存容量都是有限的,当单机不能处理时,需要多机分担数据量的存储与计算。将这些数据量分担到多机上,或者通过多机完成大数据量的计算是一件艰难的事情。对此,引入了云技术,如图 2-2 所示。

ISO/IEC JTC1 和 ITU-T 组成的联合工作组制定的国际标准 ISO/IEC 17788《云计算词汇与概述》DIS 版对云计算的定义:"云计算是一种将可伸缩、弹性、共享的物理和虚拟资源池以按需自服务的方式供应和管理,并提供网络访问的模式。"图 2-2 中的物理机,通过虚拟机技术,将每台物理机虚拟化成一台或多台虚拟机(又称虚拟计算机系统),每台虚拟机都拥有自己的虚拟硬件(如 CPU、内存、I/O 设备、硬盘等)来提供一个独立的虚拟机执行环境。每台虚拟机中的操作系统可以完全不同,并且它们的执行环境是完全独立的。这个虚拟化层称为虚拟机监控器(Virtual Machine Monitor,VMM)。

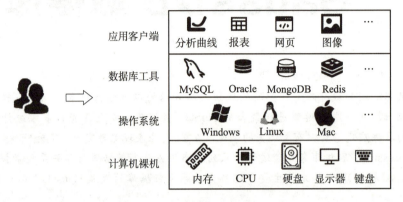

图 2-1　单机中数据库应用示意图

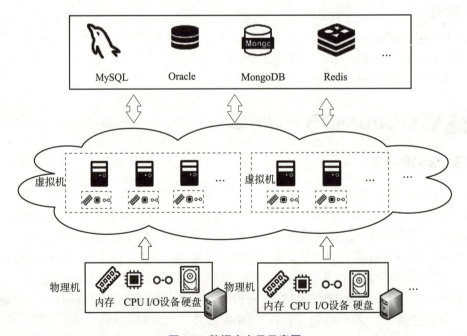

图 2-2　数据库上云示意图

虚拟机可以看作是物理机的一种高效隔离的复制品。其中,高效指的是虚拟机中运行的软件需要具有接近在物理机上直接运行的性能。VMM 需要对系统资源有完全控制能力和管理权限,包括资源的分配、监控和回收。VMM 对物理资源的虚拟可以归纳为 3 个主要任务:CPU

虚拟化、内存虚拟化和 I/O 虚拟化。CPU 虚拟化是 VMM 中最核心的部分，决定了内存虚拟化和 I/O 虚拟化的正确实现。CPU 虚拟化包括指令的模拟、中断和异常的模拟及注入，以及对称多处理器技术的模拟。内存虚拟化一方面解决了 VMM 和客户机操作系统对物理内存认识上的差异，另一方面在虚拟机之间、虚拟机和 VMM 之间进行隔离，防止某个虚拟机内部的活动影响到其他虚拟机甚至是 VMM 本身，从而造成安全上的漏洞。I/O 虚拟化主要是为了满足多个客户机操作系统对外围设备的访问。虚拟化功能的实现，归根结底是由程序语言编写的虚拟化工具操作物理机实现的，每台虚拟机从表象上看，类似很多存储在硬盘上的文件，虚拟化工具通过这些文件的记录，应用物理机上的设备实现独立的功能。因此，监控、维护这些虚拟机也变得更加容易。

虚拟化资源是云计算中最重要的组成部分之一，对虚拟化资源的管理水平直接影响云计算的可用性、可靠性和安全性。虚拟化资源管理主要包括对虚拟化资源的监控、分配和调度。云资源池中应用的需求不断改变，在线服务的请求经常不可预测，这种动态的环境要求云计算的数据中心或计算中心能够对各类资源进行灵活、快速、动态的按需调度。所有虚拟化资源都是可监控和可管理的，请求的参数是可监控的，监控结果可以被证实。各虚拟机之间通过网络标签可以对虚拟化资源进行分配和调度，使资源能高效地按需提供服务，具有更高的安全性。

云服务类别是拥有相同质量集的一组云服务。一种云服务类别可对应一种或多种云能力类型。典型的云服务类别包括 CaaS（容器即服务）、CompaaS（计算即服务）、DSaaS（数据存储即服务）、IaaS（基础设施即服务）、NaaS（网络即服务）、PaaS（平台即服务）和 SaaS（软件即服务）。目前国际上云计算产业在 IaaS、SaaS、PaaS 云服务类应用上已经很广泛。2020 年 7 月，《中国信息通信研究院》发布，我国 IaaS 发展成熟，PaaS 增长高速，SaaS 潜力巨大。2019 年，我国公有云 IaaS 市场规模达到 453 亿元，较 2018 年增长了 67.4%。受新基建等政策影响，IaaS 市场持续攀高，公有云 PaaS 市场规模为 42 亿元，与 2018 年相比提升了 92.2%；公有云 SaaS 市场规模达到 194 亿元，比 2018 年增长了 34.2%。全球云计算市场保持稳定增长趋势；2019 年，以 IaaS、PaaS 和 SaaS 为代表的全球云计算市场规模达到 1 883 亿美元，增速 20.86%。

下面通过 IaaS、PaaS 和 SaaS 层的综合应用，使大家对云计算服务有进一步的理解，如图 2-3 所示。通过 IaaS 层，云计算平台实现透过防火墙通过连接将数据安全均衡地存储在物理资源上，如服务器、网络资源等，通常会以数据中心为单位进行描述。在物理资源的建设中，通常会应用虚拟化技术，方便资源的管理和达到服务器资源充分利用的目的。通过 PaaS 层，用户通过自己的部署及应用程序，实现了从均匀分布的存储集群中查询数据进行并行计算，计算用户需要的有用信息。通常由于数据量巨大，会在此层进行分布式存储的应用，例如将大文件切分成等大小的片段以多副本的形式进行存储，然后通过分布式计算，如 map 和 reduce 过程，完成数据的计算。SaaS 层，用户通过提供商获取权限，依据业务要求管理应用信息。例如，通过个人权限范围内的云资源中查询相关业务（如商务、政务、交通、医疗、教育等）的信息，这些商务信息在客户端可以以文件、网页、图、表、图等形式展示。

云计算通常有公有云、私有云、社区云和混合云 4 类典型的部署模式：

(1) 公有云：云基础设施对公众或某个业界群组提供云服务。

(2) 私有云：云基础设施特定为某个组织进行服务，可以由该组织或第三方负责管理，可以是场内服务，也可以是场外服务。

(3) 社区云：云基础设施由若干个组织分享，以支持某个特定的社区。社区是指有共同诉求和追求的团体。与私有云类似,社区云可以由该组织或第三方负责管理,可以是场内服务,也可以是场外服务。

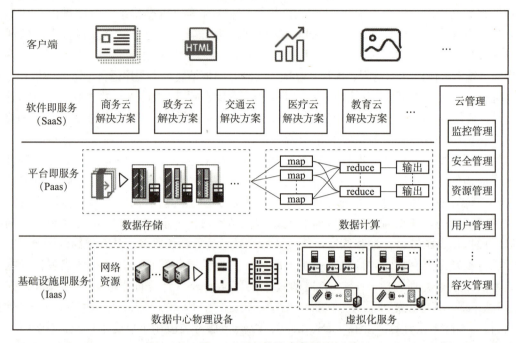

图 2-3　云架构层次举例

（4）混合云：云基础设施由两个或多个云（私有云、社区云或公有云）组成,独立存在,但是通过标准的或私有的技术绑定在一起,这些技术可促成数据和应用的可移植性。

华为云产品和服务严格按照行业规范,在行业固有技术的基础上也做了改进和创新,引入了多项华为独有的新技术,通过降低成本、弹性灵活、电信级安全、高效自助管理等优势惠及用户。GaussDB 数据库基于华为云建设,很好地实现了数据库在纵向和横向的扩展能力,有效地支撑更多的客户同时访问,支持数据存储空间的横向扩展。

2.1.2　华为云数据库家族

华为云数据库分为开源增强型产品、自主品牌 GaussDB、一站式工具服务三大类。华为云数据库基于华为多年数据库应用、建设和维护的经验,结合数据库云化改造技术,大幅优化传统数据库,打造出一套更高可用、更高可靠、更高安全、更高性能、即开即用、便捷运维、弹性伸缩的数据库服务,拥有容灾、备份、恢复、安防、监控、迁移等全面的解决方案。华为云数据库家族产品分类如图 2-4 所示。

1. 开源增强型产品

华为云数据库 PostgreSQL 是一种典型的开源关系型数据库,在保证数据可靠性和完整性方面表现出色,支持互联网电商、地理位置应用系统、金融保险系统、复杂数据对象处理等。

云数据库 MySQL 是全球最受欢迎的开源数据库之一,性能卓越,搭配 LAMP,成为 Web 开发的高效解决方案。云数据库 MySQL 拥有即开即用、稳定可靠、安全运行、弹性伸缩、轻松管理、经济实用等特点,可让用户更加专注业务发展。

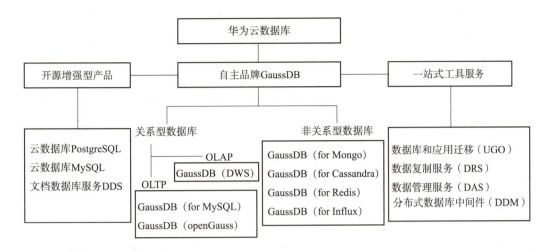

图 2-4　华为云数据库家族产品分类

文档数据库服务 DDS 兼容 MongoDB 协议，在华为云高性能、高可用、高安全、可弹性伸缩的基础上，提供了一键部署、弹性扩容、容灾、备份、恢复、监控等服务。目前支持分片集群（Sharding）、副本集（ReplicaSet）和单节点（Single）3 种部署架构。

2. 自主品牌 GasussDB

GaussDB 是华为云数据库的自主品牌，华为 GaussDB 数据库作为鲲鹏生态中的主力应用工具，其产品系列分为关系型数据库与非关系型数据库两大系列。GaussDB 关系型数据库分为 OLTP（联机事务处理）和 OLAP（联机分析处理）两种。

（1）基于 OLTP 构建的 GaussDB 关系型数据库

从数据库应用场景来讲，OLTP 主要是基本的、日常的事务处理，记录即时的增删改查。例如，在银行存取一笔款，就是一个事务交易。OLTP 系统包括云数据库 GaussDB（for MySQL）、云数据库 GaussDB（for openGauss）等产品。

GaussDB（for openGauss）是企业核心数据上云信赖之选，基于华为主导的 openGauss 生态推出的企业级分布式关系型数据库。该产品具备企业级复杂事务混合负载能力，同时支持分布式事务，同城跨 AZ 部署，数据零丢失，支持 1 000＋的扩展能力，PB 级海量存储。同时拥有云上高可用、高可靠、高安全、弹性伸缩、一键部署、快速备份恢复、监控告警等关键能力，能为企业提供功能全面、稳定可靠、扩展性强、性能优越的企业级数据库服务。

（2）基于 OLAP 构建的 GaussDB（DWS）数据仓库

OLTP 数据库在数据交互、小单元数据管理上具有灵活的机制，同时也一定程度地牺牲了数据查询的性能。因此，在多源关系型数据库按对象进行数据集成处理查询时，并非最明智的选择。而 OLAP 是数据仓库的核心，支持复杂的分析操作，侧重决策支持，典型的应用如复杂的动态报表系统。数据仓库服务 GaussDB（DWS）充分考虑大量历史数据查询的特点，在一定程度上牺牲存储的空间，成全查询的功能。数据仓库服务（Data Warehouse Service，DWS）是完全托管的企业级云上数据仓库服务，具备免运维、在线扩展、高效的多源数据加载能力，兼容 PostgreSQL 生态；助力企业经济高效地对海量数据进行在线分析，实现数据价值的快速体现。

3. 一站式工具服务

（1）数据库和应用迁移

数据库和应用迁移（Database and Application Migration，UGO）是专注于异构数据库结构迁移和应用 SQL 转换的专业云服务。通过 UGO 的预迁移评估、自动化语法转换，帮助用户提前识别迁移风险，提升迁移效率，最大化降低用户的数据库迁移成本。

（2）数据复制服务

数据复制服务（Data Replication Service，DRS）致力于提供数据库零停机的迁移上云体验，支持同构异构数据库、分布式数据库、分片式数据库之间的迁移，通过 DRS 也可以让数据库到数据库、数据仓库、大数据的数据集成与数据传输秒级可达，为企业数据贯穿和数字化转型打下坚实的第一步。

（3）数据管理服务

数据管理服务（Data Admin Service，DAS）是一种提供数据库可视化操作的服务，包括基础 SQL 操作、高级数据库管理、智能化运维等功能，旨在帮助用户易用、安全、智能地进行数据库管理。

（4）分布式数据库中间件

分布式数据库中间件（Distributed Database Middleware，DDM）解决单机关系型数据库对硬件依赖性强、数据量增大后扩容困难、数据库响应变慢等难题；突破了传统数据库的容量和性能瓶颈，实现海量数据高并发访问。

2.1.3　GaussDB（for MySQL）产品的特点

GaussDB（for MySQL）是华为自研的新一代高性能企业级分布式数据库，完全兼容 MySQL。基于华为最新一代 DFV（Data Function Vituralization，数据功能虚拟化）分布式存储，采用计算存储分离架构，最高支持 128 TB 的海量存储，可实现超百万级 QPS（Queries Per Second，每秒的请求量）吞吐，支持跨 AZ（Availability Zone，可用区）部署，数据 0 丢失，既拥有商业数据库的性能和可靠性，又具备开源数据库的灵活性。一个 AZ 是一个或多个物理数据中心的集合，AZ 内逻辑上再将计算、网络、存储等资源划分成多个实例，可用区是指在某个地域内拥有独立电力和网络的物理区域。可用区之间内网互通，不同可用区之间物理隔离。每个可用区都不受其他可用区故障的影响，并提供低价、低延迟的网络连接，以连接到同一地区其他可用区。通过使用独立可用区内的 GaussDB（for MySQL），可以保护应用程序不受单一位置故障的影响。同一区域的不同 AZ 之间没有实质性区别。其中区域（Region）从地理位置和网络时延维度划分，同一个区域内共享弹性计算、块存储、对象存储、VPC 网络、弹性公网 IP、镜像等公共服务。区域分为通用区域和专属区域，通用区域指面向公共租户提供通用云服务的区域；专属区域指只承载同一类业务或只面向特定租户提供业务服务的专用区域。一般情况下，GaussDB（for MySQL）实例应该和弹性云服务器实例位于同一地域，以实现最高访问性能。

1. 产品特性

（1）兼容 MySQL：主备版对于原有 MySQL 应用无须任何改造。

（2）海量数据存储：支持互联网业务的大数据量。

（3）分布式高扩展：自动化分库分表，或非分库分表，应用透明。

(4) 强一致事务：支持分布式事务的强一致性。

(5) 高可用：支持跨 AZ 高可用、跨区域容灾。

(6) 高并发性能：支持大并发下的高性能。

(7) 非中间件式架构：无须搭载分布式数据库中间件分库分表。

2. 核心优势

(1) 性能强悍：采用计算与存储分离，RDMA（Remote Direct Memory Access）网络，性能达到开源数据库的 7 倍。

(2) 数据可靠：数据库零丢失，故障闪恢复，支持跨 AZ 高可用。

(3) 高兼容性：完全兼容 MySQL，无须分库分表，应用无须改造即可轻松迁移上云。

(4) 创新自研：Cloud-native 分布式数据库架构，计算存储分离，保证扩展性价比；数据库逻辑下推存储，最小网络负载，极致性能。

(5) 高效备份：采用 Log Stream 技术，分钟级快速备份和恢复 TB 级数据，最大支持 732 天备份保存，支持备份保留期限内任意时间点恢复数据。

(6) 海量存储：基于华为自研 DFV 分布式存储，容量高达 128 TB，支持 Serverless 根据数据容量自动伸缩。

3. 客户价值

(1) 128 TB 存储，免分库分表，解决海量数据问题。

(2) 简单易用，完全兼容 MySQL，无须应用改造。

(3) 主备版支持 15 个只读节点，读/写分离，解决性能扩展问题。

(4) 跨 AZ 部署，异地容灾，解决高可靠性问题。

2.1.4 GaussDB (for MySQL) 使用限制

GaussDB（for MySQL）使用上有一些固定限制，用来提高实例的稳定性和安全性，具体见表 2-1。

表 2-1 GaussDB（for MySQL）使用限制

功 能	使 用 限 制
GaussDB（for MySQL）访问	①如果 GaussDB（for MySQL）数据库实例没开通公网访问，则该实例必须与弹性云服务器在同一个虚拟私有云内才能访问。 ②弹性云服务器必须处于目标 GaussDB（for MySQL）数据库实例所属安全组允许访问的范围内。如果 GaussDB（for MySQL）数据库实例与弹性云服务器处于不同的安全组，系统默认不能访问。需要在 GaussDB（for MySQL）数据库的安全组添加一条"入"的访问规则。"入"规则开放 TCP 协议，使用数据库实例的默认端口。 ③GaussDB（for MySQL）数据库实例的默认端口：主备版默认端口为 3306，需用户手动修改端口号后，ECS 或外网才能访问其他端口
数据库的 root 权限	创建实例页面只提供管理员 root 用户权限（仅限主备版）
修改数据库参数设置	大部分数据库参数可以通过控制台进行修改
数据迁移	使用 DRS 或 mysqldump 迁移到 GaussDB（for MySQL）数据
MySQL 存储引擎	GaussDB（for MySQL）完全兼容 MySQL，因此支持的存储引擎和 MySQL 相同
重启 GaussDB（for MySQL）实例	无法通过命令行重启，必须通过 GaussDB（for MySQL）的管理控制台重启实例
查看 GaussDB（for MySQL）备份	GaussDB（for MySQL）数据库实例在对象存储服务上的备份文件，对用户不可见

2.2 GaussDB (for MySQL) 产品架构

2.2.1 概述

高斯数据库架构

云数据库 GaussDB (for MySQL) 是华为自主研发的新一代企业级高扩展海量存储分布式数据库，完全兼容 MySQL。GaussDB (for MySQL) 整体架构自下向上可分为存储层、存储抽象层 (SAL) 和 SQL 解析层，每层的架构情况如图 2-5 所示。

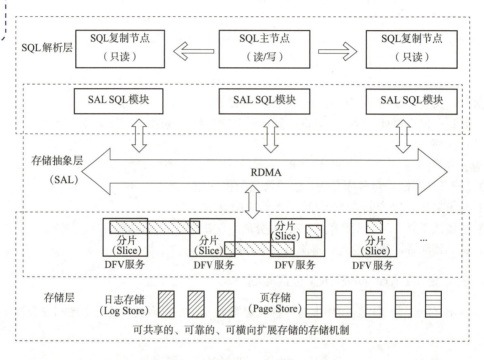

图 2-5 GaussDB (for MySQL) 架构

1. 存储层

存储层基于华为新一代 DFV 存储，采用计算存储分离架构，128 TB 的海量存储，无须分库分表，数据零丢失，既拥有商业数据库的高可用性，又具备开源低成本效益。DFV 提供分布式、强一致和高性能的存储能力。存储层用来保障数据的可靠性以及横向扩展能力。其中 Log Store 负责持久化 log，一旦事务的所有 log 持久化之后，SQL 前端即可通知 client 事务已经提交完成。例如，SQL 的读写服务中 Master 实例提交事务时会产生 redo log，这些 log 内容描述了事务对 page 所做的改动。Master 会将 log 发送给 Log Store。其中 redo log 是基于磁盘的数据结构，在崩溃恢复期间用于修正未完成的事务写入的数据。正常操作期间，redo log 编码更改表数据的请求，这些请求是由 SQL 语句或低级 API 调用引起的。Page Store 负责为 SQL 前端提供 page 读取服务，每个 Page Store 处理属于不同数据库中涉及的若干 Slice (分片)，同时接收这些 Slice 相关的 log 并持久化。Page Store 具有构造 SQL 前端所需要的、任意版本的 page 的能力。

2. 存储抽象层

存储抽象层将原始数据库基于表文件的操作抽象为对应的分布式存储，向下对接 DFV，向上提供高效调度的数据库存储语义，是数据库高性能的核心。

3. SQL 解析层

SQL 解析层复用 MySQL 8.0 代码，来保证与开源的 MySQL 100%兼容，用户业务可从 MySQL 上迁移而不用修改任何代码，从其他数据库迁移业务也能使用 MySQL 的语法、工具，从而降低开发、学习成本。基于原生 MySQL，在 100%兼容的前提下进行大量内核优化以及开源加固，提高商用能力。

2.2.2 DFV 存储与 GaussDB（for MySQL）

DFV 是华为提供的一套通过存储和计算分离的方式，构建以数据为中心的全栈数据服务架构的解决方案。DFV 底层可部署在公用云、私用云上，数据采用<key，value>的形式存储，支持通过索引加上数据访问，这些有利于数据的存储与扩展。单个资源池中可具备数千个节点。整个 DFV 可达到 EB 级别的容量，一台设备中具有 100 亿个对象。DFV 可以实现跨区域的数据复制和 AZ 的数据存储。DFV 提供了分布式、强一致和高性能的存储能力，可保障数据的可靠性及横向扩展能力，其存储服务如图 2-6 所示。

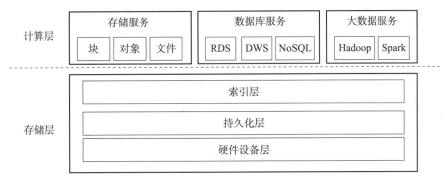

图 2-6　DFV 存储服务

DFV 的存储层，可以细化为三层：硬件设备层、持久化层和索引层。其中，硬件设备层主要指支撑数据存储的硬件设施，如单片机、服务器、网络设备、存储资源等。持久化层完成数据的持久化存储，例如基于固态硬盘池、硬盘池、单片机缓存池存储数据等。索引层会将数据以<key，value>的形式存储，例如 Stored KV Pool、Hash KV Pool，对数据进行索引操作，加速对数据的处理速度。其中，持久化层和索引层直接与计算层的相关服务进行通信。

DFV 对存储对象进行了抽象，可以提供存储块、文件、对象的存储服务，也可以部署数据库、大数据业务。其中，数据库服务提供了 RDS（Relational Database Service，关系型数据库服务）、DWS（数据仓库）、NoSQL 服务，这也是当前大数据项目中常用的几种数据库类型。DFV 还支持当前热门的开源大数据工具 Hadoop、Spark 等，其功能非常强大，足以支撑常用的大数据应用场景。

华为的云数据库 RDS 是一种基于云计算平台的稳定可靠、弹性伸缩、便捷管理的在线云数据库服务。云数据库 RDS 支持 MySQL、PostgreSQL、SQL Server 数据库引擎。云数据库 RDS

服务具有完善的性能监控体系和多重安全防护措施，并提供了专业的数据库管理平台，让用户能够在云上轻松地进行设置和扩展云数据库。通过云数据库 RDS 服务的管理控制台，用户无须编程就可以执行所有必需的任务，简化运营流程，减少日常运维工作量，从而专注于开发应用和业务发展。这些云数据的存储层支持 DFV 的存储，下面以 GaussDB（for MySQL）为例，来描述与 DFV 的关系。

GaussDB（for MySQL）完全兼容 MySQL 8.0，支持 SQL 事务的操作，在与 DFV 互操作（见图 2-5）读写数据时，有几个重要的模块 SAL（存储抽象层）、Log Store（日志存储）、Page Store（页存储）。具体每个模块的介绍如下：

（1）SAL 是逻辑层，将数据存储和 SQL 前端、事务、查询执行等进行隔离，由在 SQL 节点上执行的公共日志模块和存储节点上执行的 Slice 节点组成。SAL 将所有数据页划分为 Slice，随着数据库规模的增长，可用资源（存储、内存）随着 Slice 的创建按比例增长，实现横向扩展。数据密集型操作是在存储节点上，由 Slice 服务执行数据本地化操作。SQL 主节点在进行写数据时，会通过 SAL 层，通过 RDMA 网络把相关日志写入 Log Store，将实际数据存储入 Page Store。SQL 复制节点可直接去 Page Stores 中将数据读取出来，也可以获取 Log Store 中的数据。这样设计的好处，首先可以达到数据的海量存储，能够支持互联网业务高达 128 TB 的存储。而且它具有分布式的高扩展性，可以做到开源 MySQL 难以达到的自动化分表操作，应用透明。此外，它具有高可用性（支持跨 AZ、跨 Region 容灾）、高可靠性（跨 AZ 部署，数据多副本存储）和超低成本（1/10 的商用数据库成本）的特性。

（2）Log Store 负责 Log（日志）基于 DFV 上的永久存储，Log 存储对象采用 PLOG 对应，一个 PLOG 以 64 MB 大小的 Block（块）进行切分，采用默认 3 副本的形式存储。Write（写）时采用强一致性的原则，即所有副本都成功写入后，事务才可以提交。而 Read（读）过程中，任意一个副本读取成功，即可记为操作成功。

（3）Page Store 在 DFV 上存储时，负责持久化 Page 和应用 SQL 读取 Page 内容。Page 存储的对象为 Slice，Slice 之间彼此独立、10 GB 大小的限制。Slice 是以多副本的形式存储于 DFV 上，副本之间可彼此同步数据。

DFV 支持单 AZ 部署和多 AZ 部署。

单 AZ 部署支持数据以 3 副本的形式存储于不同的节点上。其中，Log Store 存储具有强一致性，写数据时要求 3 副本全部持久化，事务才可以提交，读数据时从任何一个副本读取数据即可。Page Store 存储机制与 Log Store 不同，3 副本中任何一个持久化，即可记为成功，其余副本可通过同步数据的形式完成存储功能。

多 AZ 部署支持数据以 6 副本的形式存储，每个 AZ 包含两个副本。Log Store 写数据时，6 副本要求 4 个副本成功写入才可提交事务；读数据时，需要 3 个副本有效方可读出。Page Store 写数据时，6 副本中任何一个持久化，即可记为成功，其他副本之间可通过同步数据完成。GaussDB（for MySQL）基于 DFV 的分布式存储架构如图 2-7 所示。

图 2-7 中，业务数据通过应用层将大数据的访问请求，通过 ELB（Elastic Load Balance，弹性负载均衡）将访问流量自动分发到多台云服务器上，各服务器上的 SQL 引擎通过 SQL 解析器对请求的 SQL 语句进行词法分析，通过优化器进行词法树的优化，通过 SQL 执行器去执行 SQL 语句，完成分布式事务。GaussDB（for MySQL）基于 DFV 可以实现自动分库、分表功

能，较开源的 MySQL 有着极大的优势。而且，这种多 AZ 部署的方式容灾能力极强，即使有一个地区的整个 AZ 出现了故障，也可以通过其他地区的 AZ 对其进行恢复。

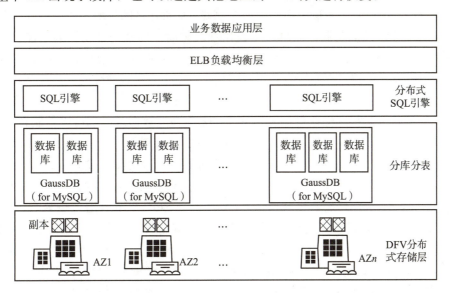

图 2-7　GaussDB（for MySQL）基于 DFV 的分布式存储架构

　　GaussDB（for MySQL）基于 DFV 运行时，如果 Log Store 发生临时性故障，它的服务会变成只读的模式，此时它不会再接收新的写请求，短暂的故障恢复后，丢失的数据可从其他副本获取回来。如果 Log Store 所在节点出现了永久性的故障，该故障节点会被从集群中剔除，该节点上所有丢失的数据，会通过其他副本进行重构。Page Store 发生临时故障时，无法接收新数据，故障恢复上线后，通过同步协议，将缺失的切片数据从其他副本中获取。当临时故障标识 15 min 后，若仍为故障状态，将被标记为永久故障。此时，将永久故障节点从集群中剔除，并在其他节点上重建该节点的数据。处于重建状态的副本刚开始时是没有任何数据的，但是该节点可以接受新的 Write log 请求，但无法提供 Read Page 的业务。只有当重建出所缺失的数据后，该节点才可以提供读/写服务。

2.2.3　1 写 15 读

　　1 写 15 读，指集群中拥有 1 个读写节点和 15 个只读节点。为了说明这种数据构架的优点，首先回顾一下开源 MySQL 的数据库架构模式。当访问人数增加、数据量读/写负载增加时，将原有单机服务器节点下安装 MySQL 的模式升级为集群的模式是必然的事情。集群下，通常会有一台单独的节点负责数据写入集群的整体分配工作，此时如果有几个读数据的节点来分担其中读的工作，在很大程度上会减轻写节点和整体服务器集群的压力。此时，负责全局的主节点负责对外提供读/写操作，只读节点负责对外提供只读操作。应用层通过把查询操作分配到各只读节点上来分散主节点的压力。只读节点通过同步、回放主机生成的 binlog（二进制日志），来实现主节点和只读节点的操作一致，从而实现最终数据的一致性。这样的架构，即使在大并发的读的场景下，也可以将读的任务尽量均衡地分布于各只读节点，且它与主节点业务分离，提高了集群整体的性能，但在数据同步到只读节点时会有一定的延迟。在添加新的只读节点时，需要把主节点的备份数据导入只读节点,此期间耗时较长。MySQL 主从架构下复制延时的问题,降低了主从读写分离的价值,不利于数据实时性较高的业务。

GaussDB(for MySQL)只读节点与开源 MySQL 从机具备同样的功能,增强了集群主节点的读能力,减轻了主节点的负载,而且在主机出现故障时,实现主备切换的功能。同时,相对于开源 MySQL 的主备数据传输时间长的问题,GaussDB(for MySQL)显得更加优秀。GaussDB(for MySQL)共享存储、主备复制架构,在主节点出现故障时,只读节点可在线升级为主机,且端到端断连时间 RTO 在 10 s 以内。由于只读节点无状态,添加只读节点只需要添加计算节点,不需要额外购买存储,也不需要重建,无论多大数据量,都可以控制在 5 min 以内。截至 2021 年 10 月 12 日,GaussDB(for MySQL)最大可扩展至 15 个只读节点。

RTO(Recovery Time Objective,恢复时间目标),主要指的是所能容忍的业务停止服务的最长时间,也就是从灾难发生到业务系统恢复服务功能所需要的最短时间周期。

GaussDB(for MySQL)的架构(见图 2-8)中,当 SQL 主节点出现故障时,可通过 SQL 复制节点充当主节点的备份节点。SQL 主节点与复制节点共享存储,主节点把 WAL(Write-Ahead Logging,预写日志系统)写入 Log Store 和 Page Store。复制节点持续从主节点获取 Log Store 元数据,复制节点使用 Log Store 元数据读取 Log Store 中主节点写入的 WAL。Log Store 元数据描述 WAL 在 Log Store 中的位置信息等,相比较于 WAL,信息量非常少。SQL 复制节点通过回放 WAL 以及读取 Page Store 中的页面,实现与 SQL 主节点的内存状态同步,包括活跃事务信息、buffer pool 等。

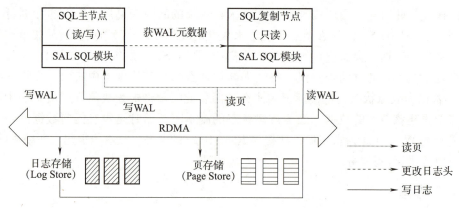

图 2-8 GaussDB(for MySQL)主节点与复制节点

SQL 复制节点与主节点之间的延时主要表现在网络 I/O 和计算与内存消耗上。其中,网络 I/O 的消耗主要表现在主机之间的微量的数据同步上和 SQL 复制节点读取 Log Store 中的 WAL 上。计算与内存的损耗主要表现在 SQL 复制节点自身对 WAL 的回放上。整个复制过程除了数据库产生的错误日志和临时表外,不涉及任何共享存储写入操作。华为官方文档描述"实测 sysbench 主写备读,主备机均处于最高性能基本满负载的情况下,主备机时延在 1 s 以内;备机空载情况下,主备机时延在 100 ms 以内"。

2.2.4 高效的 GaussDB(for MySQL)

GaussDB(for MySQL)具备秒级主备切换、分钟级弹性扩展和并行执行算子的能力。

GaussDB（for MySQL）运行时，如果主节点发生故障，可通过手动和自动两种方式实现只读节点升为主节点的切换。其中，手动切换是用户在界面上手动操作，而自动切换则由系统的故障检测模块检测到主节点故障后自动完成。由于 GaussDB（for MySQL）为共享存储，只读节点不需要进行数据恢复，不需要中断业务，可在线直接升为主节点，所以可提供秒级的主备切换。GaussDB（for MySQL）每个节点都有一个取值范围为 1~16 故障倒换的优先级，数字越小，优先级越高，由此决定了故障倒换时被选取为主节点的概率高低。如果多个只读节点的优先级相同，则随机从这些节点中选取一个为主节点。如果被选中的只读节点出现故障，（如网络故障、复制状态异常等），这个节点会被放弃，转而去尝试切换下一个只读节点为主节点。

GaussDB（for MySQL）可以实现分钟级别的弹性扩展。GaussDB（for MySQL）的扩展可分为横向扩展和纵向扩展两种。其中横向扩展，主要指规模上的扩展，如只读节点的扩展、存储空间上的扩展。纵向扩展主要指 CPU、内存等机器性能的扩展。其中，横向扩展在只读节点扩展过程中与开源的 MySQL 是有差异的，开源 MySQL 在扩展只读节点时，需要手动获取主节点上的数据，其间会消耗较多的网络资源，扩展的只读节点个数相对较少，一般不多于 5 个。而 GaussDB（for MySQL）在扩展主节点时，并不需要进行数据均衡操作，增加只读节点的数据量也不依赖于数据量。只需要去主机获取只读节点需要的初始化信息，初始化新增的只读节点，然后读取系统页面信息，不会初始化写数据模块。备机开始运行时，会持续同步主节点相关的元数据信息，保证节点的正确运行。只读节点只与主节点交互元数据信息，数据量小，不会影响主机性能。只读节点具有独立的 CPU、内存，每个只读节点都可以提供相同的读扩展性能。只读节点间没有交互，扩展新的只读节点，不会影响已有只读节点的性能，最大可以扩展到 15 个只读节点。GaussDB（for MySQL）存储空间可依据实际数据量的需要而进行动态的扩展，这主要在底层存储虚拟层实现，对于用户来讲是透明可视化的。针对 CPU 的扩展，传统的虚拟机、CPU 容器或内存扩展时，往往需要把虚拟机或容器迁移到另外一台服务器上，因此修改过程中，需要停止虚拟机，完成 CPU、内存的规格变更后再开机运行，这个时间相对较长。相对于传统的做法，GaussDB（for MySQL）扩展显示容易得多，CPU 或内存的升降级，5 min 即可生效。实现的过程主要是通过直播创建新的规格的节点替换原有规格的节点，由于新节点创建过程中原节点仍然可以服务，整个过程只需要进行一次切换，因此业务的中断时间只有秒级。

GaussDB（for MySQL）在操作表数据时，支持并行计算的执行。它首先会将业务相关的数据表划分成独立的数据块，然后对 SQL 语句，例如 select sum（a）from t1，进行词法的解析，启动不同的 worker（工作）线程，在划分的数据块上并行执行，计算所选列 "a" 的聚合值 sum，worker 线程通过消息队列将部分聚合值发送给 leader（领导者）线程，最后由 leader 线程通过消息队列归并这部分聚合值，汇总 worker 线程产生的结果，得到最终的计算结果。

2.3 GaussDB（for MySQL）计费说明

截至 2021 年 10 月 6 日，云数据库 GaussDB（for MySQL），仅按计费项使用情况，以预付费或按需付费的形式收费，没有最低收费。其中付费项具体情况如图 2-9 所示。

针对不同的计费项，提供了不同的计费方式，例如按小时、按月、按年的计费方式，用户可灵活选择,使用越久越便宜。其中,按需付费(小时)的购买方式比较灵活,可以即开即停,按实际使用时长计费。以自然小时为单位整点计费,不足一小时按一小时计费。只要账户上有足够的余额,就可以一直使用服务。包年包月的购买方式,相对于按需付费提供更大的折扣,对于长期用户,推荐该方式。截至2021年10月6日,仅主备版支持包年包月模式。用户在购买时一次性付费,使用过程中不会再另外扣费。

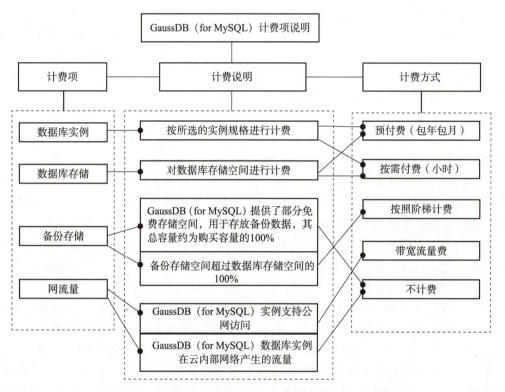

图 2-9　华为云数据库家族产品 GaussDB(for MySQL)计费说明

(1)"按需计费"实例,没有到期的概念,其实例是按每小时扣费,当余额不足时,无法对上一个小时的费用进行扣费,就会导致实例欠费。续费后解冻实例,可继续正常使用。注意:在保留期进行的续费,以原到期时间作为生效时间,应当支付从进入保留期开始到续费时的服务费用。

(2)"包年/包月"实例,没有欠费的概念,按年或月时长到期后无法在 GaussDB(for MySQL)管理控制台进行该实例的操作,相关接口也无法调用,自动化监控或告警等运维也会停止。如果在保留期结束时没有续费,实例将终止服务,系统中的数据也将被永久删除。

GaussDB(for MySQL)支持按需实例转包周期的计费更改方式,在变更配置过程中,主要涉及变更产品实例规格和扩容存储空间的问题。

(1)变更 GaussDB(for MySQL)实例规格:用户可以根据业务需求变更 GaussDB(for MySQL)实例规格,此后按照变更后的实例规格的价格计费。

(2)扩容存储空间:用户可以根据业务需求增加存储空间,扩容后即刻按照新的存储空间计费。需要注意的是,存储空间只允许扩容,不能缩容,每次扩容的最小容量为 10 GB。

2.4 云数据库 GaussDB（for MySQL）

2.4.1 购买实例

华为云数据库是存储在云端的数据库，不需要在本地部署。直接通过 Web 访问即可在云端创建高可用的云数据库。在使用之前需要购买数据库的实例和弹性 IP，为后续的客户端连接做准备。为了购买这些服务，首先必须拥有身份，即需要打开华为云首页（https://activity.huaweicloud.com），注册一个华为云账号。如果需要对华为云上的资源进行精细管理，需要使用统一身份认证服务（Identity and Access Management，IAM）创建 IAM 用户及用户组，并授权，以使得 IAM 用户获得具体的操作权限，创建用户组、用户并授予 GaussDB（for MySQL）权限。

如果需要购买 GaussDB（for MySQL）服务，可在账户中依据需求预存相应的费用，然后用申请的账号登录华为云，并在首页的导航菜单中选择 GaussDB（for MySQL）产品，如图 2-10 所示。

图 2-10 华为云首页

在购买数据库实例页面中，设置计费模式（如选择"按需计费"）、区域（如选择"华北—北京四"）、实例名称（如输入 gauss-tjdzxx）等选项，如图 2-11 所示。

其中每个选项的具体含义如下：
（1）计费模式：分为包年/包月和按需计费两种模式。
（2）区域：租户当前所在区域，也可在实例管理页面左上角切换。

> **注意：**
> 不同区域内的产品内网不互通，且购买后不能更换，须谨慎选择。

图 2-11　购买数据库实例页面

（3）实例名称：实例名称长度为 4～64 个字符，必须以字母开头，可以包含字母、数字、中画线或下画线，不能包含其他特殊字符。创建多个实例和只读实例时，实例名称长度会发生变化，具体以实际页面显示情况为主。购买多个数据库实例时，名称自动按序增加 4 位数字后缀。例如，输入 instance，从 instance-0001 开始命名；若已有 instance-0010，则从 instance-0011 开始命名。批量创建的实例名称长度为 4～59 个字符，必须以字母开头，可以包含字母、数字、中画线或下画线，不能包含其他特殊字符。

（4）数据库引擎：GaussDB（for MySQL）。

（5）兼容的数据库版本：MySQL 8.0。

（6）可用区类型：可用区指在同一区域下，电力、网络隔离的物理区域，可用区之间内网互通，不同可用区之间物理隔离。有的区域支持单可用区和多可用区，有的区域只支持单可用区。其中"单可用区"是指主节点和只读节点部署在同一个可用区。"多可用区"指用户选择的主可用区，创建的只读节点会均匀分布在可用区一、可用区二、可用区三之间，保证高可靠性。

（7）时区：由于世界各国家或地区经度不同，地方时间也有所不同，因此会划分为不同的时区。时区可在创建实例时选择，后期不可修改。

设置实例应用网络，以及需要对数据库的管理员账号和密码进行设置，如图 2-12 所示。

图 2-12　设置网络管理员账号和密码

其中关于网络配置，每一个选项的具体含义如下：

（1）虚拟私有云：GaussDB（for MySQL）数据库实例所在的虚拟专用网络，可以对不同业务进行网络隔离。用户需要创建或选择所需的虚拟私有云。其中子网可提供与其他网络隔离的、可以独享的网络资源，以提高网络安全性。

> **注意：**
> 如果没有可选的虚拟私有云，GaussDB（for MySQL）数据库服务默认为用户分配资源。
> 创建实例时 GaussDB（for MySQL）会自动为用户配置读/写内网地址，用户也可输入子网号段内未使用的读/写内网地址。

（2）内网安全组：内网安全组限制实例的安全访问规则，加强 GaussDB（for MySQL）数据库服务与其他服务间的安全访问。确保所选取的内网安全组允许客户端访问数据库实例。

> **注意：**
> 如果不创建内网安全组或没有可选的内网安全组，GaussDB（for MySQL）数据库服务默认为用户分配内网安全组资源。

关于数据库的配置，每个选项的具体含义如下：
（1）管理员账户名：数据库的登录名默认为 root。
（2）管理员密码：所设置的密码，长度为 8～32 个字符，至少包含以下字符中的 3 种：大写字母、小写字母、数字、特殊字符～!@#%^*-_＝+?,()&$ 的组合。需要输入高强度密码并定期修改，以提高安全性，防止出现密码被破解等安全风险。

> **注意：**
> 要妥善保管密码，因为系统将无法获取用户的密码信息。

（3）确认密码：必须和管理员密码相同。
配置完成后，单击页面右下角的"立即购买"按钮，会弹出购买产品的详细清单，描述此次购买的情况，如图 2-13 所示。

产品类型	产品规格	
GaussDB服务	计费模式	按需计费
	区域	北京四
	实例名称	gauss-tjdzxx
	数据库引擎	GaussDB(for MySQL)
	兼容的数据库版本	MySQL 8.0
	可用区类型	单可用区
	性能规格	独享版
	CPU架构	独享版 X86 8 vCPUs 32 GB
	时区	UTC+08:00
	虚拟私有云	default_vpc
	子网	default_subnet(192.168.0.0/24)
	读写内网地址	自动分配
	内网安全组	default_securitygroup (入方向: TCP/3389 , 22 | 出方向: --)
	参数模板	Default-GaussDB-for-MySQL 8.0
	表名大小写敏感	否

图 2-13　详细清单

此时，单击右下角的"提交"按钮，GaussDB（for MySQL）数据库实例 gauss-tjdzxx 已经开始创建，如图 2-14 所示。

图 2-14　创建实例

gauss-tjdzxx 实例创建成功后，用户可以在"实例管理"页面对其进行查看和管理。创建实例过程中，状态显示为"创建中"。创建完成的实例状态为"正常"，此时，实例才可以正常使用。创建实例时，系统默认开启自动备份策略，后期可修改。实例创建成功后，系统会自动创建一个全量备份。实例名称支持添加备注，以方便用户备注分类。数据库端口默认为 3306，实例创建成功后可修改。

2.4.2　实例连接方式简介

为了将电商业务数据以方便操作的方式存储于 GaussDB（for MySQL），与传统数据库应用思路相似，需要首先建立数据库，并绑定到已经购买的云数据库实例（如 gauss-tjdzxx 实例）上。截至 2021 年 10 月 10 日，GaussDB（for MySQL）提供使用数据管理服务（Data Admin Service，DAS）、内网、公网连接实例的方式。

1. DAS 连接

DAS 连接无须使用 IP 地址进行连接，易用、安全、高级、智能。

华为云数据管理服务是一款专业的简化数据库管理工具，提供优质的可视化操作界面，大幅提高工作效率，让数据管理变得既安全又简单。用户可以通过数据管理服务连接并管理 GaussDB（for MySQL）实例。GaussDB（for MySQL）默认开通了远程主机登录权限，推荐用户使用更安全便捷的数据管理服务连接实例。DAS 连接的操作很简易，如图 2-15 所示。

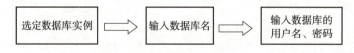

图 2-15　DAS 连接实例

首先进入云数据库 GaussDB 控制台，在左侧窗口的导航栏中选择 GaussDB（for MySQL），然后在"实例管理"页面中选择目标实例，单击操作列的"登录"按钮，进入数据管理服务实例登录界面，输入项目预计要用的数据库用户名（如 ecommerce）和密码，单击"登录"按钮，即可进入数据库并进行管理。

2. 内网连接

系统默认提供内网 IP 地址，通过读写内网地址进行连接即可。内网连接安全性高，可较好地实现 GaussDB（for MySQL）的性能。当应用部署在弹性云服务器上，且该弹性云服务器与

GaussDB（for MySQL）实例处于同一区域、同一 VPC 时，建议单独使用内网 IP 连接弹性云服务器与 GaussDB（for MySQL）数据库实例。内网连接实例的过程如图 2-16 所示。

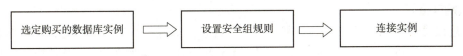

图 2-16　内网连接实例的过程

在"实例管理"页面，单击要操作的实例名称（如 gauss-tjdzxx 实例），进入实例的"基本信息"页面，在"网络信息"模块的"内网安全组"处单击安全组名称，进入安全组页面，在"入方向规则"选项卡下单击"添加规则"，在"添加入方向规则"对话框中填选安全组信息，单击"确定"按钮，如图 2-17 所示。单击"+"按钮可以依次增加多条入方向规则。

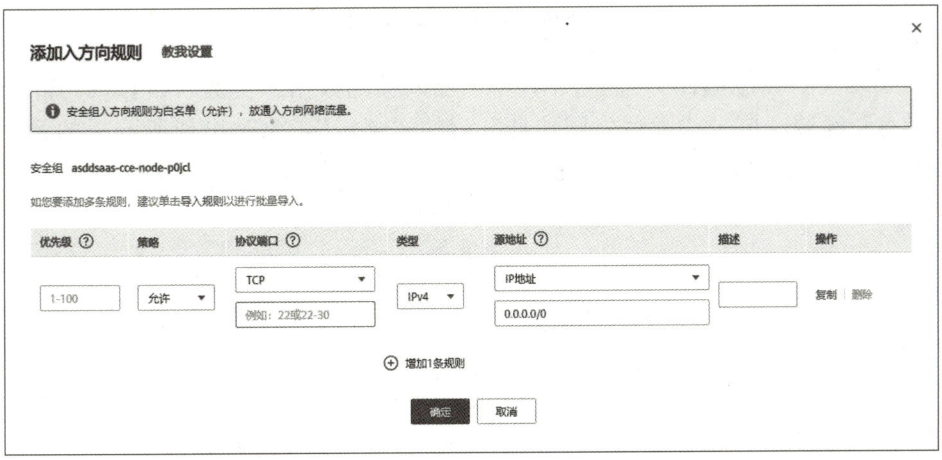

图 2-17　"添加入方向规则"对话框

其中的"安全组"是一个逻辑上的分组，为同一个虚拟私有云内具有相同安全保护需求，并相互信任的弹性云服务器和 GaussDB（for MySQL）数据库实例提供访问策略。为了保障数据库的安全性和稳定性，在使用 GaussDB（for MySQL）数据库实例之前，需要设置安全组，开通需要访问数据库的 IP 地址和端口。内网连接 GaussDB（for MySQL）实例时，设置安全组分为以下两种情况：

（1）ECS（Elastic Cloud Server，弹性云服务器）与 GaussDB（for MySQL）实例在相同安全组时，默认 ECS 与 GaussDB（for MySQL）实例互通，无须设置安全组规则，通过内网连接 GaussDB（for MySQL）实例。ECS 和 GaussDB（for MySQL）实例必须处于同一 VPC（Virtual Private cloud，虚拟私有云）。

（2）ECS 与 GaussDB（for MySQL）实例在不同安全组时，需要为 GaussDB（for MySQL）和 ECS 分别设置安全组规则。设置 GaussDB（for MySQL）安全组规则：为 GaussDB（for MySQL）所在安全组配置相应的入方向规则。设置 ECS 安全组规则：安全组默认规则为出方向上数据报文全部放行，此时，无须对 ECS 配置安全组规则。当 ECS 所在安全组为非默认安全组且出方向规则非全放通时，需要为 ECS 所在安全组配置相应的出方向规则。

设置数据组规则后，进入连接数据库实例页面。GaussDB（for MySQL）全兼容 MySQL 协议，因此，连接 GaussDB（for MySQL）实例有普通连接和 SSL 连接。其中，SSL 连接实现了数据加密功能，具有更高的安全性。

3. 公网连接

公网连接通过弹性公网 IP 进行连接。其安全性较内网低些，为了获得更快的传输速率和更高的安全性，建议将应用迁移到与 GaussDB（for MySQL）实例在同一 VPC 内，使用内网连接。建议在不能通过内网 IP 地址访问 GaussDB（for MySQL）实例时，使用公网访问，建议单独绑定弹性公网 IP 连接弹性云服务器（或公网主机）与 GaussDB（for MySQL）数据库实例。公网连接实例的过程如图 2-18 所示。

图 2-18　通过公网连接实例

在 GaussDB（for MySQL）控制台中，单击已购买的数据库实例（如 gauss-tjdzxx 实例），在"网络信息"区域，单击"读写公网地址"后的"绑定"，此时出现所购买的弹性公网 IP（119.3.221.75），单击"确定"按钮，完成弹性公网 IP 的绑定，如图 2-19 所示。

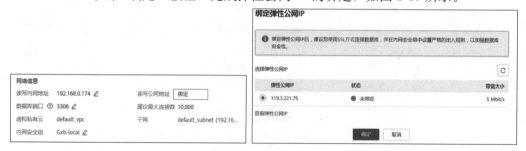

图 2-19　弹性公网 IP 绑定

在"网络信息"区域，选择"内网安全组"的属性值，添加一条入方向的规则，允许客户端通过 3306 端口连接访问，如图 2-20 所示。

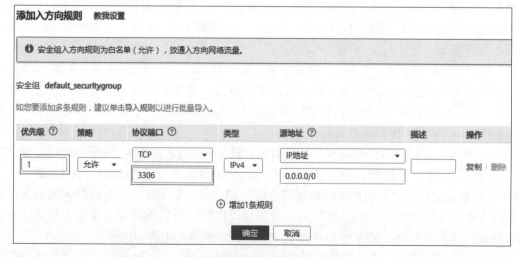

图 2-20　添加一条入方向的规则

在控制台 GaussDB（for MySQL）中，单击"登录"按钮，输入购买实例的密码时，可选中"记住密码"复选框，单击"测试连接"按钮，显示连接成功信息，如图 2-21 所示。

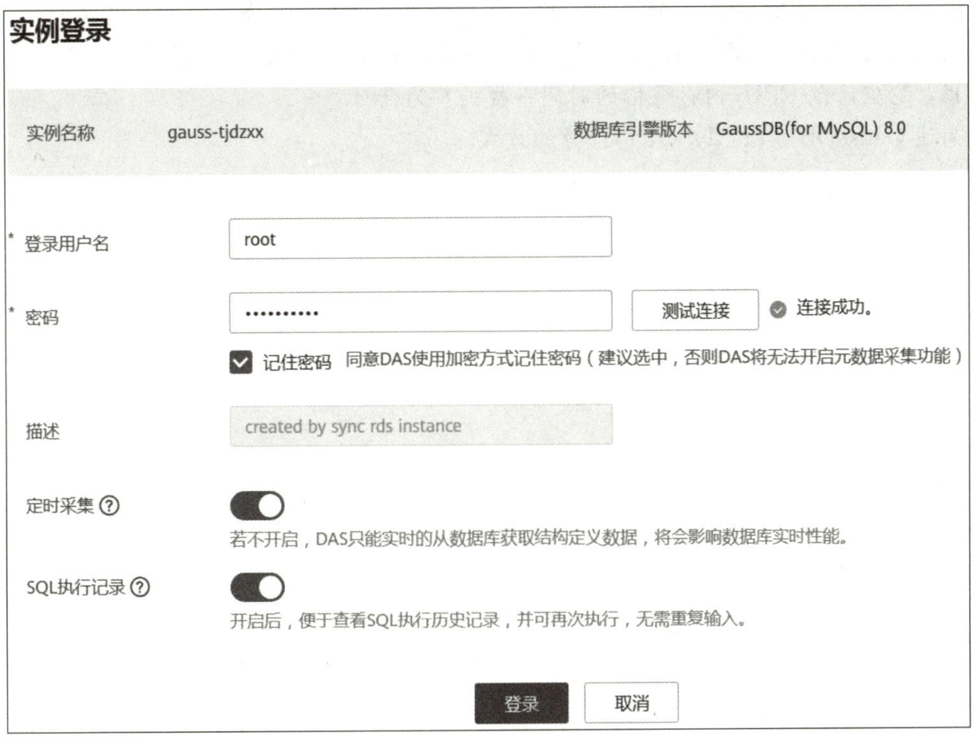

图 2-21　测试连接

此时，可以创建电商计划应用的数据库 ecommerce。具体操作可进入管理页面，在"数据库列表"区域单击"新建数据库"按钮，输入数据库名称 ecommerce，单击"确定"按钮后，在数据库列表中可以看到创建的数据库名称，如图 2-22 所示。

图 2-22　完成创建的数据库列表

至此，就准备好了 GaussDB（for MySQL）中的开发环境。

课后习题

1. 列举 GaussDB（for MySQL）家庭产品及每种产品的功能。
2. GaussDB（for MySQL）数据库产品的主要优势有哪些？

3. 单 AZ 是几副本，多 AZ 是几副本？
4. GaussDB（for MySQL）为什么最大能够支持 15 个只读节点，而 MySQL 只能支持 5 个？
5. GaussDB（for MySQL）的存储空间扩容时需要手动扩容，是否会中断业务？
6. 两个 GaussDB（for MySQL）数据库实例，一个保存了 1 TB 数据，另一个保存了 10 TB 数据，它们修改 CPU/内存规格的时间一样吗？为什么？
7. 简述 GaussDB（for MySQL）计费的方式。

第 3 章
数据库表设计

项目中的数据基本需要数据库来管理,数据库表设计的优劣直接影响项目的整体质量。数据库表的具体内容依赖于需求阶段的信息,数据库表设计的质量依据数据库理论的支撑,本章采用概念设计、逻辑设计和物理设计思路一一介绍这些内容,以 GaussDB(for MySQL)为例,演示数据表的设计过程,介绍数据库表的管理操作。

重点难点

◎了解数据库结构的设计思路,以及概念设计、逻辑设计和物理设计的基本知识。
◎理解数据库范化与反范化的设计。
◎掌握 MySQL Workbench 8.0 CE 客户端执行 SQL 的方法。
◎掌握 GaussDB(for MySQL)库表设计、表管理的实现过程。

3.1 数据库表结构设计

3.1.1 数据库结构设计思路

数据库结构设计思路

数据库的核心功能是将项目涉及业务的数据进行管理,使业务能够基于操作系统稳定、安全、数据一致、高性能地运行。GaussDB(for MySQL)目前支持高达 128 TB 的数据规模,能够轻松应对海量数据业务需求,且本身稳定性极高,支持 1 写 15 读的架构模式,具有自动分库分表、完全兼容 MySQL 8.0 和分布式共享存储的特点。这些功能进行透明式封装,使用户基于分布式存储操作时感觉像在本地操作一样。

MySQL Workbench 8.0 CE 是连接 GaussDB(for MySQL)的第三方工具,提供可视化界面,将用户输入的 SQL 语句和行为(如执行语句的行为)传递给 GaussDB(for MySQL),如图 3-1 所示。

其主界面窗口说明如下:
(1)菜单栏:通过其中的选项进入指定工作子窗口工作,其中图标为快捷操作按钮。
(2)导航窗口:Administration 标签中显示管理信息;Schemas 标签中描述了当前数据库 ecommerce 中各对象(Tables、Views、Stored Procedures、Functions)间的结构,选择这些对

象，可执行相应的操作。

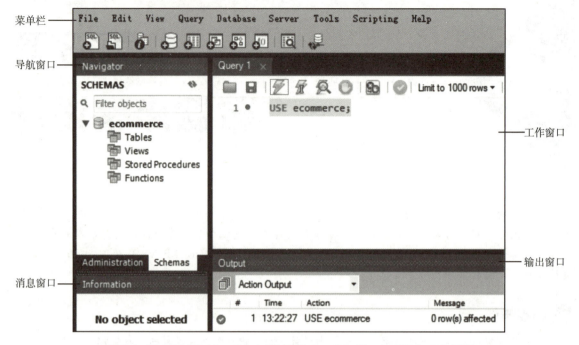

图 3-1　MySQL Workbench 8.0 CE 连接 GaussDB（for MySQL）工作界面

- 表（Tables）：数据库会将项目中的众多信息，按数据库设计理论，分发到不同的表逻辑中，通过表空间，以文件的形式完成数据的存储。
- 视图（Views）：早期的视图以逻辑视图为主，通常会将项目中通用的基于表的 SQL 逻辑以语句的形式存储，即非实际的数据存储逻辑，而是 SQL 语句的存储。调用该视图时，即调用存储的 SQL 语句并执行，从 SQL 语句中对应的表中读取需要的内容。

存储过程是大型数据库系统中一组为了完成特定功能的 SQL 语句集，经编译后存储在数据库中，用户通过指定存储过程的名称并设置参数来执行。

- 函数（Functions）：一些常用的功能，例如一个列的加和操作、日期中取出年的数据值等这些计算功能会被数据库中的程序事先编写好进行封装，供用户使用。

（3）工作窗口：可将 SQL 语句写在当前窗口，然后单击工具栏中的 ⚡ 按钮，运行 SQL 语句。

（4）输出窗口：显示工作窗口中 SQL 的运行结果。例如，USE ecommerce 运行的输出信息（Action Output），包括运行时间（Time）、行为（Action）、消息（Message）等。

（5）消息窗口：显示界面中的操作时，选择对象的一些消息。

导入窗口中描述的数据库对象中，视图与存储过程都会以表为基础进行编写，函数是表中数据辅助应用封装的特定功能。由此也可看出，数据库设计中，表的设计占有重要地位。一个 DBMS（数据库管理系统）中按用户权限进行库表的设计，如图 3-2 所示。

一位用户可以授权一个或多个数据库的操作仅限，一个数据库中包含一张或多张表，一张表中包含一列或多列和一行或多行数据。在关系型数据库中，通常会将项目中需要永久存储的数据分配至不同库表中，按行、列的形式对数据进行存储。其中每列，会在设计表时指定不同的数据类型，不同的类型在数据加载至内存中时，会占用大小不同的空间，表间数据的计算会通过程序与内存、CPU 等硬件环境配合完成。故表间关系设计的复杂度、表中字段空间的分配类型，直接影响项目整体的质量。数据库中表间关系设计得越复杂，相关计算越复杂，消耗的资源就会越多。数据库中相关每一字段的单元分配的资源越多，程序运行时消耗的内存等资源就越多。数据库中每张表及表中每一列如何命名，每列应该定义为哪种数据类型，每个单元中存储什么样的内容，全部依据项目需求，如图 3-3 所示。

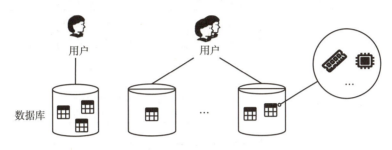

图 3-2　DBMS 中用户与数据库表的关系

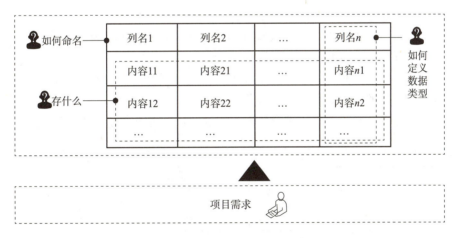

图 3-3　数据库表设计与项目需求的关系

数据库表的设计与内容的确定，主要依据项目需求阶段需求设计文档的好坏，而数据库表结构设计的优劣直接影响项目的整体质量，项目总体实施流程如图 3-4 所示。

一个项目总体的实施流程大体分为启动、需求调研、计划编制、开发实施和售后服务 5 个阶段，每个阶段都有明确的工作内容。

（1）启动阶段：依据要立项的业务内容写出解决方案，评定项目的可行性，如果可行，成立项目组，发放立项通知书，确认项目正式启动。

（2）需求阶段：以解决方案为基础，进一步确认项目具体的功能，形成客户关系调查表、文档内容调查表，制订需求计划，完成详细需求设计文档的设计。

（3）计划编制阶段：在需求阶段的基础上，确认项目编程、数据库设计的命名规范、编程规范等内容，形成数据库设计书、编程详细设计文档，以及项目进度确认文档。

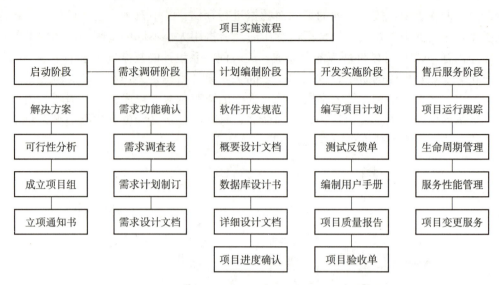

图 3-4 项目总体实施流程

（4）开始实施阶段：依据项目进度，编写项目计划书，确定项目开发、测试、质量报告的进度表，编制用户手册，上线实施，完成项目验收，并出具验收单。

（5）售后服务阶段：售后服务人员跟踪项目的运行，监控项目的生命周期、评估其服务性能，并进行管理及项目的变更服务。

需求是项目正式启动后的第一步，也是后面 3 个阶段的源头，故需求分析设计的正确性，是数据库结构设计思路的根源，然后应用数据库设计理论（这里应用概念结构设计、逻辑结构设计和物理结构设计 3 个阶段）完成整个数据库的设计，具体内容如图 3-5 所示。

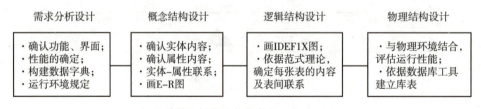

图 3-5 数据库结构设计思路

这里着重介绍数据库结构设计的关键部分"库表设计"。整个库表的设计，首先依据需求分析设计阶段形成的需求文档，然后，在概念结构设计阶段，基于需求分析设计文档进行建模，将反映现实世界中的实体、属性和它们之间的关系等，按照特定的方法抽象为一个不依赖于任何具体机器的数据模型，即概念模型；逻辑结构设计过程中，会在概念模型的基础上进一步细化，对原始数据进行分解、合并并重新组织起来，形成数据库全局的逻辑结构。最后，在物理结构设计阶段，依据逻辑结构设计结果与物理设备结合，综合考虑系统的性能，完成数据库在物理设备上的存储结构和存取方法的设计。这里有必要说明项目业务拆解中一些类似内容的称呼，下面以图 3-6 为例进行介绍。

图 3-6 中①、②、③同一概念在数据库结构库设计不同阶段的称呼见表 3-1。

图 3-6 数据库表设计不同阶段的称呼

表 3-1 数据库表设计不同阶段的称呼

序号	需求分析设计	概念结构设计	逻辑结构设计	物理结构设计
①	文件	关系	实体	表
②	行记录	元组	实例	行
③	列记录	属性	属性	字段

整个项目的实施过程中,需求设计决定着项目全局的正确性,数据库的设计是整个项目中数据管理的关键环节。GaussDB(for MySQL)本身稳定性好、安全性高,正确地设计库表有效地运行于其上至关重要。

3.1.2 需求分析设计

需求分析设计阶段主要完成项目业务信息的收集,对信息涉及的数据进行整理、分析,为整个数据库表结构的设计打下坚实的基础。需求分析设计建议方法如图 3-7 所示。

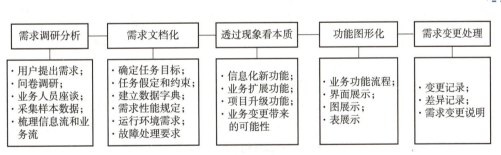

图 3-7 需求分析设计建议方法

为了很好地进行需求调研,需求初始往往以引导用户畅所欲言、问卷调查、业务人员座谈的方式进行实际业务的调研。在可能的情况下,也可采集一些样本数据。结合调研的信息进行梳理、确定任务流,以主次、层层递进的关系整理用户对系统的期望和目标。然后,将这些整理好的内容,以规范的格式整理成文档,例如,文档中按任务目标、假定和约束、数据字典、性能规定、运行环境、故障处理等建立目录,然后细化其中每一部分内容,写好的文档供数据库表结构设计人员参考。

一位好的需求分析工程师需要具备透过现象看本质的能力,需求阶段在整个项目的实施过程中会占用较大比例的时间段，因为并非只进行简单的用户需求整理能够做得好。用户往往对信息化技术不够了解，而需求分析工程师对业务也不够熟悉，这就造成一些功能可能会被遗漏，同时这也可能是公司项目中的亮点。这时，需要需求分析工程师能够以信息化的技术，结合用户提出的需求，引导用户讲出一些可能人工难以完成，信息化能够完成，项目实际较需要的内容。介绍将来项目扩展时可能存在的技术细节，结合用户可能付出的成本，进而对用户的需求进行筛选。

需求分析文档编制过程中，为了更好地表达用户的用意，可借助图形辅助描述，增进数据库工程师对需求的理解。例如，电商平台的一张已购物的订单，如图 3-8 所示。

```
用户信息
    地址：   北京市××路××小区7-203
    姓名：   韩××        电话： 1389223××××        邮编：   100000

订单信息
订单编号：  T000003                创建时间： 2020-06-12  08:00:08

    商品名        规格描述              单价      数量      合计价格
    纯棉裤      颜色分类：Y2199 尺码：XL   99.00      1        99.00
    春秋船袜    颜色分类：黑白灰 尺码：均码  7.90      3        23.7
    网红玩偶    颜色分类：紫色 高度：30厘米 29.00      2        58.00

                                     订单总额：          180.7
                                     实付款：            170.7
                                     支付时间： 2020-06-12  08:25:35
```

图 3-8　一张已购物的订单样例

通过可视化页面的展示，后面的工程师在写设计文档时，会一目了然地了解具体的需求信息。需求分析是整个数据库设计的基础阶段，如果需求设计阶段出现问题，后面所有环节将全部面临返工的情况，故需求阶段要细致、可读性强。页面中的数据项可通过数据字典进行描述，给数据流图上每个成分加以定义和说明。数据字典的格式并没有固定的文档规范，可依据实际业务进行制定。数据字典具体可由数据项（不可再分的数据单位）、数据结构（反映数据之间的组合关系）、数据流（数据结构在系统内传输的路径）、数据存储（数据结构停留或保存的地方）和处理过程（数据流图中功能块的说明）几部分组成。下面以图 3-8 为例，对数据项进行描述，仅供参考，见表 3-2 和表 3-3。

表 3-2 用户信息字典

实体名	用户	描述	用户信息	日数据条数	300
列名	数据类型	长度、精度	空	默认值	约束	数据来源
姓名	字符	<20	非空		可重复	用户注册
电话	数值	固定长度 11	非空		可重复	用户注册
邮编	数值	6	空		可重复	用户注册
地址	字符	<250	非空		可重复	用户注册

表 3-3 订单信息字典

实体名	订单	描述	订单信息	日数据条数	70 000
列名	数据类型	长度、精度	空	默认值	约束	数据来源
订单编号	字符	固定长度 20	非空		唯一值	用户购物
创建时间	日期	年-月-日 时:分:秒	非空		可重复	用户购物
订单总额	数值	<20 位，2 位小数	非空	0.00	可重复	用户购物
实付款	数值符	<250	非空	0.00	可重复	用户购物
支付时间	日期	年-月-日 时:分:秒	非空		可重复	用户购物
商品名	字符	<100 字符	非空		可重复	库管员
规格描述	字符	<250 字符			可重复	库管员
单价	数值	<16 位，2 位小数	非空	0.00	可重复	库管员
数量	数值	整数	非空		可重复	库管员
合计价格	数值	<20 位，2 位小数	非空	0.00	可重复	库管员

需求分析阶段的数据字典与数据库中的数据字典是有区别的，这里描述的是数据收集和数据分析所获得的成果。整个需求分析阶段，可能会涉及不断修改、充实和完善的过程，可以说是一个抽象层面的概念。数据需求文档要明确现有系统功能，还要确定好系统可能升级后的功能，故在面临用户对业务功能可能不断调整、更改的过程中，甚至在项目研发的里程碑阶段，或者项目运行跟踪过程中对需求进行变更时，如何应对计划，需要一并写入需求分析文档中。

3.1.3 数据库概念设计

数据库概念模型，主要描述对用户需求进行综合、归纳和抽象，形成一个独立于具体数据库管理系统的概念层次抽象模型，它是独立于数据库管理系统的概念。概念模型是高层次的抽象模型，独立于任何一种特定的数据库产品，不会受到任何数据库产品特性的约束和限制。下面将以图 3-8 中的需求和表 3-2、表 3-3 为依据，参考 E-R 方法，形成"实体—关系"模型，以便真实、充分地反映用户下订单中事物间的联系，更易于设计师对业务的理解、修整模型，以及向关系模型的转换。

E-R 是 1976 年由 P. P. S. Chen 提出的一种"实体—关系"模型，是数据库结构概念设计阶段应用非常广泛的方法。E-R 图主要由实体、属性和联系 3 个要素构成，可参考需求分析中的数据流图、数据字典等内容进行抽象、构建。

1. E-R 实体

E-R 方法中,实体指具有公共性质并且可以相互区分的现实世界对象的集合,例如,用户、订单和商品都是实体。实体中每个具体的记录值,如用户实体中每位具体的用户,称为实体的一个实例。在 E-R 图中一般用矩形框表示具体的实体,举例如图 3-9 所示。

图 3-9 E-R 实体样例

2. E-R 属性

E-R 方法中,属性指描述实体性质或特征的数据项。属于同一个实体内的所有实例都具有相同的性质。这些性质和特征就是属性,例如用户的姓名、地址、电话等。在 E-R 图中一般用圆角矩形框表示属性,举例如图 3-10 所示。

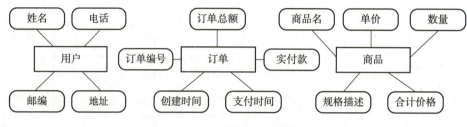

图 3-10 E-R 属性样例

实际项目实施过程中,如果项目实体对应的属性内容过多,数据库结构设计的概念模型中,这一步并非必要条件,往往达到 E-R 实体层级即可,即把实体和实体之间的联系明确地表达出来就可以。因为把概念模型中的属性都详细规划出来工作量是较大的,所以也并不是非要不可。这部分内容可在数据库表的逻辑设计阶段,通过 IDEF1X 图来表示。IDEF1X 是 IDEF(ICAM DEFinition method)系列方法中 IDEF1 的扩展版本,是在 E-R(实体—联系)方法的原则基础上,增加了一些规则,使语义更为丰富的一种方法。其中 IDEF 是美国空军在 20 世纪 70 年代末 80 年代初 ICAM(Integrated Computer Aided Manufacturing)工程在结构化分析和设计方法基础上发展的一套系统分析和设计方法,是比较经典的系统分析理论与方法,用于建立系统信息模型。

3. E-R 联系

E-R 方法中,联系用于描述实体内部以及实体之间的关系。实体间的联系通常分为一对一、一对多和多对多的关系。在 E-R 图中一般用菱形框表示联系,举例如图 3-11 所示。

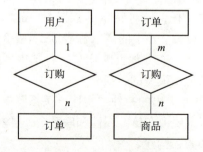

图 3-11 E-R 联系样例

(1) 一对一联系：指两个实体之间每个实例间都是一对一的关系，记为 1∶1。

(2) 一对多联系：实体"用户"中的每个实例在实体"订单"中有 n 个实例（$n \geqslant 0$）与之关联，而实体"订单"中的每个实例在实体"用户"中最多只有一个实例与之关联，记为 1∶n。

(3) 多对多联系：实体"订单"中的每个实例在实体"商品"中有 n 个实例（$n \geqslant 0$）与之关联，而实体"商品"中的每个实例在实体"订单"中也有 m 个实例（$m \geqslant 0$）与之关联，记为 $m∶n$。

3.1.4 逻辑设计与范式

1. 逻辑设计

逻辑设计阶段是将概念模型转化为具体的数据模型的过程。按照概念设计阶段建立的基本 E-R 图，按选定的目标数据模型（层次、网状、关系、面向对象），转换成相应的逻辑模型。对于关系型数据库来说，这种转换要符合关系数据模型的原则，得到的就是逻辑数据模型。逻辑模型中的实体可分为独立型实体和依赖型实体两种。其中独立型实体不依赖于其他实体，可以独立存在，通过用直角矩形表示。依赖型实体必须依赖于其他实体而存在，通过用圆角矩形表示。除了区分实体之外，逻辑设计阶段主要的工作就是确定关系模型中的属性。属性是关系模型中的实体特征，首先最重要的事情是确定其中的键，键分为主键、外键、可选键，除了键之外，还包括非键属性和派生属性。

(1) 主键：唯一能识别一个实例的属性或者属性组，独立型实体的主键会出现在依赖型实体的主键中，成为依赖型实体中主键的一部分。

(2) 外键：两个实体发生关联，一个实体的外键是另外一个实体的主键。也可以把主键实体称为父实体，拥有外键的实体称为子实体。

(3) 可选键：能识别实体实例唯一性的其他属性或者属性组。

(4) 非键属性：实体中主键和外键之外的实体称为子实体。

(5) 派生属性：一个字段可以被统计出来或者从其他属性推导来的属性。

依据逻辑设计模型中的内容进行逻辑模型的设计，模型的表示可采用 E-R 图的 IDEF1X 表示法。IDEF1X 具有良好的可扩展性、简明的一致性结构易于理解和自动化生成模型等特点。在 IDEF1X 中，还有一个重要的概念，即关系基数，用于反映两个或多个实体间关系的业务规则。关系基数实际上就是在这里用特定的表示法来表达 E-R 方法中的联系这个概念，例如一对一、一对多、多对多关系。在关系基数里因为考虑到实际情况，存在 0 的可能性。下面依据逻辑设计的内容举例逻辑模型，如图 3-12 所示。

图 3-12 中，"1，1"表示一张订单只能拥有一位用户收货，而"0，n"表示一位用户可以拥有 0 个或更多的订单，这里"0、1、n"称为基数。独立型实体和依赖型实体间的关系可分为识别性关系、非识别性关系和嵌套识别性关系。非识别性关系中，子实体不需要与父实体的关系就可以确定实例唯一性，其中具有外键的就是子实体，拥有主键的就是父实体。外键的位置又决定了父子实体是识别性关系还是非识别性关系。识别性关系中子实体实例唯一性的识别与父实体相关联，父实体的主键属性成为子实体的主键属性。也可以说，外键出现在子实体的主键中，就是识别性关系。外键出现在子实体的非键属性中，就是非识别性关系。如果是识别性关系，那么子实体就是依赖实体。嵌套性识别关系中，父实体和子实体为同一个实体，形成递归

或者嵌套的关系。实体的主键也成为自身的外键。

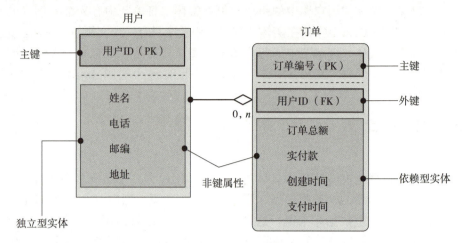

图 3-12 逻辑模型 IDEF1X 举例

2. 范式

数据库结构设计中的逻辑模型设计阶段，实体就是描述业务的元数据，主键是识别实体每个实例唯一性的标识，只有存在外键，实体之间才会存在关系，没有外键不能建立关系。关系的基数反映了关系之间的业务规则。针对每个实体的设置及实体中属性的设计，可参考著名的范式理论完成。范式（Normal Form，NF）理论描述的是在数据库设计时要满足的设计规范。把属性放置在正确的实体的过程称为范式化，可以针对具体的业务流程、项目需求，构造一个满足要求的数据库模式、生成实体、确定实体中的属性、实体间的关系，构造出一个合理的关系数据模型，完成关系数据库表结构逻辑设计模型。

Codd 于 1971～1972 年提出了 1NF、2NF 和 3NF 的概念，讨论了规范化问题。1974 年，Codd 和 Boyce 共同提出了新范式 BCNF，1976 年，Fagin 提出了 4NF，之后的研究人员进一步提出 5NF。每一阶段范式理论的提出，满足向下兼容的模式，如图 3-13 所示。

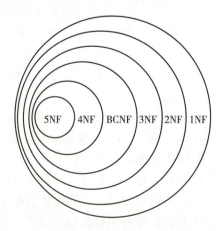

图 3-13 范式间的关系

每次新的范式的提出，都是在上一范式理论的基础上增加新的内容，使数据库表结构的设计更加细化。设计逻辑模型时，应用范式理论要解决的核心问题是解决每一实体中具体的属性内容。经过范式化后设计的逻辑模型中尽量满足较少的数据冗余、良好的可扩展性，消除数据更新时可能产生的数据不一致情况。下面通过举例说明应用1～3范式对数据库表结构进行设计的过程。

（1）1NF（第一范式）的设计

1NF要求实体的设计中：每个属性只包含原子性取值；每个属性的取值只能包含值域中的一个值（不能是子集）；实体中需要设置主键，保证数据库内不会有重复记录。

> 原子性，即不可再分性。在数据库表的设计中，原子性的界定难在不可再分的程度及如何确定边界。例如身份证号码，可以拆分成出生日期、性别属性等，但从身份证本身的值域来讲，其18位号码是不可再分的，即为一个原子性的内容。

这里选定订单业务中的部分内容，讨论应用范式进行数据库结构设计的过程。选定的订单内容见表3-4。

表3-4 订单信息内容

订单编号	商品名	下单日期
T000003	纯棉裤、春秋船袜、网红玩偶	2020-06-12 08:25:35
T000004	纯棉裤	2020-06-13 09:05:23

依据1NF规则，商品名所对的3个商品的内容不满足原子性，可进一步拆分，然后将订单编号设置为PK（Primary Key，主键）重新设计订单的内容表，见表3-5。

表3-5 订单信息内容（符合1NF）

订单编号（PK）	商品名	下单日期
T000003	纯棉裤	2020-06-12 08:25:35
T000003	春秋船袜	2020-06-12 08:25:35
T000003	网红玩偶	2020-06-12 08:25:35
T000004	纯棉裤	2020-06-13 09:05:23

（2）2NF（第二范式）的设计

2NF要求实体的设计中：满足1NF中的内容；每个非主属性都完全依赖于任何一个主键。在表3-5中，满足1NF的内容，但每个订单买的商品并不固定，即商品名并不依赖于订单编号，而下单日期确定依赖于订单编号。依据2NF的要求，对表3-5进行改造，将商品名拆分出去，形成表3-6，同时将商品名单独立成表3-7，并通过主外键的关系，将两张表的内容进行联系，表达与原表3-5相同的内容。

表3-6 订单信息内容（符合2NF）

订单编号（PK）	下单日期
T000003	2020-06-12 08:25:35
T000004	2020-06-13 09:05:23

表3-7 订单购物信息内容（符合2NF）

订单编号	商品编号	商品名
PK		
T000003	000001	纯棉裤
T000003	000002	春秋船袜
T000003	000003	网红玩偶
T000004	000001	纯棉裤

经过 2NF 的设计，拆分成表 3-6 和表 3-7 中的所有非主属性，全部依赖于主键的内容。

(3) 3NF（第三范式）的设计

3NF 要求实体的设计中：满足 2NF 中的内容；每一个非主属性不会传递性依赖于主键。此时再次看表 3-7 中的内容，联合主键的设置，导致了订单编号和商品信息冗余数据的生成，这与范式的目标是不一致的，此时将商品的非主属性商品名单纯依赖于商品的主键"商品编号"，形成表 3-8 和表 3-9。由于订单与商品之间的对应关系为多对多，即一个订单可以买多个商品，一个商品可以被多个订单订购，所以可单独建立一个订单与商品的关系表，见表 3-10。

表 3-8 订单信息内容

订单编号（PK）	下单日期
T000003	2020-06-12 08:25:35
T000004	2020-06-13 09:05:23

表 3-9 商品信息内容

商品编号（PK）	商品名
000001	纯棉裤
000002	春秋船袜
000003	网红玩偶

表 3-10 订单购物信息内容

订单编号（FK）	商品编号（FK）
T000003	000001
T000003	000002
T000003	000003
T000004	000001

在 3NF 的设计中，所有非主键字段都要依赖于整个主键，不依赖于非主键的其他属性。同时，设置每张表的 PK（主键）和 FK（Foreign Key，外键），形成表间的关系。3NF 的设计很好地解决了属性内容的冗余问题，冗余不仅指内容的冗余，也指表中派生属性的冗余。例如，图 3-8 中商品的"合计价格"，可以由"单价×数量"计算获得，此时，可将"合计价格"从表中删除。

3.1.5 物理设计与反范化

数据库逻辑设计确定了数据库表结构中的实体和关系、实体规范化等工作。而数据库表结构的物理设计，需要参考数据库逻辑设计的结果，评估实际运行环境的硬件条件和关系数据库管理系统（Relational Database Management System，RDBMS）的实际情况，确定数据库实表、字段、字段数据类型、长度、精度等。其中，RDBMS 工具有很多，如 GaussDB（for MySQL）、SQL Server、Oracle 等。

数据库物理设计中，由于不同表间通过主键、外键进行关系计算时，需要消耗内存、CPU 等资源，这些是有限资源。考虑整体运行性能，有时反范化设计是可行的，如图 3-14 所示。

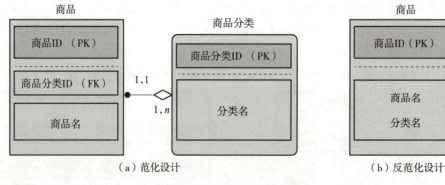

图 3-14 范式设计与反范化设计

数据库逻辑设计阶段依据 3NF 设计出来的实例、实例关系、实例属性,在进行物理阶段的表、字段设计时,需要同时考虑整体的性能。如果表间关系的计算大于冗余设计带来的代价,那么进行冗余的反范式设计,可认为是可行的。在图 3-14 中,对于商品所属的类型,如果商品数量很少时,按 3NF,按雪花形设计的表结构,不如按反范化的设计合理。反范化设计在数据仓库的设计中应用较为广泛。

3.2 表字段数据类型的选择

3.2.1 GaussDB (for MySQL) 数据类型介绍

通过数据库设计,完成表结构的设计,每张表中每一个字段类型的确定,直接影响到每列内容在被 SQL 调用时,可能占用的内存空间的大小、耗费 CPU 等的资源,也决定当前字段存储的内容类型,例如数字或字符串。为此,各 RDBMS 工具都提供了数据类型。GaussDB(for MySQL)支持的数据类型可分为数值类型、日期和时间类型、字符串类型、空间类型和 JSON 类型。每种类型的具体功能及描述见表 3-11。

表字段数据类型的选择

表 3-11 GaussDB(for MySQL)数据类型

数据类型	类型名		功能描述
数值类型	整数类型	INTEGER(或 INT)、SMALLINT、TINYINT、MEDIUMINT、BIGINT	用于以整数形式所表现的数字数据的应用,如 INT
	高精度类型	DECIMAL、NUMERIC	用于保持精度很重要的情况,如货币数据,如 DECIMAL(5,2)
	浮点类型	FLOAT、DOUBLE	近似值存储,FLOAT 为单精度浮点数,DOUBLE 为双精度浮点数
	位值类型	BIT	用于存储位值。一种类型的 BIT(M)能够存储 M 位值。M 的范围是 [1,64]
字符串类型	字符串序列	CHAR、VARCHAR 和 TEXT	常以字符为单位解释长度规范,如 CHAR(20)
	二进制字符串序列	BINARY、VARBINARY、BLOB	常以字节为单位解释长度规范,如 BINARY(1)
	其他字符串类型	ENUM、SET	ENUM 是枚举类型,只能有一个值的字符串对象。SET 是一个可以有零个或多个值的字符串对象
	日期和时间类型	DATE、TIME、DATETIME、TIMESTAMP、YEAR	用于表示时间值的日期和时间数据。类型无法表示无效值时,可以使用"零"值代替
空间类型	单值数据类型	POINT、LINESTRING、POLYGON	值限制为特定的几何类型,如 p POINT SRID 0
	空间数据类型	GEOMETRY、MULTIPOINT、MULTILINESTRING、MULTIPOLYGON、GEOMETRYCOLLECTION	保存值的集合,如 g GEOMETRY NOT NULL SRID 4326
	JSON 类型	JSON	存储半结构化数据,如 content json

3.2.2 数据类型在数据表中的应用

GaussDB（for MySQL）中，每种数据类型，都针对特定的场景进行应用，如图 3-15 所示。

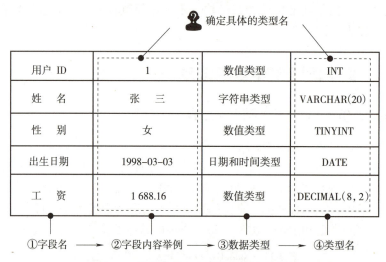

图 3-15　用户信息表中数据类型应用举例

在一个库表中，可通过图 3-15 中提示的①→②→③→④，这 4 步来确定每一个字段的类型。其中①是数据库表中定义的字段名，②为①中要存储的内容举例，通过②，辨别出③的内容，即指定①列对应的数据类型。最后，④为从众多类型中选择的合适类型名。数据类型不难辨别，难就难在类型名的确定上，系统依据类型名，确定表中每个字段中内容将会获取的空间尺寸。尺寸分配大了，会浪费空间，这就好比用一个鞋盒子，来装一块橡皮，怎么都是浪费且不合适的。反过来用一个橡皮的盒子来装一双鞋，是怎么也容纳不下的。因此，为数据库表中的字段选择合理的类型名，是一件很重要的事情。

1. "用户 ID" 类型名的选择

下面以图 3-15 中的"用户 ID"为例解释其类型名 INT 的选择过程。代入一个场景，针对开放范围为我国市场的电商平台，应用数值类型中的整数类型来记录"用户 ID"，每一个类型名的整数类型所占用空间的范围见表 3-12。

表 3-12　数值类型存储范围与占用空间

数据类型	占用空间（B）	范围（有符号）	范围（无符号）
TINYINT	1	[−128, 127]	[0, 255]
SMALLINT	2	[−32 768, 32 767]	[0, 65 535]
MEDIUMINT	3	[−8 388 608, 8 388 607]	[0, 16 777 215]
INTEGER（或 INT）	4	[−2 147 483 648, 2 147 483 647]	[0, 4 294 967 295]
BIGINT	8	$[-2^{63}, 2^{63}-1]$	$[0, 2^{64}-1]$

我国人口数量约为 14 亿，去掉不能上网的人数（如婴儿），估算一人多号的比重，假设最终确定所需要"用户 ID"最大值为 30 亿，即 9 位数字，确定类型名，如图 3-16 所示。

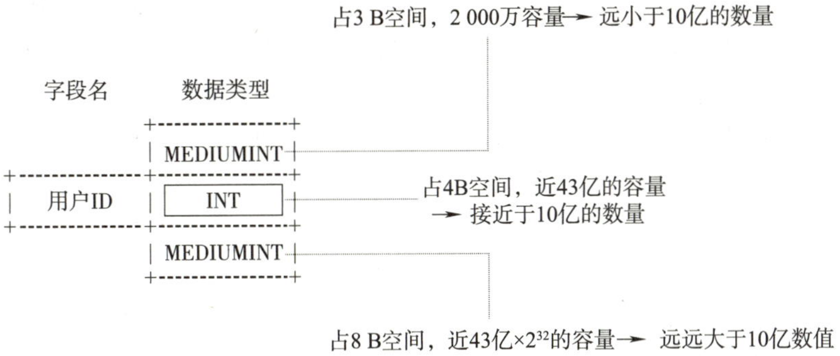

```
                 占3 B空间，2 000万容量 → 远小于10亿的数量
字段名    数据类型
          +----------+
          | MEDIUMINT |
          +----------+
          |          |    占4B空间，近43亿的容量
| 用户ID | |   INT    | → 接近于10亿的数量
          |          |
          +----------+
          | MEDIUMINT |
          +----------+
                 占8 B空间，近43亿×2³²的容量 → 远远大于10亿数值
```

图 3-16　按空间尺寸给用户 ID 选用合适的数据类型

与 INT 临近的类型名 MEDIUMINT，相对空间占用较小，为 3 B，但最大容纳量为 16 777 215 人，远小于预期的 30 亿容量。INT 占 4 B 空间，最大容易近 43 亿，与 30 亿接近。而 BIGINT 占 8 B 空间，容量为 INT 最大空间的 2^{32} 倍，远大于 43 亿的容量。以此来看，针对"用户 ID"来讲，INT 类型为最合适的选择。

2. "姓名"类型名的选择

"姓名"为用户的网络自定义名，属于字符串类型，其类型名的选定，主要考虑因素如下：

（1）列值的实际长度。

（2）列的最大可能长度。

（3）用于列的字符集，因为某些字符集包含多字节字符。

对于"姓名"，当前系统列值实际长度限定在 1～4 个字符，最大不会超过 4 个字符。采用的字符集，以及每种字符集所占空间占比如下：

（1）GBK 编码：汉字和全角字符占 2 B，数字等字符占 1 B。

（2）UTF8 编码：汉字和全角字符占 2～8 B，数字和英文字符等都占 1 B。

（3）utf8mb3 和 utf8mb4 字符集：每个字符最多分别需要 3 B 和 4 B 空间。

常用的字符串序列类型主要有 CHAR、VARCHAR 和 TEXT 类型。GaussDB A 中，TEXT 为长度限制，最大容纳 1 GB 字符序列。CHAR 和 VARCHAR，GaussDB T 中最大可容纳 8 KB 的字符序列，在 GaussDB A 中最大可容纳 10 MB 的字符序列。"姓名"长度较短，故在 CHAR 和 VARCHAR 间选择。如果对于固定长度内容的字符串序列，CHAR 比 VARCHAR 的性能要好。但对于变长度的字符串内容，CHAR 不如 VARCHAR。这是由于"姓名"的字符数并不统一，对于 CHAR 来讲，如果设置 CHAR(20)，当采用一个汉字占用 2 B 的 GBK 编码集时，则"张三"实际需要的字符串长度为 4 B，加上一个字节来记录字符串的长度，共需要 5 B 空间，但不够 20 B 的空间也会应用空格来填补。而 VARCHAR 会根据实际长度进行分配，故对于"姓名"列的内容，选择 VARCHAR 类型名更合适。但具体设置多长，可依据编码具体考量。

3. "性别"类型名的选择

"性别"最多拥有"男、女、不明"共计 3 个值。

这些值表面上看属于字符串序列，可选择 CHAR 类型进行存储，存储值为｛男、女、不明｝，可考虑用汉字对应的英文首字母｛F、M、N｝字符来替代，相对汉字所占用的字长短些。一些大数据项目下，有些工程师采用整数类型 TINYINT，占用 1 B 空间，用｛0、1、2｝来表示〔男、女、不明〕的含义。理论上这些选择方法性能是不一样的，相同环境条件下，TINYINT 性能相对好些，但当数据量不大时，性能差异并不明显。

4. "出生日期"类型名的选择

"出生日期"是典型的日期类型，在表示时间值的日期和时间数据类型 DATE、TIME、DATETIME、TIMESTAMP 和 YEAR 中。每个时间类型都有自己的含义和有效值范围。当无法表示有效的时间值时，也可以应用"零"值表示，如图 3-17 所示。

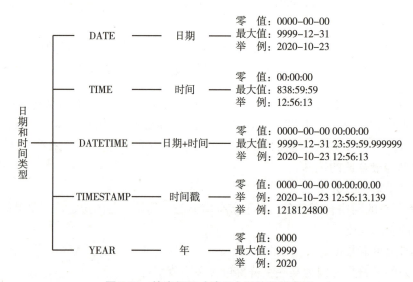

图 3-17　按空间尺寸选用合适的数据类型

对于"出生日期"列，只需要表示到"年－月－日"即可，故选择 DATE 类型名。

这里需要注意的是，不同的关系型数据库中，日期读取或存储时存在微小差别，而字符串序列兼容度极高，当然有时还会有些其他原因，例如，一个数据仓库中提供了处理日期函数的格式要求字符串形式，故一些公司在项目应用中，不排除会出现将"出生日期"列记为字符串序列值的情况。

5. "工资"类型名的选择

"工资"表示一个用户每月的工资收入情况。这种与账务相关、要求极高精度的数据可使用 DECIMAL 来定义。假设当前公司在年统计时，工资栏汇总小于 1 亿，即最多是上千万。货币计数时通常保留 2 位小数，表示"角"和"分"。那么"工资"列类型名定义：

```
工资  DECIMAL(10,2)
```

在本例中，10 是精度，2 是小数位数。精度表示为值存储的有效位数，小数位数表示可以存储在小数点后的位数，此时，存储在"工资"列中的值范围为 －99 999 999.99 ～ 99 999 999.99。

☕ **扩展阅读：** 其他类型名所占空间说明

浮点类型 FLOAT（单精度浮点数）和 DOUBLE（双精度浮点数）为近似值存储类型，其中 FLOAT 使用 4 B 空间，DOUBLE 使用 8 B 空间。它们允许使用非标准语法：FLOAT(M,

D）和 DOUBLE（M，D）。由于是近似存储，以 FLOAT 为例，FLOAT（7，4）列显示为－999.9999，SQL 语句在存储值时执行四舍五入，因此如果将 999.00009 插入 FLOAT（7，4）列，则近似结果为 999.0001，故不推荐使用非标准 FLOAT（M，D）和 DOUBLE（M，D）语法。

二进制字符串序列中，BINARY 类型类似于 CHAR 类型，但存储二进制字符串而不是非二进制字符串。VARBINARY 类型类似于 VARCHAR 类型，但存储二进制字符串而不是非二进制字符串。TINYBLOB 中最大长度为 255（2^8-1）个字节的 BLOB 列。每个 TINYBLOB 值都使用 1 B 长度的前缀进行存储，该前缀指示值中的字节数。每个 BLOB 值都使用 2 B 长度的前缀存储，该前缀指示值中的字节数。

字符串类型 ENUM 是枚举类型，只能有一个值的字符串对象，可以从值 'value1'，'value2'，…，NULL 或特殊的错误值列表中选择，描述方式为 ENUM ('value1'，'value2'，…)。ENUM 值在内部表示为整数。

字符串类型 SET ('value1'，'value2'，…) 是一个可以有零个或多个值的对象，每个值都必须从值'value1'，'value2'，…SET 值的列表中选择，内部表示为整数。

空间类型，遵循 OGC（开放地理空间联盟）规范，将空间扩展实现为具有几何类型环境的 SQL 子集，描述的是一组 SQL 几何类型。OpenGIS 类的空间数据类型，可包括 GEOMETRY、POINT、LINESTRING 和 POLYGON 用于保存单个几何值的空间类型，和包括可以存储任何类型的几何值的 GEOMETRY。其他单值类型（POINT、LINESTRING 和 POLYGON）将它们的值限制为特定的几何类型。其他空间数据类型保存值的集合包括 MULTIPOINT、MULTILINESTRING、MULTIPOLYGON 和 GEOMETRYCOLLECTION。

JSON 类型，是管理半结构化的 JSON（JavaScript Object Notation）数据类型，与将 JSON 格式的字符串存储在字符串列中相比，JSON 数据类型能够自动验证存储在 JSON 列中的 JSON 文档。无效的文档会产生错误。存储在 JSON 列中的 JSON 文档被转换为允许对文档元素进行快速读取访问的内部格式。

3.2.3 字段属性设计

字段属性设计主要是指表中字段的相关成员，如字段名、字段类型、字段约束、字段优化查询等的设计，本小节将对其进行概要性的解释。在前面的设计中，合理地为字段分配数据类型，可以在字段中内容进行 SQL 程序解析时，分配合理的空间并尽量节省资源消耗。下面主要对创建表时涉及的字段名、字段内容约束和管理表时可能涉及的索引、表间关联约束等进行介绍。

1. 创建表时字段属性设计

字段类型确定后，在创建表时，给每一个字段起一个名字，是一件很重要的事情，在确定立项开始，通常会对 GaussDB（for MySQL）数据库中所有涉及命名的地方定义规范。

（1）字段名称组成：建议名称由"字母、数字和下画线"组成，其中数字不能作为第一个字母出现，如 u_col1 等。

（2）字段名称含义：易于理解、记忆。由于 SQL 解析时也会将字段名读取入内存，参与计算过程值参数名的传递，故名字越短越好，最好达成约定。

（3）字段命名避讳：避免使用 GaussDB（for MySQL）中的保留关键字。因为保留关键字为 GaussDB（for MySQL）系统本身使用的名称，如 INT、CREATE 等，已经具备特定的含义。

下面仍以图 3-15 为例，对其中的每一个字段进行命名，如图 3-18 所示。

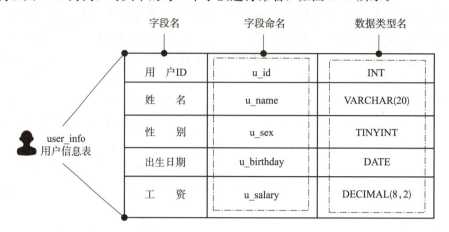

图 3-18 用户信息表字段属性设计

图 3-18 中，表名定义为 user_info，字段命名的规范为"表名的第 1 个字母＋'_'＋字段名的英文单词"。这样命名的好处是将来进行多表连接查询时，通过首字母就能辨别当前字段是哪张表里的，通过"_"后面的英文释义，就能辨别当前字段的含义。

2. 字段属性管理序列设计

GaussDB（for MySQL）的一个数据库中，多表间关联操作是常见的事情，故多表间通过字段进行实体间关联时，同一含义的字段应该使用相同的数据类型、数据名，例如，图 3-14 范式设计中的"商品 ID"。这里主要应用了字段属性的主键、外键设计。主键用来识别唯一记录；外键体现两个实体之间存在的关系，且外键是可以重复的。主键和外键是逻辑模型中的概念；索引是物理层面的概念，对应数据库中的具体对象。除此之外，为了加速某列数据的查询速度，可在指定表的字段中创建索引功能。主键、外键、索引之间的关系见表 3-13。

表 3-13 主键、外键、索引之间的关系

项目	主键	外键	唯一索引	非唯一索引
特点	唯一标识一个实例，无重复值	另外一个实体的主键，可以重复，可以为空	建立在表上的对象，无重复值，可以有一个空值	建立在表上的对象，可以为空，也可以有重复值
作用	确定记录唯一性，保证数据完整性	建立数据参考一致性。建立两个实体之间的关系	提高查询效率	提高查询效率
数量	一个实体只能有一个	一个实体可以有多个外键	一张表可以有多个唯一索引	一张表可以有多个非唯一索引

3.3 数据库建立与权限分配

3.3.1 数据库管理操作

数据库（Database）是存储在一起的相关数据的集合，这些数据通常按结构化、半结构化的方式进行组织，然后以文件的形式存储于磁盘。这里需要说明的是，并非所有数据库系统都是

基于文件的，也有直接把数据写入数据存储的形式，无有害的或不必要的冗余，并为多种应用服务。数据库实例（Database Instance）为数据库运行时系统中启动的一系列进程以及这些进程所分配的内存块，相互配合工作，是访问数据库的通道。数据库与数据库实例间的关系如图 3-19 所示。

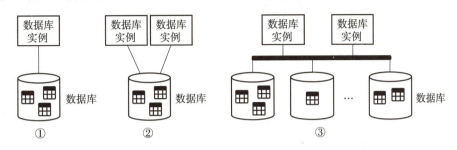

图 3-19　数据库与数据库实例间的关系

一个数据库实例可以对应一个数据库（见图 3-19 中①），也可以多个数据库实例对应一个数据库（见图 3-19 中②），或多个概率实例对应多个数据库（见图 3-19 中③）。利用多实例操作，可以更充分地利用系统的硬件资源，让服务器性能尽量最大化。GaussDB（for MySQL）集群中，云数据的部署直接通过 Web 访问即可在云端创建高可用的云数据库。通过绑定购买的弹性 IP，开放 3306 端口，创建业务数据库 ecommerce。也可在当前实例的数据库列表中，通过单击"＋新建数据库"按钮，进入建立数据库的页面，创建新的数据库，如图 3-20 所示。

图 3-20　创建新的数据库

选择数据库列表窗口中的数据库名（如 ecommerce），然后在后面的选项中选择"删除"，会删除数据库。

3.3.2　建立用户并赋予数据库操作权限

项目中每一个数据库的访问与操作，出于安全考虑，并不能向所有用户开放。如果需要对所拥有的云数据库 GaussDB（for MySQL）进行精细的权限管理，可以使用统一身份认证服务（Identity and Access Management，IAM）来实现。

（1）根据企业的业务组织，在华为云账号中，给企业中不同职能部门的员工创建 IAM 用户，让员工拥有唯一安全凭证，并使用 GaussDB（for MySQL）资源。

（2）根据企业用户的职能，设置不同的访问权限，以达到用户之间的权限隔离。

（3）将 GaussDB（for MySQL）资源委托给更专业、高效的其他华为云账号或者云服务，这些账号或者云服务可以根据权限进行代运维。

对用户授权的方法，操作流程如图 3-21 所示。

1. 创建用户组并授权

在 IAM 控制台创建用户组，并授予 GaussDB（for MySQL）只读权限 GaussDB ReadOnlyAccess。

2. 创建用户

在 IAM 控制台创建用户，并将其加入创建的用户组。

3. 用户登录并验证权限

新创建的用户登录控制台，切换至授权区域，验证权限：

（1）在"服务列表"中选择云数据库 GaussDB（for MySQL），进入 GaussDB（for MySQL）主界面，单击右上角"购买数据库实例"，尝试购买 GaussDB（for MySQL）实例，如果无法购买（假设当前权限仅包含 GaussDB ReadOnlyAccess），表示 GaussDB ReadOnlyAccess 已生效。

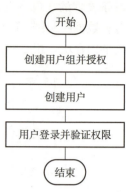

图 3-21　用户授权操作流程图

（2）在"服务列表"中选择除云数据库 GaussDB（for MySQL）外（假设当前策略仅包含 GaussDB ReadOnlyAccess）的任一服务，若提示权限不足，表示 GaussDB ReadOnlyAccess 已生效。

给用户组授权之前，须了解用户组可以添加的 GaussDB（for MySQL）权限，并结合实际需求进行选择，云数据库 GaussDB（for MySQL）支持的系统权限可描述如下：

（1）如果需要对华为云上购买的 GaussDB（for MySQL）资源，为企业中的员工设置不同的访问权限，为达到不同员工之间的权限隔离，可以使用 IAM 进行精细的权限管理。该服务提供用户身份认证、权限分配、访问控制等功能，可以帮助用户安全地控制华为云资源的访问。

（2）通过 IAM，可以在华为云账号中给员工创建 IAM 用户，并授权控制他们对华为云资源的访问范围。例如，员工中有负责软件开发的人员，如果希望开发人员拥有 GaussDB（for MySQL）的使用权限，但是不希望他们拥有删除 GaussDB（for MySQL）等高危操作的权限，就可以使用 IAM 为开发人员创建用户，通过授予仅能使用 GaussDB（for MySQL），但是不允许删除 GaussDB（for MySQL）的权限，控制他们对 GaussDB（for MySQL）资源的使用范围。

默认情况下，管理员创建的 IAM 用户没有任何权限，需要将其加入用户组，并给用户组授予策略或角色，才能使得用户组中的用户获得对应的权限，这一过程称为授权。授权后，用户就可以基于被授予的权限对云服务进行操作。

GaussDB（for MySQL）部署时通过物理区域划分，为项目级服务。授权时，"作用范围"需要选择"区域级项目"，然后在指定区域（如华北－北京一）对应的项目（cn-north-1）中设置相关权限，并且该权限仅对此项目生效；如果在"所有项目"中设置权限，则该权限在所有区域项目中都生效。访问 GaussDB（for MySQL）时，需要先切换至授权区域。

IAM 支持服务的所有权限可通过权限策略完成。策略是 IAM 最新提供的一种细粒度授权的能力，可以精确到具体服务的操作、资源以及请求条件等。基于策略的授权是一种更加灵活的授权方式，能够满足企业对权限最小化的安全管控要求。默认情况下，管理员创建的 IAM 用户没有任何权限，需要将其加入用户组，并给用户组授予策略或角色，才能使得用户组中的用户获得对应的权限，这一过程称为授权。授权后，用户就可以基于被授予的权限对云服务进行操作。

作用范围：权限的作用范围指给用户组授予权限时，选择的授权区域。

(1) 全局服务：服务部署时不区分物理区域，为全局级服务，在全局服务中授权，如 OBS、CDN 等。

(2) 区域级项目：服务部署时通过物理区域划分，在区域级项目中授权，并且只在授权区域生效，如 ECS、BMS 等。

(3) 所有项目：选择所有项目后，授权将对所有项目都生效，包括全局服务和所有项目（包括未来创建的项目）。

(4) 项目：选择对应项目，授权将对指定项目生效。

权限类别：权限根据授权粒度分为角色和策略。策略是 IAM 最新提供的一种细粒度授权的能力，可以精确到具体服务的操作、资源以及请求条件等。

(1) 如果一个服务同时有策略和角色，建议优先选择策略进行授权。

(2) 支持策略的服务可以创建自定义策略。自定义策略是对系统策略的扩展和补充，可以精确地允许或拒绝用户对服务的某个资源类型在一定条件下进行指定的操作。

华为云数据库 GaussDB（for MySQL）存储在云端，为了使用已经建立的数据库，需要将该数据库的使用权限赋予用户。下面以 2.4 节建立的 ecommerce 数据库为例，为其建立一个用户 tjdz，并赋予操作 ecommerce 的权限，演示用户与数据库权限赋予的过程。具体操作过程如下：

(1) 登录数据库管理界面，在 ecommerce 数据库选项栏选择"SQL 查询"选项，如图 3-22 所示。

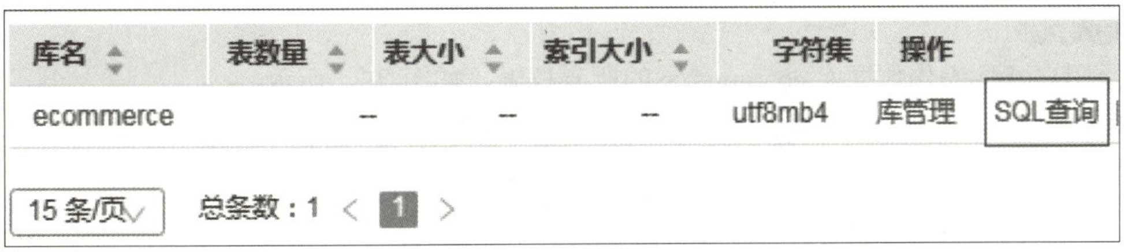

图 3-22　选择"SQL 查询"

(2) 通过 CREATE USER 关键字创建用户，并通过关键字 IDENTIFIED BY 指定用户的密码。

语法格式

```
CREATE USER '<用户名>'@'%' IDENTIFIED BY '<用户密码>';
```

其中，"用户名"可由数字、字母和下画线组成，不能用系统保留字，也不能用数字作为用户名的第一个字母。

应用举例

创建用户名为 tjdz，对应登录密码为 tjdz_123 的用户，如图 3-23 所示。

(3) 通过 GRANT 关键字指定权限范围，ON 指定赋予权限的数据库表，to 指定用户名。最后通过 FLUSH 使设置生效。

语法格式

```
GRANT<功能权限> privileges ON <数据库名>.<权限范围> to <用户名>;
FLUSH privileges;
```

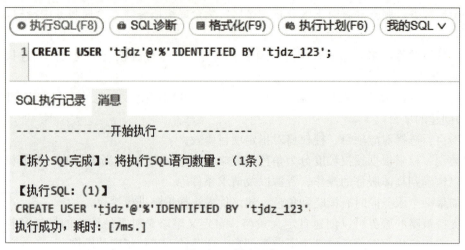

图 3-23 创建用户

其中,"功能权限"主要指 all(所有)、CREATE(创建)、INSERT(插入)、DROP(删除)、UPDATE(更新)等权限。"权限范围"指数据库范围内的指定功能,如某张表或"*"这样的所有内容。

应用举例

赋予用户 tjdz 操作数据库 ecommerce 的所有权限,如图 3-24 所示。

此时,可以通过用户 tjdz 操作数据库 ecommerce。

图 3-24 赋予用户权限

(4)为了工作方便,可通过客户端 MySQL Workbench 8.0 CE 使用购买的弹性 IP,应用新创建的用户 tjdz 及密码访问云端数据库 ecommerce。

首先在其首页面单击增加 MySQL 连接的按钮⊕,如图 3-25 所示。

(5)在弹出的窗口中,配置连接 ecommerce 主机(假设 124.71.228.242)的信息,如图 3-26 所示。

(6) 单击图 3-26 中的 Store in Vault 按钮，在弹出的对话框中输入密码 tjdz_123，单击 Test Connection 按钮，出现测试成功对话框，如图 3-27 所示。

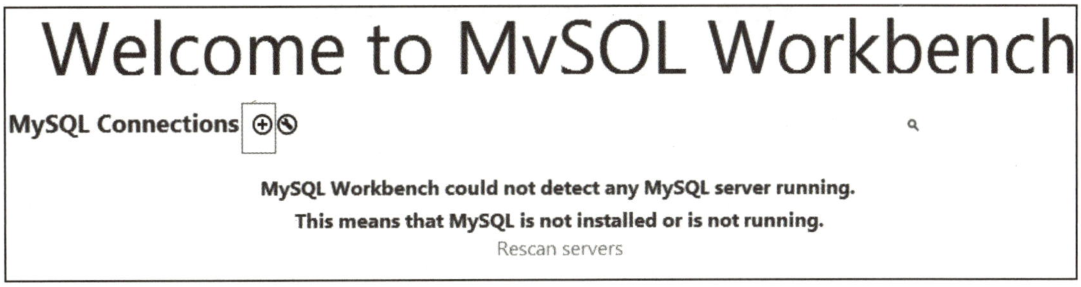

图 3-25 增加 MySQL 连接

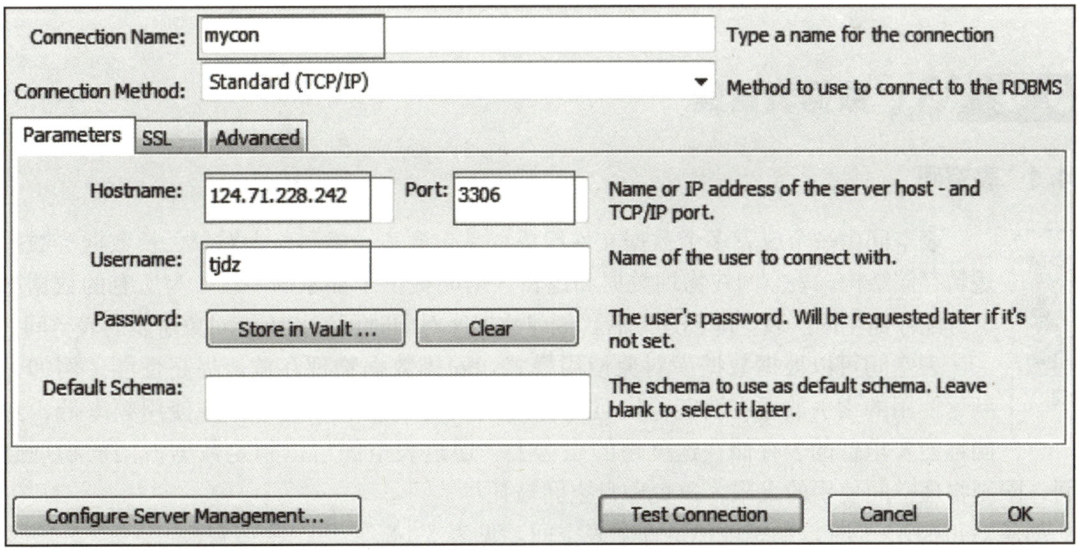

图 3-26 配置连接主机的信息

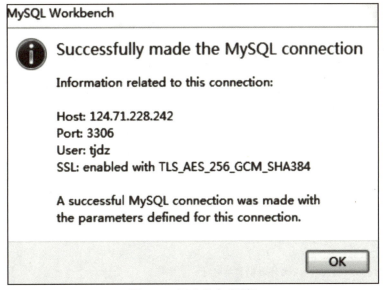

图 3-27 测试成功对话框

（7）单击界面中的 OK 选项，即可出现如图 3-28 所示的工作界面。

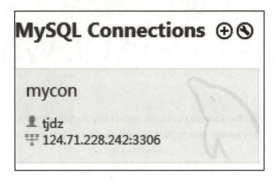

图 3-28 mycon 工作界面

3.4 数据表管理

3.4.1 表空间

数据表管理（一）

　　表空间由一个或者多个数据文件组成，是包含表、索引、大对象、长数据等数据的逻辑存储结构。表空间在物理数据和逻辑数据间提供了抽象的一层，为所有的数据库对象分配存储空间。表空间创建好后，创建数据库对象时可以指定该对象所属的表空间。

　　表空间可以根据数据库对象使用模式，安排数据物理存放，提高性能。例如，将频繁使用的索引放置在性能稳定且运算速度快的磁盘上，对于一些使用频率低、对访问性能要求低的表存储在速度慢的磁盘上。通过表空间可以指定数据占用的物理磁盘空间，限制物理空间使用的上限，避免磁盘空间被耗尽。

创建 GaussDB T 时，系统可预定 6 个表空间，见表 3-14。

表 3-14 GaussDB T 系统内置表空间

表 空 间	说 明
SYSTEM	存放 GaussDB T 元数据
TEMP	当用户的 SQL 语句需要磁盘空间来完成某个操作时，GaussDB T 数据库会从 TEMP 表空间分配临时段
UNDO	存放 UNDO 数据
USERS	默认的用户表空间，创建新用户且没有指定表空间时，该用户的所有信息会放入 USE 表空间中
TEMP2	存放 NOLOGGING 表数据
TEMP2_UNDO	存放 NOLOGGING 表的 Undo 数据

除系统内置的表空间，用户可以通过语法，依据项目需求创建属于自己的表空间。

语法格式

```
CREATE [UNDO] TABLESPACE<表空间名>
    InnoDB and NDB:
        [ADD DATAFILE '<文件名>']
        [AUTOEXTEND_SIZE [=]<文件自动扩展尺寸>]
```

```
InnoDB only:
    [FILE_BLOCK_SIZE = <文件块尺寸>]
    [ENCRYPTION [=] {'Y' | 'N'}]
NDB only:
    USE LOGFILE GROUP<日志文件组>
    [EXTENT_SIZE [=]<扩展尺寸>]
    [INITIAL_SIZE [=] <初始尺寸>]
    [MAX_SIZE [=]<最大尺寸>]
    [NODEGROUP [=]<nodegroup 的 ID>]
    [WAIT]
    [COMMENT [=] '<评论内容>']
InnoDB and NDB:
    [ENGINE [=]<引擎名称>]
Reserved for future use:
    [ENGINE_ATTRIBUTE [=] 'string']
```

应用举例

基于 InnoDB and NDB 创建一个名为 ts_resource 的表空间，如图 3-29 所示。

图 3-29 表空间创建过程

其中：

①查询当前 MySQL 数据存储的位置为"/var/lib/mysql"。

②创建表空间，其中表空间名称为 ts_resource，表空间数据文件名为 tsspace.ibd，存储路径为"/var/lib/mysql"，当表空间数据装满 64 MB 后，会自动扩展 64 MB。

③基于数据库 ecommerce 创建名为 t_user 的表，并指定存储的表空间为 ts_resource。此时，

可通过 information_schema 数据库表中记录的元数据信息，查看表及表空间的对应关系。例如，在表 INNODB_TABLES 的字段 name 中查看表名。INNODB_TABLESPACES 表中 file_size 字段查看文件尺寸（单位：B），如 67 108 864 B，经过计算恰为 64 MB。通过表 INNODB_TABLESPACES_BRIEF 中的字段 PATH 查询指定表的表空间数据文件的存储位置，如表 ts_resource。整个计算过程与运行结果如图 3-30 所示。

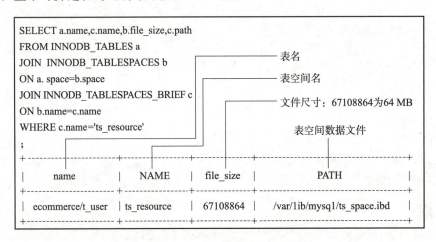

图 3-30　表及表空间查询过程

如果要删除建立的表空间，首先建议将表空间清空，如表空间 ts_resource，首先需要将它所属的表 ecommerce.t_user 删除，然后通过 DROP TABLESPACE 指令删除。删除表空间的过程如图 3-31 所示。

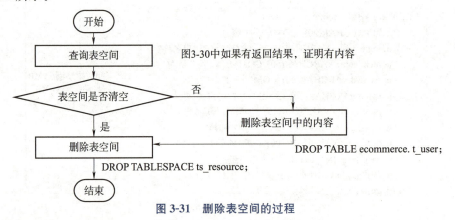

图 3-31　删除表空间的过程

3.4.2　临时表

GaussDB（for MySQL）支持创建临时表，用来保存一个会话或者一个事务中需要的数据。当会话退出或者用户提交和回滚事务时，临时表会自动清除。

GaussDB（for MySQL）在创建临时表时，需要应用一个非常重要的关键字 TEMPORARY，可保证它指定的表仅在当前会话中可见，并在会话关闭时自动删除。这也意味着两个不同的会话可以使用相同的临时表名称，而不会相互冲突或与现有的同名非临时表发生冲突。

语法格式1

```
CREATE TEMPORARY TABLE<临时表名>
[SELECT 语句 ]
;
```

应用举例

项目中，一些复杂查询的中间结果可存储于临时表中。例如，将数据库 ecommerce 的表 t_user 中的推荐人 u_recommender 的人名查询出来，存储到临时表 temp_user 中。其临时表的创建、使用及生命周期如图 3-32 所示。

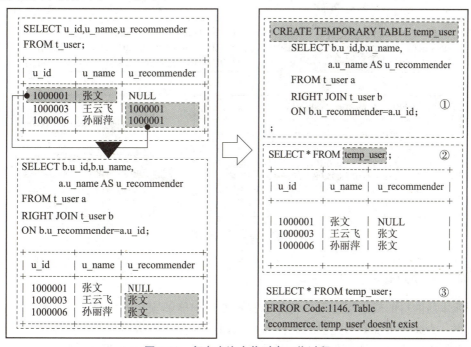

图 3-32　复杂查询中临时表工作过程

其中：

①临时表 temp_user，将左下半部分图中的 SQL 语句进行封装。

②查询临时表 temp_user 中的内容，为封装的 SQL 语句查询的结果。

③断开连接，通过账号再次连接数据库。

退出当前会话，重新连接数据库 ecommerce，再次通过 SELECT * FROM temp_user 语句查询临时表 temp_user 时，例如报出"ERROR Code：1146. Table 'ecommerce.temp_user' doesn't exist."的错误，即临时表 temp_user 已经不存在了。

语法格式2

```
CREATE TEMPORARY TABLE<临时表名>
[ ( <字段名 字段类型 [ 字段描述信息 ]>,<字段名 字段类型 [ 字段描述信息 ]>,… ) ]
;
```

应用举例

项目中，一些特定的只针对当前会话的场景的结果，可应用临时表来存储。例如，访问当前电商平台的用户访问不同商品页面的开始时间、结束时间。这些信息随着用户浏览结束，已经没有意义，故需要释放。临时表是非常适合的途径，其使用过程如图 3-33 所示。

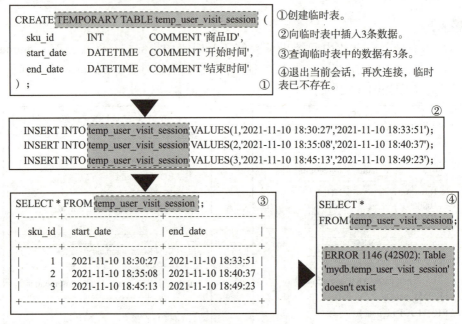

图 3-33 临时表的使用过程

3.4.3 表的存储方式

数据库本质的目的就是帮助用户管理数据，使用户能够安全、快速地插入数据、修改数据和查询数据。为此，出现不同类型的数据库，例如适合社会网络出现的图数据库、适合订单系统的键值数据库、适合微博存储的文档数据库和按列存储的列族数据库等。即使同一批数据，针对不同业务时，对存储的要求也会发生改变。例如，商品信息数据，页面显示时适合行存储，数据统计时适合列存储，如图 3-34 所示。

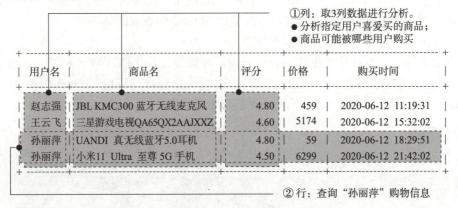

图 3-34 按行按列查询

其中：

①通过大量的用户购物信息及相关算法，取用户名、商品名和评分共计3列数据，统计出每位用户可能喜爱的商品，以及每款商品潜在的可能用户。此时，需要获取数据库中完整的3列数据，进行统计分析。

②查询一个或多个人的购物信息，例如，孙丽萍登录自己的账号，查询自己的购物信息，此时需要获取的是数据库中与她相关的完整的2行数据。

这时，就要求数据库在进行数据切分存储时的机制有所不同。如果按列存储的数据，需要尽量保证系统搜寻最少的数据块后，读到完整的列数据；而按行存储的数据，需要尽量保证系统搜寻最少的数据块后，读到完整的行数据。这就要求数据库的存储机制有所不同，所以出现了列式存储与行式存储的不同系列的数据库。通常情况下，按列存储多发生在对历史数据统计的分析环节，故按列存储应用适合用于按片、按块的 OLAP、数据挖掘的场景下。而按行存储则应用于返回记录少、轻量级事务、大量写操作、数据增删改较多的 OLTP 的场景下。GaussDB（for MySQL）虽然底层应用于分布式的存储，但对于数据本质的存储机制来讲，属于按行存储的系统，故应用场景也更加适合支持大型用户交互界面的应用场景中。

3.4.4 创建数据表

GaussDB（for MySQL）创建普通表，与创建临时表类似，向用户提供了相关的语法规则，依据表设计原理确定表的创建逻辑，完成表的物理创建过程。

数据表管理（二）

语法格式

```
CREATE TABLE [IF NOT EXISTS] [<数据库名>.]<表名>
(
    <字段名 字段类型 [ COMMENT 字段描述信息 ]>,
    <字段名 字段类型 [ COMMENT 字段描述信息 ]>,
    ...
)
;
```

其中，方括号［］中的内容为可选项。
- CREATE TABLE：这两个关键字，告诉系统指定要创建表的指令。
- [IF NOT EXISTS]：如果要建立的表不存在，则创建表，否则不创建表。
- < 数据库名>：要创建的表所属的数据库。
- < 表名>：要创建的表。
- 字段名：表中字段的名称。
- 字段类型：字段对应的数据类型。
- COMMENT：指定字段的描述信息。

应用举例

以在数据库 ecommerce 中创建用户信息表 t_user 为例，演示创建表的过程。
GaussDB（for MySQL）表属于数据库，创建表前确定要使用的数据库。

语法格式

```
USE <数据库名>;
```

应用举例

使用第 2 章创建的 ecommerce 数据库，参考命令如下：

```
USE ecommerce;
```

执行过程如图 3-35 所示操作，然后，在 MySQL Workbench 8.0 CE 的 GaussDB（for MySQL）窗口继续执行建表操作。

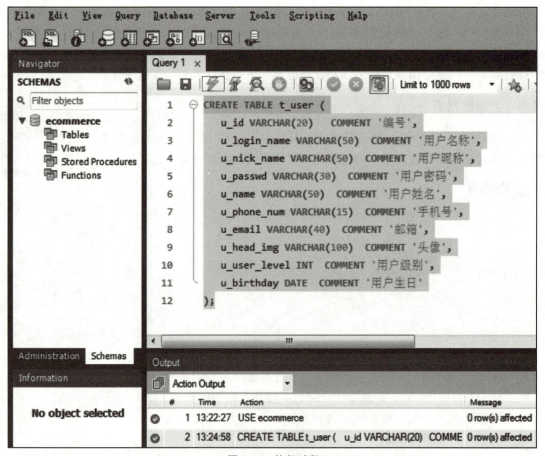

图 3-35　执行过程

此时，会在 MySQL Workbench 8.0 CE 的 Output 窗口中，按执行 SQL 语句的顺序显示执行的结果。在右下方窗口中描述了当前会话窗口执行语句的结果、时间和具体语句等。其中 ◎ 表示语句成功执行，这里第一行显示当前的会话窗口执行的第一条 SQL 语句使用数据库的语法、执行时间和相关信息。在第二行，显示当前的会话窗口中建立 t_user 表的语法及相关信息。

扩展阅读： 第 1 章中图 1-15 中用户购物流程中相关表创建参考语句

现将用户购物流程相关表的创建语句总结如下，如图 3-36 所示。

```
#商品一级分类表
CREATE TABLE t_category
(
    category_id BIGINT  COMMENT '编号',
    p_category_name VARCHAR(50) COMMENT '分类名称'
);

#商品二级分类表
CREATE TABLE t_category2
(
    category2_id BIGINT  COMMENT '编号',
    p_category2_name VARCHAR(50) COMMENT '二级分类名称',
    category1_id BIGINT COMMENT '一级分类编号'
);

#商品的三级分类表
CREATE TABLE t_category3(
    category3_id BIGINT  COMMENT '编号',
    p_category3_name VARCHAR(50) COMMENT '三级分类名称',
    category2_id BIGINT COMMENT '二级分类编号'
);

#促销商品信息表
CREATE  TABLE t_promotion
(
    pmt_id BIGINT AUTO_INCREMENT COMMENT '编号',
    sku_id VARCHAR(20) COMMENT '商品id',
    pmt_reduction_type   VARCHAR(1) COMMENT '促销类型',
    pmt_cost DECIMAL(12,2) COMMENT '促销价格',
    pmt_begin_date DATETIME COMMENT '促销开始日期',
    pmt_end_date DATETIME COMMENT '促销结束日期',
    PRIMARY KEY (pmt_id)
);

#商品库存单元信息表
CREATE TABLE t_sku (
    sku_id VARCHAR(20) COMMENT 'skuid(itemID)',
    price DECIMAL(10,0) COMMENT '价格',
    sku_name VARCHAR(100) COMMENT 'sku名称',
    sku_desc VARCHAR(2000) COMMENT '商品规格描述',
    weight DECIMAL(10,2) COMMENT '重量',
    category3_id VARCHAR(20) COMMENT '三级分类id',
    sku_default_img VARCHAR(200) COMMENT '默认显示图片',
    create_time DATETIME COMMENT '创建时间'
);

#用户订单详情表
CREATE TABLE t_order_detail (
    od_id VARCHAR(30)  COMMENT '编号',
    o_id VARCHAR(20)  COMMENT '订单编号',
    sku_id VARCHAR(20) COMMENT 'sku_id',
    pmt_id BIGINT           COMMENT '促销id',
    od_order_price DECIMAL(10,2) COMMENT '购买价格',
    od_sku_num VARCHAR(200) COMMENT '购买数量'
);

#商品库存信息表
CREATE TABLE t_order (
    o_id VARCHAR(20)  COMMENT '编号',
    o_consignee VARCHAR(100) COMMENT '收货人',
    o_consignee_tel VARCHAR(20) COMMENT '收件人电话',
    o_total_amount DECIMAL(10,2) COMMENT '总金额',
    u_id VARCHAR(50)  COMMENT '用户id',
    o_payment_way VARCHAR(20) COMMENT '付款方式',
    o_delivery_address VARCHAR(1000) COMMENT '送货地址',
    o_comment VARCHAR(200) COMMENT '订单备注',
    o_out_trade_no VARCHAR(50) COMMENT '订单交易编号
        （第三方支付用）',
    o_trade_body VARCHAR(200) COMMENT '订单描述
        (第三方支付用)',
    o_create_time DATETIME  COMMENT '创建时间',
    o_operate_time DATETIME  COMMENT '操作时间',
    o_expire_time DATETIME  COMMENT '失效时间',
    o_tracking_no VARCHAR(100) COMMENT '物流单编号',
    o_parent_order_id VARCHAR(20) COMMENT '父订单编号',
    o_img_url VARCHAR(200) COMMENT '图片路径',
    o_order_status VARCHAR(1) COMMENT '订单状态'
);

#订单支付流水表
CREATE  TABLE t_order_payment_flow
(
    op_id BIGINT AUTO_INCREMENT COMMENT '编号',
    op_out_trade_no  VARCHAR(20) COMMENT '对外业务编号',
    o_id VARCHAR(20) COMMENT '订单编号',
    u_id VARCHAR(50) COMMENT '用户编号',
    op_alipay_trade_no VARCHAR(20) COMMENT '支付宝交易
        流水编号',
    op_total_amount  DECIMAL(16,2) COMMENT '支付金额',
    op_payment_type    VARCHAR(20) COMMENT '支付方式',
    op_payment_time DATETIME COMMENT '支付时间',
    PRIMARY KEY (op_id)
);

#商品售后评分表
 CREATE TABLE t_rating (
    pr_id BIGINT AUTO_INCREMENT COMMENT '编号',
    u_id VARCHAR(50) COMMENT'用户 ID',
    sku_id VARCHAR(20) COMMENT '商品ID',
    u_p_score DECIMAL(10,2) COMMENT '商品的用户评分1~5分',
    timestamp DATETIME COMMENT '评分的时间',
    PRIMARY KEY (pr_id)
);

#商品促销表
CREATE  TABLEt_promotion (
    pmt_idbigint NOT NULL AUTO_INCREMENT COMMENT '编号',
    sku_idvarchar(20) DEFAULT NULL COMMENT '商品
    pmt_reduction_typevarchar(1) DEFAULT NULL COMMENT '
        促销类型',
    pmt_costdecimal(12,2) DEFAULT NULL COMMENT '促销价格',
    pmt_begin_datedatetime DEFAULT NULL COMMENT '
        促销开始日期',
    pmt_end_datedatetime DEFAULT NULL COMMENT '
        促销结束日期',
    PRIMARY KEY (pmt_id)
);
```

图 3-36 创建语句

3.4.5 维护数据表

维护数据表是指对已经建立的表进行删除和修改等操作。

1. 修改表

如果在建立表时，没有明确指定表空间，而现在需要对所有表进行表空间的统一管理，可通过 ALTER 关键字指定要更改的表空间。

语法格式

ALTER TABLE[<数据库名>.]<表名> TABLESPACE <表空间名> ;

应用举例

将数据库 ecommerce 下用户信息表 t_user 的表空间更改为 ts_resource。

ALTER TABLE ecommerce.t_user TABLESPACE ts_resource;

其中，ts_resource 表空间需要先建立完成，然后，建立一个没有指定表空间的表 t_user，然后通过 ALTER 为其指定表空间 ts_resource，过程如图 3-37 所示。

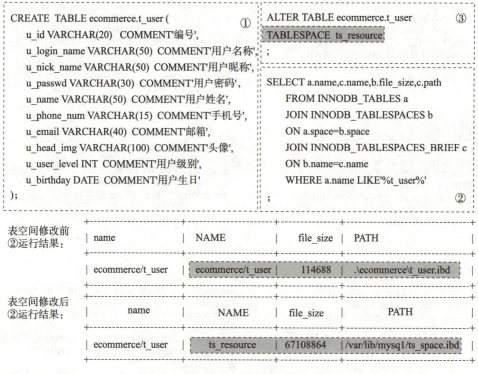

图 3-37 按行按列查询

在①中创建表 t_user 时，并未指定表空间，执行②中的 SQL 语句，查看到当前的表空间名为 ecommerce/t_user，执行③中的语句，再次执行②中的语句，此时查看表空间已经更改为 ts_resource，而且表对应的空间属性也都改变成新的表空间的属性。

2. 修改表列属性

如果数据库表在建立时相关属性有错漏，或随着业务的增加需要增加列、删除列时，需要在现有表的基础上进行字段的维护。

语法格式

```
ALTER TABLE[<数据库名>.]<表名>
    [alter_option [, alter_option] ...]
;
alter_option:
    | DROP [COLUMN]      <列名>
    | ADD [COLUMN]       <列名>  <列定义信息>
    | MODIFY [COLUMN]    <列名>  <列定义信息>
```

其中：
- DROP [COLUMN]：删除指定表中的列。
- ADD [COLUMN]：为指定表增加列。
- MODIFY [COLUMN]：修改指定表的列。

应用举例

删除用户表 t_user 中"用户级别"列 u_user_level，增加用户创建时间列 u_create_time，调整用户 ID 长度为 50 个可变字符，如图 3-38 所示。

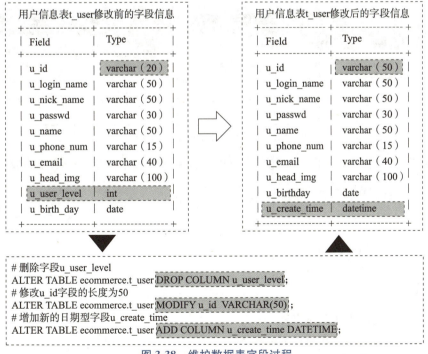

图 3-38 维护数据表字段过程

3. 删除表

如果当前表已经不使用了，可以进行删除处理。

语法格式

```
DROP TABLE [IF EXISTS]
    [<数据库名>.]<表名>  [, [<数据库名>.]<表名> ]...
;
```

其中：
- DROP TABLE：指定删除表的指令。
- [IF EXISTS]：可选项，删除的库表如果存在，则删除；如果不存在，不做任何处理。

应用举例

删除数据库 ecommerce 下的用户信息表 t_user，如图 3-39 所示。

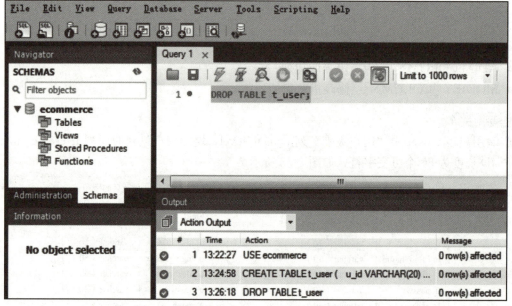

图 3-39　删除数据库 ecommerce 下的用户信息表

此时，用户信息表 t_user 已经删除。也可以直接在删除表中指定要删除表的数据库：

```
DROP TABLE IF EXISTS ecommerce.t_user
;
```

课后习题

1. 简述对需求分析设计、概念结构设计、逻辑结构设计和物理结构设计概念的理解。
2. 简述 E-R 的三要素的具体内容。
3. 简述 1NF、2NF、3NF 的区别与联系。
4. 使用 MySQL Workbench 8.0 CE 客户端完成与业务库 ecommerce 的连接实验。
5. 完成 3.4 节所有图中 SQL 语句的编写与实现过程。

第 4 章
表数据操作

数据是项目的根本,数据库依据项目需求通过库、表、字段等确定了数据存储的布局。字段对应的数据类型的确定,决定了数据程序运行时字段对应的每一单元数据需要的资源,如内存空间的尺寸。数据表中被填补数据后,才有了灵魂。本章将讲述表中数据插入、修改、删除的方法,以及保证数据完整性的约束条件和迁移操作。

重点难点

◎掌握表数据插入、修改、删除数据的管理操作。
◎掌握数据约束的操作方法。
◎了解数据迁移的基本知识。

4.1 表数据管理

4.1.1 插入数据

插入数据(一)

项目中的信息被数据库按字义拆解成原子的形式,依据数据库设计原理,分解到不同的表中,共同存储于数据库中。其中数据库、表和表中字段的设计确定了项目中数据存储的布局,可通过客户端 MySQL Workbench 8.0 CE 向 GaussDB(for MySQL)创建指定的表,例如创建商品分类表 t_category 的布局,如图 4-1 所示。

GaussDB(for MySQL)提供多种向已经布局好的表 t_category 中填补数据的方法。
第 1 种方法:INSERT … VALUES,向指定的表中批量导入多条数据。
第 2 种方法:INSERT … SET,向指定的表中导入一条数据。
第 3 种方法:INSERT … SELECT,将 SELECT 语句中查询出来的数据,插入指定表中。
第 4 种方法:LOAD … 文本文件,将拥有结构化内容的文本文件中的数据导入指定表中。
第 5 种方法:LOAD … XML 文件,将拥有 XML 半结构化内容的文件数据导入指定表中。

1. INSERT … VALUES 语句

INSERT … VALUES 语句实现向指定表中批量插入数据,最简单的方式通过 INSERT 指定表名,然后通过 VALUES,按建表时字段的顺序,依次插入数据。

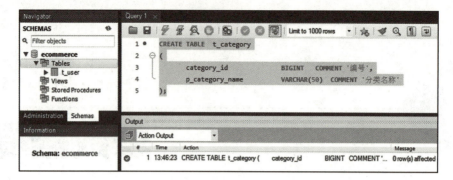

图 4-1 创建商品分类表

语法格式

```
INSERT <表名> VALUES (值列表)
  [, (值列表)]
  ...
;
```

应用举例

应用最简的 INSERT ... VALUES 语句，向已经建立的表 t_category 中插入 3 条数据。

```
INSERT   t_category
VALUES (1,'图书、音像、电子书刊'),(2,'手机'),(3,'家用电器')
;
```

查询表中的内容如下：

```
SELECT category_id,p_category_name FROM t_category;
+-------------+---------------------+
| category_id | p_category_name     |
+-------------+---------------------+
|      1      | 图书、音像、电子书刊 |
|      2      | 手机                |
|      3      | 家用电器            |
+-------------+---------------------+
```

3 条数据已经正确导入表中，INSERT 语句中并没有指定数据插入某个字段，故数据库系统在解析 SQL 语句时，会按插入语句中数据的排列顺序，按建立表时字段的写入顺序一一对应，进而达到数据按字段插入的目的，如图 4-2 所示。

为了验证这个结论，可以将插入数据的顺序颠倒，此时系统会报错，语句如下：

```
INSERT   t_category
    VALUES ('数码', 4),('家居家装', 5)
;
ERROR 1366 (HY000): Incorrect integer value: '数码' for column 'category_id' at row 1
```

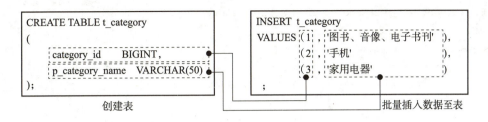

图 4-2　批量导入数据至表正确举例

报错的原因，其中 VALUES 关键字后面的第一列数据是字符串类型，但创建表语句的第一个字段是整型（BIGINT），因字符串类型数据难以转换成整型，故出现了错误。错误的导入思路如图 4-3 所示。

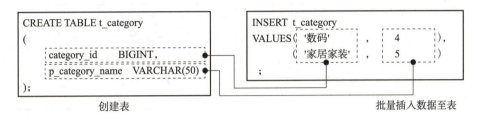

图 4-3　批量导入数据至表错误举例

为了解决这样的问题，可通过 INSERT 语法中的 ［（col_name［，col_name］…）］ 选项来实现。

语法格式

```
INSERT <表名>
    (列名 [,列名]... )
VALUES (值 [,值]... )
    [,(值 [,值]... )]
    ...
;
```

应用举例

更改图 4-3 中的 INSERT 语句如下：

```
INSERT  t_category (
    p_category_name,
    category_id
)
VALUES ('数码',4),('家居家装',5)
;
```

此时再次查询表 t_category 中的内容，发现数据已经插入成功。

```
SELECT category_id,p_category_name FROM t_category;
+--------------------+------------------------+
| category_id        | p_category_name        |
+--------------------+------------------------+
| 1                  | 图书、音像、电子书刊    |
| 2                  | 手机                    |
| 3                  | 家用电器                |
| 4                  | 数码                    |
| 5                  | 家居家装                |
+--------------------+------------------------+
```

此次插入数据成功,是因为VALUES中的数据是按列举的表的列名的顺序插入的,其插入数据的思路如图4-4所示。

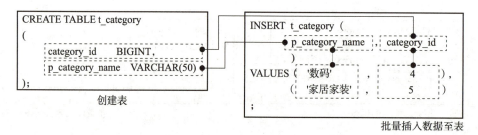

图4-4 按列名顺序批量导入数据至表举例

可见,如果向表中所有字段导入数据,可采用图4-2中的写法,按顺序导入多条数据。如果向表中导入指定字段的数据,按指定字段的顺序插入数据。

> **扩展阅读**:INSERT ... VALUES语句完整语法。

GaussDB(for MySQL)中,通过INSERT ... VALUES语句向指定表中批量插入数据,参考语法如下:

```
INSERT [LOW_PRIORITY | DELAYED | HIGH_PRIORITY] [IGNORE]
    [INTO] tbl_name
    [PARTITION (partition_name [, partition_name] ...)]
    [(col_name [, col_name] ...)]
    { {VALUES | VALUE} (value_list) [, (value_list)] ...
        |
        VALUES row_constructor_list
    }
    [AS row_alias[(col_alias [, col_alias] ...)]]
    [ON DUPLICATE KEY UPDATE assignment_list]
```

其中,方括号"[]"中的内容为可选项,对于初学者可将所有带"[]"的项去掉,得到最简的插入表数据的格式。其他选项表示的内容如下:

● [LOW_PRIORITY]:使INSERT执行延迟,直到没有其他客户端从表中读取。包括在现有客户端正在读取以及INSERT LOW_PRIORITY语句正在等待时开始读取的其他客户端。

- [DELAYED]：插入延迟。GuassDB（for MySQL8）中，服务器接受但忽略 DELAYED 关键字，将语句已转换为 INSERT。DELAYED 关键字计划在将来的版本中删除。
- [HIGH_PRIORITY]：覆盖表中被设置的--low-priority-updates 属性的效果，如果服务器是使用该选项启动的，会导致不使用并发插入。HIGH_PRIORITY 仅影响使用表级锁定的存储引擎。
- [IGNORE]：执行 INSERT 语句时发生的可忽略错误将被忽略。例如，如果没有 IGNORE，复制表中现有 UNIQUE 索引或 PRIMARY KEY 值（详见 4.2 节）的行会导致重复键错误并且语句被中止。使用 IGNORE，该行被丢弃并且不会发生错误。忽略的错误会生成警告。IGNORE 对插入到分区表中的插入有类似的影响，其中找不到与给定值匹配的分区。如果没有 IGNORE，这样的 INSERT 语句会因错误而中止。使用 INSERT IGNORE 时，对于包含不匹配值的行，插入操作会以静默方式失败，但会插入匹配的行。如果未指定 IGNORE，则会触发错误的数据转换会中止语句。使用 IGNORE，将无效值调整为最接近的值并插入；产生警告但语句不会中止。
- [INTO]：指定插入的表。
- [PARTITION (partition_name [, partition_name] ...)]：指定表分区。插入分区表时，可以控制哪些分区和子分区接受新行。PARTITION 子句采用表的一个或多个分区或子分区（或两者）的逗号分隔名称列表。如果要由给定 INSERT 语句插入的任何行与列出的分区之一不匹配，则 INSERT 语句将失败并显示错误发现行与给定分区集不匹配。
- [VALUES row_constructor_list]：一个表值构造函数，还可以充当独立的 SQL 语句，如图 4-5 中①所示。

[VALUES ROW] 的格式也可以作为构造批量插入表中数据的语句，如图 4-5 中②所示，有两行数据已经成功插入表 t_category 中，如图 4-5 中③所示。

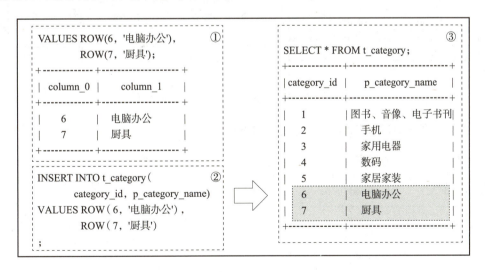

图 4-5　VALUES ROW 语句应用示例

- AS row_alias [(col_alias [, col_alias] ...)]：通过 AS 关键字设定行（row）别名和列（col）别名。
- ON DUPLICATE KEY UPDATE assignment_list：如果指定 ON DUPLICATE KEY

UPDATE 子句并且要插入的行会导致 UNIQUE 索引或 PRIMARY KEY 中出现重复值，则会发生旧行的 UPDATE。

2. INSERT … SET 语句

与 INSERT … VALUES 语句批量插入数据不同，INSERT … SET 语句仅支持将一条数据插入指定的表中。

语法格式

```
INSERT [INTO] <表名> VALUES (值列表)
    SET <分配列表>
;
```

应用举例

请注意加粗的字体部分，较 INSERT … VALUES 部分内容不同，此处的意思是通过 SET 关键字指定一行中每个字段新增加的值。

```
INSERT INTO t_category
    SET category_id= 8, p_category_name='个护化妆'
;
Query OK, 1 row affected (0.03 sec)
```

通过 SET 关键字指定表 t_category 中插入一行新的数据，其中 category_id 的值为 8，p_category_name 值为"个护化妆"，其插入过程的思路如图 4-6 所示。

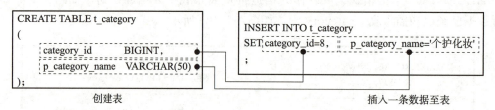

图 4-6　按列名顺序批量导入数据至表举例

插入后的结果，通过 SELECT 语句查询如下：

```
SELECT *  FROM t_category;
+--------------------+------------------------------+
| category_id        | p_category_name              |
+--------------------+------------------------------+
| 1                  | 图书、音像、电子书刊          |
| 2                  | 手机                         |
| 3                  | 家用电器                     |
| 4                  | 数码                         |
| 5                  | 家居家装                     |
| 6                  | 电脑办公                     |
| 7                  | 厨具                         |
| 8                  | 个护化妆                     |
+--------------------+------------------------------+
```

结果显示，数据行"8，个护化妆"已经成功插入表 t_category 的最后一行。应用 SET 关键字，每次只能插入一条数据，相对 INSERT … VALUES 语句插入一条语句时速度要快些。INSERT … VALUES 语句更适合插入多条语句的场景。

3. INSERT … SELECT 语句

新表中的数据还可以通过 SELECT 关键字从可操作的库表中查询获取，语法如下：

语法格式

```
INSERT [INTO] <表名> （列名 [, 列名 ] … )
    SELECT 语句
;
```

应用举例

将已建立的 t_category 表作为源表，建立新表 t_category_copy 作为目标表，演示 INSERT … SELECT 语句的应用过程，如图 4-7 所示。

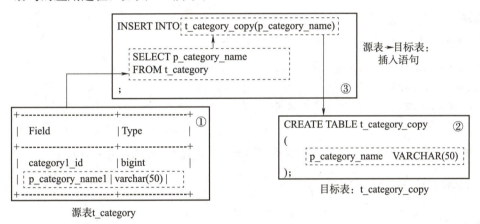

图 4-7　INSERT … SELECT 语句举例

其中：

①：表示源表 t_category 中的列名及列的类型。

②：新建立目标表 t_category_copy 的 SQL 语句，仅包含一个与源表中具有相同数据类型的字段 p_category_name。

③：描述了一条完整的 INSERT … SELECT 语句，其中 SELECT 语句负责从源表中查询出 p_category_name 列对应的内容，然后通过 INSERT 关键字指定将 SELECT 语句查询的结果插入目标表 t_category_copy 的 p_category_name 列中。

此时，相对于源表 t_category 和目标表 t_category_copy 中的内容，如图 4-8 所示。

结果显示，已经成功将源表 t_category 中 p_category_name 字段对应的值，导入目标表中的 t_category_copy 列中。

4. LOAD 导入文本文件数据至表

除了 INSERT 关键字，GaussDB（for MySQL）提供 LOAD 关键字，实现将文件中的数据按指定格式导入数据库表中，格式相对 INSERT 宽松很多。

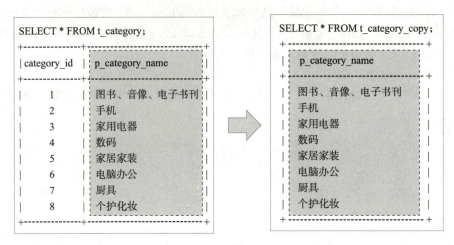

图 4-8 'INSERT … SELECT' 语句运行结果

语法格式

去掉方括号"[]"中的可选项，最简语句如下：

```
LOAD DATA LOCAL INFILE '<本地路径/文件名>'
INTO TABLE<目标表名>
FIELDS TERMINATED BY "<文件中列与列之间的间隔符>"
;
```

💡 通常应用本 LOAD 语句时，需要开启本地 local_infile 功能，开启方法如下：

```
SET global local_infile= 1;
```

应用举例

设定 t_category 为目标表，拟将操作系统本地 t_category.txt 文件中 3 条数据导入目标表中，文件中列与列之间用","号分隔，如图 4-9 所示。

插入数据（二）

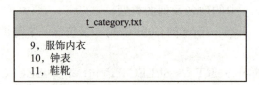

图 4-9 LOAD 实验数据文件描述

由于 GaussDB（for MySQL）版本安全性提高，首先通过 SET 关键字开启本地文件的加载权限，然后通过 LOAD 关键字将操作系统本地"/root"路径下的文件 t_category.txt 中的数据加载至目标表 t_category 中，其运行思路如图 4-10 所示。

其中：

①：描述了目标表 t_category 中的列名排序顺序及数据类型。

②：描述数据源，即本地文件"/root"路径下 t_category.txt 中的内容。

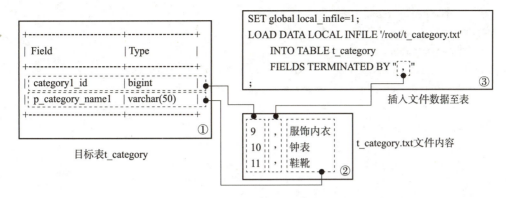

图 4-10 LOAD 加载文本文件至表

③：将 t_category.txt 中内容，导入目标表 t_category 中，将文件中的数据按逗号","分隔成 2 列，数据插入目标表对应的列中。

查询运行结果，如图 4-11 所示，t_category.txt 中的数据已经成功插入目标表中。

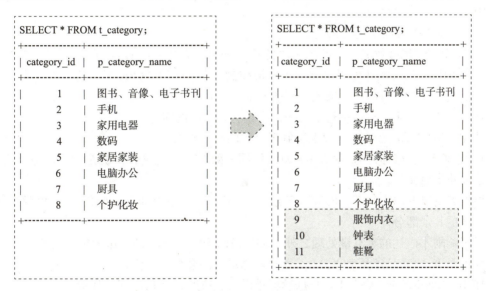

图 4-11 LOAD 文件导入数据运行结果

☕ **扩展阅读**：LOAD DATA 文件语句中完整语法。

GaussDB（for MySQL）中，通过 LOAD DATA 导入指定文本文件内容的语法如下：

```
LOAD DATA
    [LOW_PRIORITY | CONCURRENT] [LOCAL]
    INFILE 'file_name'
    [REPLACE | IGNORE]
    INTO TABLE tbl_name
    [PARTITION (partition_name [, partition_name] ...)]
```

```
    [CHARACTER SET charset_name]
    [{FIELDS | COLUMNS}
        [TERMINATED BY 'string']
        [[OPTIONALLY] ENCLOSED BY 'char']
        [ESCAPED BY 'char']
    ]
    [LINES
        [STARTING BY 'string']
        [TERMINATED BY 'string']
    ]
    [IGNORE number {LINES | ROWS}]
    [(col_name_or_user_var
        [, col_name_or_user_var] ...)]
    [SET col_name= {expr | DEFAULT}
        [, col_name= {expr | DEFAULT}] ...]
```

其中：

（1）LOAD DATA：加载数据。

（2）INFILE：加载数据的文件源文件名 file_name，其中 file_name 包含文件所在的路径。

（3）[REPLACE] 和 [IGNORE] 修饰符控制在唯一键值（PRIMARY KEY 或 UNIQUE 索引值）上复制现有表行的新（输入）行的处理：

● 使用 REPLACE，与现有行中唯一键值具有相同值的新行替换现有行。

● 使用 IGNORE，在唯一键值上复制现有行的新行将被丢弃。

（4）[LOCAL] 修饰符与 IGNORE 具有相同的效果。出现这种情况是因为服务器无法在操作过程中停止传输文件。

如果没有指定 REPLACE、IGNORE 或 LOCAL，则在找到重复的键值时会发生错误，并忽略文本文件的其余部分。

除了影响刚才描述的重复键处理之外，IGNORE 和 LOCAL 还会影响错误处理：

● 无论是 IGNORE 还是 LOCAL，数据解释错误都会终止操作。

● 使用 IGNORE 或 LOCAL，数据解释错误会变成警告并且加载操作会继续，即使 SQL 模式是限制性的。有关示例，请参阅列值分配。

（5）[PARTITION (partition_name [, partition_name] ...)]：表分区的支持。LOAD DATA 支持使用 PARTITION 子句的显式分区选择，其中包含一个或多个逗号分隔的分区名称、子分区名称或两者。使用此子句时，如果无法将文件中的任何行插入到列表中指定的任何分区或子分区中，则语句将失败并显示错误 Found a row not matching the given partition set。

（6）[CHARACTER SET charset_name]：文件名必须作为文字字符串给出。在 Windows 上，将路径名中的反斜杠指定为正斜杠或双反斜杠。服务器使用由 character_set_filesystem 系统变量指示的字符集解释文件名。默认情况下，服务器使用 character_set_database 系统变量指示的字符集解释文件内容。如果文件内容使用不同于此默认值的字符集，最好使用 CHARACTER SET 子句指定该字符集。

> 目前，还无法加载使用 ucs2、utf16、utf16le 或 utf32 字符集的数据文件。

（7）{FIELDS | COLUMNS} 和 LINES：分别指定字段和行数据的处理。对于 LOAD DATA 和 SELECT ... INTO OUTFILE 语句，FIELDS 和 LINES 子句的语法是相同的。这两个子句都是可选的，但如果两者都指定了，则 FIELDS 必须位于 LINES 之前。如果指定 FIELDS 子句，其每个子句（TERMINATED BY、[OPTIONALLY] ENCLOSED BY 和 ESCAPED BY）也是可选的，除非必须至少指定其中之一。这些子句的参数只允许包含 ASCII 字符。

如果未指定 FIELDS 或 LINES 子句，则默认值与编写的内容相同：

```
FIELDS TERMINATED BY '\t' ENCLOSED BY '' ESCAPED BY '\\'
LINES TERMINATED BY '\n' STARTING BY ''
```

反斜杠是 SQL 语句中字符串中的转义字符。因此，要指定文字反斜杠，必须为要解释为单个反斜杠的值指定两个反斜杠。转义序列'\t'和'\n'分别指定制表符和换行符。换句话说，默认值会导致 LOAD DATA 在读取输入时的行为如下：

- 在换行符处寻找行边界。
- 不要跳过任何行前缀。
- 在选项卡处将行拆分为字段。
- 不要期望字段包含在任何引用字符中。

将转义字符"\"前面的字符解释为转义序列。例如，"\t"、"\n"和"\\"分别表示制表符、换行符和反斜杠。相反，默认值会导致 SELECT ... INTO OUTFILE 在写入输出时执行如下操作：

- 在字段之间写制表符。
- 不要将字段括在任何引用字符中。
- 使用 \ 转义出现在字段值中的制表符、换行符或 \ 的实例。
- 在行尾写换行符。

目前 GuassDB（for MySQL8）支持的转义序列内容见表 4-1。

表 4-1 转义序列内容

字　符	转　义　序　列
\0	一个 ASCII NUL (X'00') 字符
\b	退格字符
\n	换行（换行）字符
\r	回车符
\t	制表符
\Z	ASCII 26 (Control+Z)
\N	空

如果指定 FIELDS 子句，其每个子句（TERMINATED BY、[OPTIONALLY] ENCLOSED BY 和 ESCAPED BY）也是可选的，除非必须至少指定其中之一。这些子句的参数只允许包含 ASCII 字符，对字段内的数据进一步剥离成不同的部分。

（8）LINES：如果所有输入行都有一个想要忽略的公共前缀，可以使用 LINES STARTING BY

'prefix_string'跳过前缀及其之前的任何内容。如果一行不包含前缀，则跳过整行。

💡 FIELDS [OPTIONALLY] ENCLOSED BY 和 FIELDS ESCAPED BY 值必须是单个字符。FIELDS TERMINATED BY、LINES STARTING BY 和 LINES TERMINATED BY 值可以是多个字符。例如，要写入由回车/换行对终止的行，或读取包含此类行的文件，请指定 LINES TERMINATED BY '\r\n' 子句。

[SET col_name={expr | DEFAULT} [, col_name={expr | DEFAULT}] ...]：LOAD DATA 语法中 col_name_or_user_var 的每个实例都是列名或用户变量。对于用户变量，SET 子句使用户能够在将结果分配给列之前对其值执行预处理转换。

5. LOAD 导入 XML 文件数据至表

LOAD 还提供了 XML 格式的半结构化数据导入的语法格式。

语法格式

```
LOAD XML [LOCAL] INFILE '<文件路径/文件名>'
    INTO TABLE [数据库名.]表名
    [ROWS IDENTIFIED BY '<标签名>']
;
```

其中：

- LOAD XML：加载 XML 格式的文件，其中<文件路径/文件名>必须作为文字字符串给出。
- [LOCAL]：可选项，表示从本地获取<文件路径/文件名>。
- [ROWS IDENTIFIED BY '<标签名>']：数据行按 XML 文件中<标签名>来标记，其中<标签名>必须作为文字字符串给出，并且必须用尖括号"<"和">"括起来。

应用举例

在操作系统的本地/root 目录下建立 XML 文件 t_category.xml，其内容如图 4-12 所示。

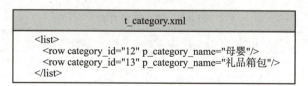

图 4-12　实验文件 t_category.xml 内容

通过 LOAD 关键字将 t_category.xml 导入表 t_category 中的思路如图 4-13 所示。

其中：

①：描述了目标表 t_category 中的列名排序顺序及数据类型。

②：描述数据源，即本地文件/root 路径下 t_category.xml 中的内容。

③：将 t_category.xml 中内容，导入目标表 t_category 中。其中<row>为行数据的标签记录，共有两个<row>标签，LOAD XML 加载时会认为是 2 行数据。每条数据通过,标签中的 2 个属性名称 category_id 和 p_category_name 与目标表 t_category 中的列名对应，将数据导入目标表中。

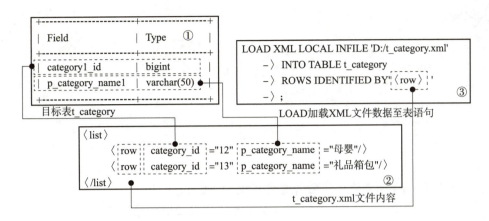

图 4-13 LOAD 加载 XML 文件数据至表 t_category 的过程

查询运行结果，如图 4-14 所示，t_category.xml 中的数据已经成功插入目标表中。

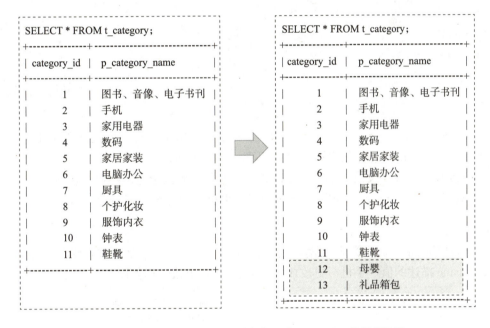

图 4-14 LOAD 加载 XML 文件数据至表 t_category 的运行结果

4.1.2 修改数据

项目运行过程中，表中数据发生变更是一件平常的事情，例如想将一级分类中"手机"进行细化，原来"手机"类名更名为"鸿蒙手机"。GaussDB（for MySQL）支持多表关联的情况下，符合条件的内容进行更新的情况。GaussDB（for MySQL）为此提供了单表、多表修改数据的语句。

修改数据

1. 单表修改

单表修改，指修改一张表中指定列或单元中的数据内容。

语法格式

```
UPDATE<表名>
    SET assignment_list
    [WHERE where_condition]
    [ORDER BY ...]
    [LIMIT row_count]
;
```

其中：

- UPDATE 语句使用新值更新命名表＜表名＞中现有行的列。
- SET assignment_list：SET 子句指示要修改的列以及应该给它们的值。每个值都可以作为表达式给出，或者使用关键字 DEFAULT 将列显式设置为其默认值。具体语法格式如下：

```
value:
    {expr | DEFAULT}

assignment:
    col_name=value

assignment_list:
    assignment [, assignment]
```

- [WHERE where_condition]：WHERE 子句（如果给定）指定标识要更新指定表中的哪些行的条件 where_condition。如果没有 WHERE 子句，则更新所有行。
- [ORDER BY ...]：如果指定了 ORDER BY 子句，则按指定的顺序更新行。
- [LIMIT row_count]：LIMIT 子句限制了可以更新的行数，其中 row_count 为正整数。

应用举例

（1）下面以商品一级分类表为例，当商品编号 category_id 为 2 时，将其对应的商品名 p_category_name 描述的值"手机"更改成"鸿蒙手机"，更改过程如图 4-15 所示。

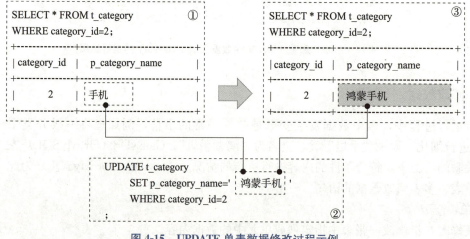

图 4-15 UPDATE 单表数据修改过程示例

其中:

①:SELECT 语句查询出目标表 t_category 数据更改前的数据"手机"。

②:描述了 UPDATE 语句,将目标表 t_category 中商品编号 category_id 为 2 时,对应行中 p_category_name 单元中的内容更改为"鸿蒙手机"。

③:SELECT 语句查询出目标表 t_category 数据更改后的内容,原有"手机"已被更改为"鸿蒙手机"。

(2)以商品一级分类表 t_category 中数据为例,预更改 category_id 的值小于 10 的所有数据中,排名靠前的 2 行,数据更改的过程如图 4-16 所示。

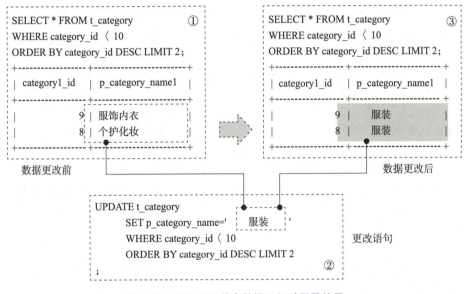

图 4-16　UPDATE 单表数据运行过程及结果

其中:

①:目标表 t_category 中数据更改前的数据内容。

②:UPDATE 更改语句,将目标表 t_category 中商品编号 category_id 小于 10 时,排序最大两行,对应行中 p_category_name 单元中的内容全部更改为"服装"。

③:目标表 t_category 中内容,原有①框中的内容已被更改为"服装"。

(3)在 WHERE 条件中应用 IN 的格式,将二级分类中表中 category2_id 为"1,2,3"的值所在行中 category1_id 列对应的内容更改为 1。

首先,准备一张二级分类表 t_category2,并插入与一级分类 category_id 中 2 关联的 3 条数据,数据准备过程如图 4-17 所示。

其中:

● 创建一张拥有 3 个字段的二级分类表 t_category2。

● 向表 t_category2 中插入 4 条数据。

● 查询表 t_category2 中的内容,已经拥有 4 条数据。

然后,在 WHERE 条件中应用 IN 的格式,修改指定的数据。

二级分类表 t_category2 中 category2_id 为"1,2,3"对应一级分类编号为 2(手机),这里

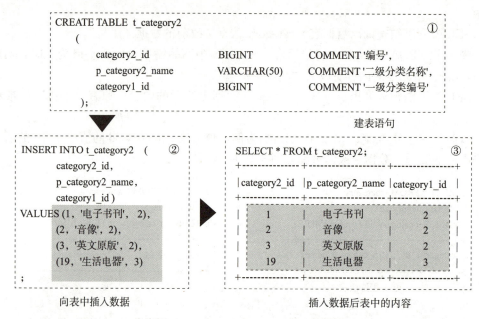

图 4-17 二级分类表 t_category2 的准备

分类有错误,应属于一级分类表 t_category 中'图书、音像、电子书刊'的分类。故需要将 t_category2 表中 category2_id 为 "1,2,3" 的值所在行中 category1_id 列对应的内容更改为 1,其修改过程如图 4-18 所示。

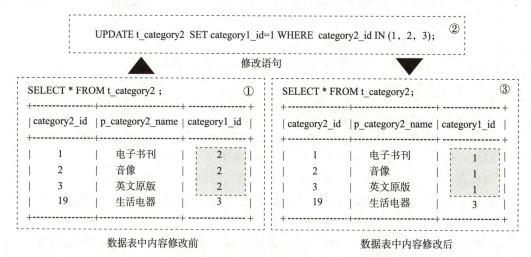

图 4-18 二级分类表 t_category2 中值修改运行过程

其中:

①:数据修改前,二级分类表 t_category2 中的内容。

②:修改语句,描述当 category2_id 为 "1,2,3" 时,对应行中 category1_id 列对应的内容更改为 1。

③:数据修改后,二级分类表 t_category2 中的内容,数据已经更改成功。

2. 多表修改

多表修改指多表中的内容同时修改。例如，当多表中的内容存在联动关系、关联关系时，可能需要同时修改多张表中的内容。

语法格式

```
UPDATE<多表关联表达式>
    SET assignment_list
    [WHERE where_condition]
```

其中：
- UPDATE：更新<多表关联表达式>中命名的每张表中需要满足条件的行。每个匹配行都会更新一次，即使它多次匹配条件。
- SET：指定要更改的值，assignment_list 为更改值的表达式。
- WHERE：可选项，按 where_condition 表达式筛选出要更改的内容。

💡 对于多表语法，不能使用 ORDER BY 和 LIMIT。

应用举例

下面以更改两张关联的分类表中的内容为例，演示多表更改数据的过程。

将一级分类表 t_category 与二级分类表 t_category2，通过表中字段 category_id 和 category1_id关联，且当关联值为 1 的所有行中，t_category2 和 category1_id 的值更改为 20，如图 4-19 所示。

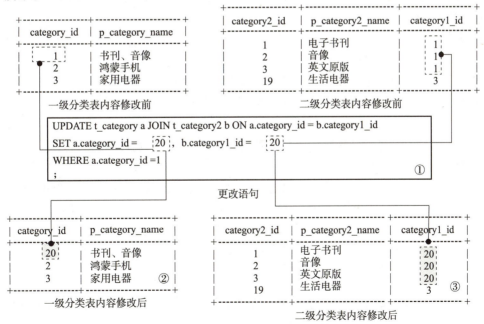

图 4-19 更改多张表指定内容的数据

其中：

①：修改语句，描述更改 t_category 和 t_category2 表中数据的条件，一级分类表 t_

category 中 category_id 为 1 的值和二级分类表 t_category2 中 category1_id 为 1 的值，将其更改为 20。

②：一级分类表 t_category，框中内容已经被修改为 20。

③：二级分类表 t_category2，框中内容已经被修改为 20。

4.1.3 删除数据

删除数据

项目中某时间段的历史数据，对于当前项目前台用户交互部分无意义时，会进行删除处理。例如，电子商铺的某商品信息需要永久下架时，将其再留在关系型数据库中，除了占用系统的资源，干扰查询商品的速度，已无存在的意义时，需要进行删除处理。或者，某临时表中数据需要清空时，进行全表数据删除操作。为此，GaussDB（for MySQL）提供了 DELETE 和 TRUNCAT 关键字，应用于 SQL 中删除不需要的表数据。

1. DELETE 删除指定表数据

DELETE 关键字，引导 SQL 删除单表或多表中指定行的数据。

（1）删除单表中的数据

删除单表中的数据的语法如下：

语法格式

```
DELETE FROM <表名>
    [WHERE where_condition]
    [ORDER BY ...]
    [LIMIT row_count]
```

其中：

- DELETE 语句从表 tbl_name 中删除行并返回删除的行数。
- WHERE：DELETE 子句条件标识，删除了指定的行。如果没有 WHERE 子句，则删除所有行。
- where_condition 是一个表达式，对于要删除的每一行，它的计算结果为真。
- ORDER BY：按指定的顺序删除行。
- LIMIT 子句限制了可以删除的行数。为确保给定的 DELETE 语句不会花费太多时间，DELETE 的 MySQL 特定 LIMIT row_count 子句指定要删除的最大行数。如果要删除的行数大于限制，则重复 DELETE 语句，直到受影响的行数小于 LIMIT 值。
- ORDER BY 和这些子句适用于单表删除，但不适用于多表删除。

应用举例

以一级分类表 t_category 中的数据为例，其中分类项"服装"被重复输入，删除表 t_category 中 category_id 为 9 的一行数据，删除过程如图 4-20 所示。

其中：

①：数据删除前，一级分类表 t_category 中的内容。

②：删除语句，描述当 category_id 为 9 时，删除对应的行中的数据。

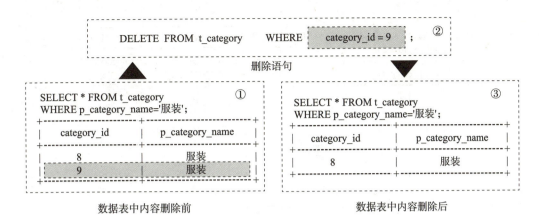

图 4-20　删除表中指定内容的数据

③：数据删除后，一级分类表 t_category 中内容，如①框中内容已被删除。

（2）删除多表中的数据

多表删除数据时，可将多张表中符合条件的数据都删除，也可以从多表中找关联数据，仅删除其中一张表中的数据。

删除多表关联中的指定表的数据：

语法格式

```
DELETE FROM tbl_name[.*] [, tbl_name[.*]]...
    USING table_references
    [WHERE where_condition]
```

其中：

- DELECT FROM：指定要删除数据的所有表的名称 tbl_name 及表达式。
- USING：指定关联条件的多张表的表达式 table_references。
- WHERE：可选项，指定表关联的条件 where_condition。

应用举例

删除与一级分类表 t_category 中 category_id 值为 20 时，相关联的二级分类表 t_category2 中，所有 category1_id 值为 20 所在行的数据，删除过程如图 4-21 所示。

①：数据删除前，一级分类表和二级分类表中的内容。

②：删除语句，描述当 category1_id 为 20 时，删除对应的行中的数据。

③：数据删除后，二级分类表中内容，如①框中内容，已被删除，但一级分类表中的内容仍然存在，并没有做删除的操作。

删除多表关联中的所有表的数据：

语法格式

```
DELETE tbl_name[.*] [, tbl_name[.*]]...
    FROM table_references
    [WHERE where_condition]
```

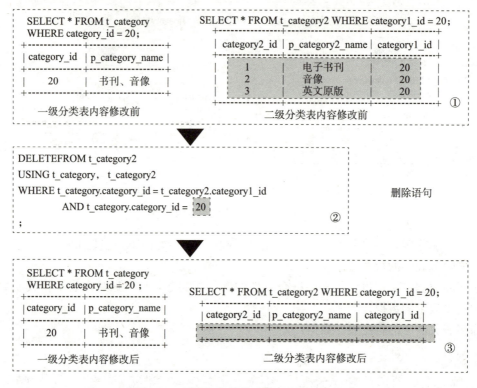

图 4-21 删除多表关联时指定内容的数据

其中：
- DELECT：指定要删除数据的所有表的名称 tbl_name 及表达式。
- FROM：指定要删除的关联条件的表的表达式 table_references。
- WHERE：可选项，指定表关联的条件 where_condition。

应用举例

找出 t_category、t_category2 两张表中与一级分类表中编号为 20 关联的数据，并把两张表中查出来的数据都删除，删除过程如图 4-22 所示。

其中：
①：数据删除前，一级分类表和二级分类表中的内容。
②：删除语句，描述当 category1_id 为 20 时，删除对应的两表对应行中的数据。
③：数据删除后，两张表中的内容，如①框中的内容，已被删除。

2. sql_safe_updates 与删除

系统变量 sql_safe_updates 的值为布尔类型，其中默认值是 OFF，即关闭该模式，ON 代表开启模式。打开该模式，在 UPDATE 和 DELETE 表时，如果不使用 WHERE 子句或 LIMIT 子句，就会报错。即在开启 sql_safe_updates 模式时，保护数据表捕获未正确使用键并且可能会更改或删除大量行的 UPDATE 和 DELETE 语句。TRUNCATE TABLE 完全清空一个表，它需要 DROP 权限。从逻辑上讲，TRUNCATE TABLE 类似于删除所有行的 DELETE 语句，或一系列 DROP TABLE 语句。

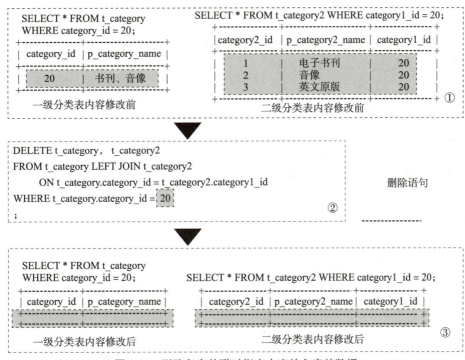

图 4-22　删除多表关联时指定内容的多表的数据

〖语法格式〗

查询当前环境下 sql_safe_updates 模式。

```
SHOW VARIABLES LIKE 'sql_safe_updates';
```

〖应用举例〗

查询当前环境下 sql_safe_updates 模式，OFF 代表 sql_safe_updates 模式未开启。

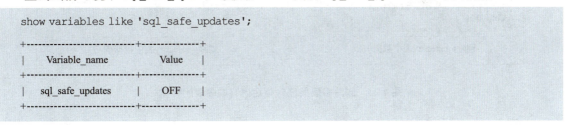

〖语法格式〗

通过 SET，临时设置当前环境下 sql_safe_updates 模式。

```
SET sql_safe_updates={OFF|0|FALSE|false|… }|{ON|1|TRUE|true|…};
```

其中：
- OFF｜0｜FALSE｜false：设置其中任何一个值，关闭 sql_safe_updates 模式。
- ON｜1｜TRUE｜true：设置其中任何一个值，开启 sql_safe_updates 模式。

应用举例

开启与关闭 sql_safe_updates 模式的语句,还可以用下面的值实现。

(1) 开启 sql_safe_updates 模式的语句:

```
SET sql_safe_updates=1;
SET sql_safe_updates=true;
SET sql_safe_updates=TRUE;
SET sql_safe_updates=ON;
```

(2) 关闭 sql_safe_updates 模式的语句:

```
SET sql_safe_updates=0;
SET sql_safe_updates=false;
SET sql_safe_updates=FALSE;
SET sql_safe_updates=OFF;
```

(3) 演示 sql_safe_updates 在不同模式场景下,删除 t_category 表中所有数据的过程,如图 4-23 所示。

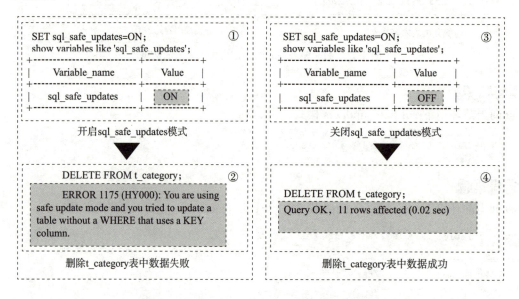

图 4-23 删除多表关联时指定内容的多表的数据

其中:

①:开启 sql_safe_updates 模式。

②:删除 t_category 表中数据失败,此时会提示 "错误 1175(HY000):你正在使用安全更新模式…" 这样的错误。

③:关闭 sql_safe_updates 模式。

④:删除 t_category 表中数据成功,此时,表及表结构还是存在的。

3. TRUNCATE 清空表数据

当不需要知道删除的行数时,TRUNCATE TABLE 语句是一种比不带 WHERE 子句的

DELETE 语句更快的清空表的方法。与 DELETE 不同，TRUNCATE TABLE 不能在事务中使用，也不能在表上有锁的情况下使用。TRUNCATE 的语法格式如下：

语法格式

```
TRUNCATE [TABLE] tbl_name
```

TRUNCATE TABLE 完全清空一个表，它需要 DROP 权限。从逻辑上讲，TRUNCATE TABLE 类似于删除所有行的 DELETE 语句，或一系列 DROP TABLE 和 CREATE TABLE 语句。

应用举例

删除表 t_category_copy 中所有数据，删除结果显示，表中数据全部清空，表结构还是存在的，其删除表的语句如下：

```
TRUNCATE TABLE t_category_copy;
SELECT * FROM t_category_copy;
Empty set (0.02 sec)
```

为了实现高性能，TRUNCATE TABLE 绕过了删除数据的 DML 方法。因此，它不会导致 ON DELETE 触发器触发，不能对具有父子外键关系的 InnoDB 表执行，也不能像 DML 操作一样回滚。但是，如果服务器在操作期间停止，则对使用原子 DDL 支持的存储引擎的表的 TRUNCATE TABLE 操作要么完全提交，要么回滚。

虽然 TRUNCATE TABLE 类似于 DELETE，但它被归类为 DDL 语句而不是 DML 语句。它在以下几方面与 DELETE 不同：

（1）TRUNCATE 作删除并重新创建表，这比逐行删除要快得多，特别是对于大表。

（2）TRUNCATE 操作会导致隐式提交，因此无法回滚。

（3）如果会话持有活动表锁，则无法执行截断操作。

（4）如果 InnoDB 表或 NDB 表存在来自引用该表的其他表的任何 FOREIGN KEY 约束，则 TRUNCATE TABLE 将失败。允许同一表的列之间的外键约束。

（5）TRUNCATE 操作不会为已删除的行数返回有意义的值。通常的结果是"0 行受影响"，这应该被解释为"没有信息"。

（6）只要表定义有效，即使数据或索引文件已损坏，也可以使用 TRUNCATE TABLE 将表重新创建为空表。

（7）任何 AUTO_INCREMENT 值都重置为其起始值。即使对于通常不重用序列值的 MyISAM 和 InnoDB 也是如此。

（8）当与分区表一起使用时，TRUNCATE TABLE 保留分区；也就是说，删除并重新创建数据和索引文件，而分区定义不受影响。

（9）TRUNCATE TABLE 语句不会调用 ON DELETE 触发器。

（10）支持截断损坏的 InnoDB 表。

出于二进制日志记录和复制的目的，TRUNCATE TABLE 被视为 DDL 而不是 DML，并且始终作为语句记录。

4.2 数据约束

4.2.1 数据完整性

数据约束

设计数据库表时，会将项目中体现的信息拆解到不同的库、表、字段中，那么如何让这么多的表中的数据描述的信息能够完整、正确、尽量少冗余，是又一个值得探讨的主题。例如，前面建立的一级分类表与二级分类表，目前还是两张完整独立的表，虽然从数据上可以关联查询出来一级分类中编号（category_id）为 20，分类名称为"书刊、音像"的选项，拥有 3 个二级分类，分别是"电子书刊"、"音像"和"英文原版"。但将一级分类表删除时，二级分类表中的 3 个选项就会成为无意义的内容。还有一级分类中，出现了两个为"服装"的分类名，这就像人的身份证号一样，不能出现重复值的现象。或者某个字段的值，如手机号不能为空，等等。这些事情，如果在数据库中不约束好，可能会带来麻烦。因此，数据库本身为此设置了一些约束的规则，主要分为实体完整性、域完整性和参照完整性 3 种，每种描述见表 4-2。

表 4-2 关系型数据库完整性规则

规　　则	典型约束举例
实体完整性	PRIMARY KEY（主键约束）、UNIQUE（唯一值约束）
域完整性	CHECK（检查约束）、NOT NULL（非空约束）、DEFAULT（默认值约束）
参照完整性	FOREIGN KEY（外键约束）

（1）实体完整性：个体表的约束，要求每个数据表都必须有主键，而作为主键的所有字段，其属性必须是唯一值且非空值。

（2）域完整性：保证表中某些列不能输入无效的值。例如，字段的数据类型、格式、值域范围、是否允许空值等。

（3）参照完整性：体现表间的关系，要求关系中不允许引用不存在的实体。它与实体完整性是关系模型必须满足的完整性约束条件，目的是保证数据的一致性。

4.2.2 主键约束

主键约束（PRIMARY KEY）的作用是在指定表中定义一个主键，来唯一确定表中每一行数据的标识符。主键具有非空值、唯一值的特点。主键可以由表中一列或多列字段确定。其中，主键列的数据类型不限，但此列必须是唯一并且非空的。

主键特点：

（1）主键中的内容不允许为空。

（2）主键中的值必须唯一。

（3）一个表中仅存在一个主键。

（4）有时会将主键设置为自增字段。

下面以一级分类表 t_category 为例，演示将表中 category_id 字段设置为主键，并将其设置为自增字段时的场景。现有一级分类表的结构如下：

```
DESC t_category;
+------------------+-------------+------+-----+---------+-------+
| Field            | Type        | Null | Key | Default | Extra |
+------------------+-------------+------+-----+---------+-------+
| category_id      | bigint      | YES  |     | NULL    |       |
| p_category_name  | varchar(50) | YES  |     | NULL    |       |
+------------------+-------------+------+-----+---------+-------+
```

1. 现有数据表增加主键约束

在修改现有数据表时，PRIMARY KEY 关键字会指定添加主键约束的字段。

语法格式

```
ALTER TABLE <数据表名> ADD PRIMARY KEY(<字段名>);
```

应用举例

通过 ALTER 关键字更改 t_category 表中 category_id 字段为主键。

```
ALTER TABLE t_category ADD CONSTRAINT primary key(category_id);
```

此时再次查看 t_category 表结构，看到 category_id 字段已被标记为主键（PRI）。

```
DESC t_category;
+------------------+-------------+------+-----+---------+-------+
| Field            | Type        | Null | Key | Default | Extra |
+------------------+-------------+------+-----+---------+-------+
| category_id      | bigint      | YES  | PRI | NULL    |       |
| p_category_name  | varchar(50) | YES  |     | NULL    |       |
+------------------+-------------+------+-----+---------+-------+
```

向表 t_category 的 category_id 字段中插入重复的值 1 时，会报错。

```
INSERT INTO t_category(category_id,p_category_name)
VALUES(1,'图书、音像、电子书刊'),(1,'书刊、音像')
;
ERROR 1064 (42000): You have an error in your SQL syntax; check the manual that corresponds to your MySQL server version for the right syntax to use near 'VALUES(1,'书刊、音像')' at line 2
```

向表 t_category 的 category_id 字段中插入空值，会报错。

```
INSERT INTO t_category(p_category_name) VALUES('图书、音像、电子书刊');
ERROR 1064 (42000): You have an error in your SQL syntax; check the manual that corresponds to your MySQL server version for the right syntax to use near ')' at line 2
```

此时表 t_category 中没有插入数据。

```
SELECT * FROM t_category ;
Empty set (0.00 sec)
```

向表 t_category 中插入 2 条数据，每次 category_id 字段中插入的值都不同。

```
INSERT INTO t_category(category_id,p_category_name)
VALUES(1,'图书、音像、电子书刊'),(2,'书刊、音像')
;
```

此时表 t_category 中已经插入 2 条新数据。

```
SELECT * FROM t_category ;
+-------------+---------------------------+
| category_id |     p_category_name       |
+-------------+---------------------------+
|      1      |   图书、音像、电子书刊      |
|      2      |        书刊、音像          |
+-------------+---------------------------+
```

2. 现有数据表增加自增字段约束

语法格式

在修改数据表时添加主键约束的语法格式如下：

```
ALTER TABLE <数据表名> MODIFY (<字段名>) 数据类型 AUTO_INCREMENT;
```

默认情况下，AUTO_INCREMENT 的初始值是 1，每新增一条记录，字段值自动加 1。

一个表中只能有一个字段使用 AUTO_INCREMENT 约束，且该字段必须有唯一索引，以避免序号重复（即为主键或主键的一部分）。

● AUTO_INCREMENT 约束的字段必须具备 NOT NULL 属性。

● AUTO_INCREMENT 约束的字段只能是整数类型（TINYINT、SMALLINT、INT、BIGINT 等）。

● AUTO_INCREMENT 约束字段的最大值受该字段的数据类型约束，如果达到上限，AUTO_INCREMENT 就会失效。

应用举例

为了保证主键值的唯一性，通常会将主键字段加持自增 1 的约束来配合使用。

```
ALTER TABLE t_category MODIFY category_id BIGINT AUTO_INCREMENT;
```

再次增加 2 行数据，并不指定 category_id 的值。

```
INSERT INTO t_category(p_category_name) VALUES('家用电器'),('数码') ;
```

此时，查询表 t_category 中的数据，发现新增加的两行数据对应的 category_id 值被自动标识为 3 和 4，在上一条语句的基础上进行了加 1 操作。

```
mysql> SELECT * FROM t_category;
```

```
+--------------+------------------------+
| category_id  | p_category_name        |
+--------------+------------------------+
|      1       | 图书、音像、电子书刊    |
|      2       | 书刊、音像              |
|      3       | 家用电器                |
|      4       | 数码                    |
+--------------+------------------------+
```

4.2.3 唯一约束

唯一约束（UNIQUE KEY），保证在一个或一组字段对应的所有行中，行数据值是唯一的。

唯一约束的特点：

（1）指定唯一约束的表的字段内容，不允许有重复值。

（2）一个表中可以存在多个唯一约束的字段。

创建唯一约束可确保在不参与主键的特定列中不输入重复值。当唯一约束和主键都强制唯一性时，如果满足下列条件，则应将唯一约束而不是主键约束附加到表上：

（3）希望在列或列的组合中强制唯一性。可将多个唯一约束附加到表，但是只能将一个主键约束附加到表。

（4）希望在允许空值的列中强制唯一性。可将唯一约束附加到允许空值的列，但是只能将主键约束附加到不允许空值的列。当将唯一约束附加到允许空值的列时，请确保在约束的列中最多有一行包含空值。

语法格式

在定义完列之后直接使用 UNIQUE 关键字指定唯一约束，语法格式如下：

```
ALTER TABLE <数据表名> ADD UNIQUE(<字段名>);
```

应用举例

一级分类中的分类名 p_category_name 的数据值需要具有唯一性，但目前表中没有约束的情况下是可以输入重复值的。为了防止用户误操作输入重复值，可将 p_category_name 字段进行唯一约束限制。

```
ALTER TABLE t_category ADD UNIQUE(p_category_name);
```

一级分类中的分类名 p_category_name 的数据值，需要具有唯一性。但目前表中没有约束的情况下是可以输入重复值的。为了防止用户误操作输入重复值，可将 p_category_name 字段进行唯一约束限制。

```
INSERT INTO t_category(p_category_name)
    VALUES('手机'),('手机')
;
ERROR 1062 (23000): Duplicate entry '手机' for key't_category.p_category_name'
```

此时，发现输入相同名字类别时，系统会报错处理，阻止输入不符合要求的数据。

再次以 t_category 表中 p_category_name 字段没有的值插入数据。

```
INSERT INTO t_category(p_category_name)
    VALUES('家居家装'),('电脑办公')
;
```

发现结果已经成功插入。

```
SELECT * FROM t_category;
+-----------------+------------------------------+
| category_id     | p_category_name              |
+-----------------+------------------------------+
|       2         | 书刊、音像                    |
|       1         | 图书、音像、电子书刊           |
|       3         | 家用电器                     |
|       4         | 数码                         |
|       7         | 家居家装                     |
|       8         | 电脑办公                     |
+-----------------+------------------------------+
```

4.2.4 外键约束

外键约束（FOREIGN KEY），经常与主键约束一起使用，建立主表与从表的关联关系，为两个表的数据建立连接，约束两个表中数据的一致性和完整性。例如，一级分类表 t_category 中 category_id 字段与二级分类表 t_category2 中 category1_id 字段关联，没有建立外键约束时，category1_id 字段中的内容可以存在 category_id 字段中不存在的内容。建立 category_id（主键）与 category1_id（外键）字段的主外键关系后，category1_id 的内容必须是 category_id 中存在的。

外键的特点：

（1）外键指定字段中的内容，若不为空值，必须主键中存在的内容。

（2）删除主键时，如果对应外键中有内容，单独删除主键会失败，需要主外键内容一起删除。

（3）外键指定字段允许空值的存在。

【语法格式】

通过 ALTER 对现有表中字段，设置外键约束的语法格式如下：

```
ALTER TABLE <数据表名> ADD [CONSTRAINT <外键名>] FOREIGN KEY 字段名 [,字段名 2,...]
    REFERENCES <主表名> 主键列 1 [,主键列 2,...]
```

【应用举例】

将二级分类表 t_category2 中 category1_id 字段设置为一级分类表 t_category 中 category_id 字段的"外键"，category_id 字段设置为主键。

```
ALTER TABLE t_category2 ADD CONSTRAINT category1_id
    FOREIGN KEY(category1_id) REFERENCES t_category(category_id)
;
```

建立完主外键关系后，向二级分类表 t_category2 中的 category1_id 字段增加一条一级分类表 t_category 中的 category_id 字段中不存在的内容 6。

```
INSERT INTO t_category2 (category2_id, p_category2_name, category1_id) VALUES (34,'电脑配件',6);
ERROR 1452 (23000): Cannot add or update a child row: a foreign key constraint fails ('mydb'.'t_category2', CONSTRAINT 'category1_id' FOREIGN KEY ('category1_id') REFERENCES 't_category' ('category_id')).
```

此时，会报出"错误 1452（23000）：无法添加或更新子行：外键约束失败…"信息。

向二级分类表 t_category2 中 category1_id 字段增加一条一级分类表 t_category 中的 category_id 字段中的存在的内容 1。

```
INSERT INTO t_category2 (category2_id, p_category2_name, category1_id) VALUES (6,'人文社科',1);
```

插入数据成功，此时查询二级分类表中，新数据信息已经存在。

```
SELECT * FROM t_category2 WHERE category1_id=1;
```

category2_id	p_category2_name	category1_id
6	人文社科	1

此时，主表删除某条记录时，从表中与之对应的记录也必须有相应的改变。例如，删除一级分类表 t_category 中 category1_id（主键）值为 1 的行。

```
DELETE FROM t_category WHERE category_id=1 ;
ERROR 1451 (23000): Cannot delete or update a parent row: a foreign key constraint fails ('mydb'.'t_category2', CONSTRAINT 'category1_id' FOREIGN KEY ('category1_id') REFERENCES 't_category' ('category_id')).
```

因为二级分类表 t_category2 中 category1_id（外键）的值存在值"1"，所以删除会显示失败，会显示"错误 1451（23000）：无法删除或更新父行：外键约束失败"的信息。

一个表可以有一个或多个外键，外键可以为空值，例如向表 t_category2 中插入一条数据，并没有对 category1_id（外键）赋值。

```
INSERT INTO t_category2 (category2_id, p_category2_name) VALUES (7,'经管励志');
```

查询新插入的数据，发现数据成功插入，而 category1_id（外键）对应的值为空。

```
SELECT * FROM t_category2 WHERE category2_id=7;
```

category2_id	p_category2_name	category1_id
6	经管励志	NULL

在主表的表名后面指定列名或列名的组合。这个列或列的组合必须是主表的主键或候选键。外键中列的数目必须和主表的主键中列的数目相同。外键中列的数据类型必须和主表主键中对应列的数据类型相同。在创建表时设置外键约束。

4.2.5 非空约束

非空约束（NOT NULL），指字段的值不能为空。对于使用了非空约束的字段，如果用户在添加数据时没有指定值，数据库系统就会报错。例如，二级分类表 t_category2 中 category1_id 字段与一级分类表 t_category 中 category_id 主段关联，从业务角度讲，category1_id 字段中存在空值 NULL 是无意义的。因此，如果 category1_id 字段设置非空约束后，插入空值时就不能成功。

非空约束特点：
（1）指定非空约束的表的字段内容，不允许有空值（NULL）。
（2）一个表中可以存在多个非空约束的字段。

语法格式

通过 ALTER 对现有表中字段，设置非空约束的语法格式如下：

```
ALTER TABLE <数据表名> MODIFY COLUMN <字段名> <字段名> <数据类型> NOT NULL;
```

应用举例

将二级分类表 t_category2 中 category1_id 字段设置为非空约束。

```
ALTER TABLE t_category2 MODIFY category1_id BIGINT NOT NULL;
```

再次执行向 category1_id 字段插入空值。

```
INSERT INTO t_category2 (category2_id, p_category2_name) VALUES (7, '经管励志');
ERROR 1364 (HY000): Field 'category1_id' doesn't have a default value
```

此时，在二级分类表 t_category2 中 category1_id 字段添加数据，即空值时，会报出该字段没有默认值的出错信息，这是由于 category1_id 字段不允许插入空值，也没有默认值，又没插入值的原因。

4.2.6 默认约束

默认约束（Default），用来指定某列数据的默认值。设置默认值的数据列，在表中插入一条新记录时，如果没有为某个字段赋值，系统就会自动为这个字段插入默认值。

默认约束特点：
指定默认约束的表的字段内容，无数据插入时，会插入默认值。

语法格式

通过 ALTER 对现有表中字段，设置默认约束的语法格式如下：

```
ALTER TABLE <数据表名>
MODIFY COLUMN <字段名> <数据类型> DEFAULT <默认值>;
```

应用举例

设置二级分类表 t_category2 中 category1_id 字段的默认值为空（NULL）。

```
ALTER TABLE t_category2 MODIFY category1_id BIGINT DEFAULT NULL ;
```

此时，再次执行向 category1_id 字段插入一行数据，并未指定 category1_id 字段的值。

```
INSERT INTO t_category2(category2_id, p_category2_name)VALUES (8,'故事会');
```

查询插入操作成功的内容，发现被设置的空值（NULL）已经成功插入至 category1_id 字段中。

```
SELECT *  FROM t_category2 WHERE category1_id IS NULL;
+--------------+------------------+--------------+
| category2_id | p_category2_name | category1_id |
+--------------+------------------+--------------+
|      8       |     故事会       |     NULL     |
+--------------+------------------+--------------+
```

4.2.7 检查约束

检查约束（CHECK），用来检查数据表中字段值有效性的一种手段，在更新表数据时，系统会检查更新后的数据行是否满足 CHECK 约束中的限定条件。例如，学生的成绩，通过 CHECK 关键字指定学生成绩字段的输入数据的范围 [0，100] 时，向学生成绩字段插入的数值只有在 [0，100] 范围内，才能插入成功。

检查约束特点：
（1）设置字段检查约束后，能够减少无效数据的输入。
（2）一个表中可以存在多个检查约束的字段。

语法格式

通过 ALTER 对现有表中字段，设置检查约束的语法格式：

```
ALTER TABLE <数据表名> ADD CONSTRAINT <检查约束名> CHECK(<检查约束>);
```

通过 ALTER 对现有表中字段，删除检查约束的语法格式：

```
ALTER TABLE <数据表名> DROP CONSTRAINT <检查约束名> ;
```

应用举例

假设设置只允许对一级分类编号小于 100 的进行二级分类，那么，可以针对二级分类表 t_category2 中 category1_id 字段设置检查约束。

（1）查询一级分类表 t_category 中分类编号为 1 和 110 的值。

```
SELECT *  FROM t_category WHERE category_id=110 OR category_id=1;
```

```
+----------------------+----------------------+
|     category_id      |    p_category_name   |
+----------------------+----------------------+
|          1           |  图书、音像、电子书刊  |
|         110          |         钟表         |
+----------------------+----------------------+
```

（2）对二级分类表 t_category2 中 category1_id 字段，建立小于 100 的约束。

```
ALTER TABLE t_category2 ADD CONSTRAINT category1_id CHECK ( category1_id < 100 );
```

（3）向二级分类表 t_category2 中插入一级分类 110 的分类信息。

```
INSERT INTO t_category2 VALUES(13,'挂钟',110);
ERROR 3819 (HY000): Check constraint 'category1_id' is violated.
```

（4）向二级分类表 t_category2 中插入一级分类 1 的分类信息。

```
INSERT INTO t_category2 VALUES(13,'挂钟',1);
Query OK, 1 row affected (0.01 sec)
```

可见，在 CHECK 条件范围内的值，插入成功。

4.2.8 查看表约束

如果要检查数据库表有哪些约束，可通过下面的语句进行查看。

语法格式

```
SHOW CREATE TABLE <数据表名>;
```

应用举例

（1）查看一级分类表 t_category 的约束情况。

```
SHOW CREATE TABLE t_category \G;
*************************** 1. row ***************************
       Table: t_category
Create Table: CREATE TABLE 't_category' (
    'category_id' bigint NOT NULL AUTO_INCREMENT,
    'p_category_name' varchar(50) DEFAULT NULL COMMENT '分类名称',
    PRIMARY KEY ('category_id'),
    UNIQUE KEY 'p_category_name' ('p_category_name')
) ENGINE=InnoDB AUTO_INCREMENT=111 DEFAULT CHARSET=utf8mb4 COLLATE=utf8mb4_0900_ai_ci
1 row in set (0.00 sec)
```

（2）查看二级分类表 t_category2 的约束情况。

```
SHOW CREATE TABLE t_category2 \G;
*************************** 1. row ***************************
       Table: t_category2
```

```
Create Table: CREATE TABLE 't_category2' (
    'category2_id' bigint DEFAULT NULL COMMENT '编号',
    'p_category2_name' varchar(50) DEFAULT NULL,
    'category1_id' bigint DEFAULT NULL,
    KEY 'category1_id' ('category1_id'),
    CONSTRAINT 'category1_id'FOREIGN KEY ('category1_id') REFERENCES 't_category' ('category_id'),
    CONSTRAINT 'category1_id' CHECK (('category1_id' <100)),
    CONSTRAINT 'category2_id'CHECK (('category2_id' <100))
) ENGINE= InnoDB DEFAULT CHARSET=utf8mb4 COLLATE=utf8mb4_0900_ai_ci
```

4.3 数据迁移

4.3.1 使用 DRS 迁移到 GaussDB (for MySQL) 数据

DRS（Data Replication Service，数据复制服务）致力于提供数据库零停机的迁移上云体验，支持同构异构数据库、分布式数据库、分片式数据库之间的迁移，通过 DRS 也可以让数据库到数据库、数据仓库、大数据的数据集成与数据传输秒级可达，为企业数据贯穿和数字化转型打下坚实的第一步。

RDS 能让上云热迁移保障业务正常稳定运行，实时同步确保传输高效实时且数据一致。目前 RDS 的功能介绍如下：

（1）全球 17 000 多个任务，同城毫秒级、异地秒级同步速度。

（2）全球 2 000 多个企业规模商用，覆盖金融、政府、电信、互联网等各种场景。

（3）包含关系型、非关系型数据库，以及大数据集成等 50 多种数据传输链路组合。

（4）RDS 典型的五大应用场景分别是提供实时迁移、实时同步、实时灾备、备份迁移、数据订阅。

GaussDB（for MySQL）使用 DRS，将本地数据库迁移到云数据库 GaussDB，可以实现应用不停服的情况下，平滑完成数据库的迁移工作。

当前支持 MySQL→GaussDB（for MySQL）、Oracle→GaussDB（for MySQL）的迁移。源库为 GaussDB（for MySQL）时，可使用 MySQL→GaussDB（for MySQL）进行数据迁移。云数据库 GaussDB（for MySQL）默认表名大小写不敏感。

4.3.2 使用 mysqldump 迁移到 GaussDB (for MySQL) 数据

使用 mysqldump 迁移 GaussDB（for MySQL）数据，首先要确定迁移数据需要的工具。

对于 mysqlpump 工具，由于在并行备份场景有 coredump 问题，不建议使用，推荐使用 mysqldump 工具迁移。

确定了迁移工具后，如果完成数据迁移，大体可分为迁移准备、数据导出和数据导入 3 个子任务。

1. 迁移准备

GaussDB（for MySQL）支持开启公网访问功能，通过弹性公网 IP 进行访问。也可通过弹性云服务器的内网访问 GaussDB（for MySQL）。

(1) 准备弹性云服务器或可通过公网访问 GaussDB (for MySQL)。

通过弹性云服务器连接 GaussDB (for MySQL) 数据库实例，需要创建一台弹性云服务器。创建并连接弹性云服务器。

通过公网地址连接 GaussDB (for MySQL) 数据库实例，需要具备以下条件：
- 先对 GaussDB (for MySQL) 数据库实例绑定公网地址。
- 保证本地设备可以访问 GaussDB (for MySQL) 数据库实例绑定的公网地址。

(2) 在准备的弹性云服务器或可访问 GaussDB (for MySQL) 数据库的设备上，安装 MySQL 客户端。

该弹性云服务器或可访问 GaussDB (for MySQL) 数据库的设备需要安装和 GaussDB (for MySQL) 数据库服务端相同版本的数据库客户端，MySQL 数据库或客户端会自带 mysqldump 和 mysql 工具。

2. 数据导出

要将源数据库迁移到 GaussDB (for MySQL) 数据库，需要先对其进行导出。这里需要注意的是：
- 相应导出工具需要与数据库引擎版本匹配。
- 数据库迁移为离线迁移，需要停止使用源数据库的应用程序。

数据导出样例的具体操作过程如下：

(1) 登录已准备的弹性云服务器，或可访问 GaussDB (for MySQL) 数据库的设备。

(2) 使用 mysqldump 将元数据导出至 SQL 文件。

MySQL 数据库是 GaussDB (for MySQL) 数据库服务管理所必需的数据库，导出元数据时，禁止指定——all-database 参数，否则会造成数据库故障。

语法格式

```
mysqldump --databases <DB_NAME> --single-transaction --order-by-primary --hex-blob --no-data --routines --events --set-gtid-purged=OFF -u <DB_USER> -p -h <DB_ADDRESS> -P <DB_PORT> | sed -e
's/DEFINER[ ]*=[ ]*[^*]*\*/\*/' -e 's/DEFINER[ ]* = .*FUNCTION/FUNCTION/' -e
's/DEFINER[ ]* = .* PROCEDURE/PROCEDURE/' -e
's/DEFINER[ ]* = .*TRIGGER/TRIGGER/' -e
's/DEFINER[ ]* = .* EVENT/EVENT/'> <BACKUP_FILE>
```

其中：
- DB_NAME 为要迁移的数据库名称。
- DB_USER 为数据库用户。
- DB_ADDRESS 为数据库地址。
- DB_PORT 为数据库端口。
- BACKUP_FILE 为导出生成的文件名称。

应用举例

```
mysqldump --databases gaussdb --single-transaction --order-by-primary --hex-blob --no-
```

```
data --routines --events --set-gtid-purged=OFF -u root-p-h 192.168.151.18 -P 3306 |sed-e
's/DEFINER[ ]*=[ ]* [^*]*\*/\*/' -e
's/DEFINER[ ]*=.*FUNCTION/FUNCTION/' -e
's/DEFINER[ ]*=.*PROCEDURE/PROCEDURE/' -e
's/DEFINER[ ]*=.*TRIGGER/TRIGGER/' -e
's/DEFINER[ ]*=.*EVENT/EVENT/'> dump- defs.sql
Enter password:
```

提示"Enter password:"后,输入数据库密码。

命令执行完会生成 dump—defs.sql 文件。

(3) 使用 mysqldump 将数据导出至 SQL 文件。

语法格式

```
mysqldump --databases <DB_NAME>--single-transaction --hex-blob --set-gtid-purged=OFF --no-create-info --skip-triggers -u <DB_USER>-p-h <DB_ADDRESS>-P <DB_PORT>-r <BACKUP_FILE>
```

应用举例

```
mysqldump --databases gaussdb --single-transaction --hex- blob --set-gtid-purged=OFF --no-create-info --skip-triggers -u root -p -h 192.168.151.18 -P 3306 -r dump-data.sql
```

命令执行完会生成 dump—data.sql 文件。

3. 数据导入

通过弹性云服务器或可访问 GaussDB（for MySQL）数据库的设备,用相应客户端连接 GaussDB（for MySQL）数据库实例,将导出的 SQL 文件导入到 GaussDB（for MySQL）数据库。

📖 如果源数据库中包含触发器、存储过程、函数或事件调用,则需要确保导入前设置目标数据库参数 log_bin_trust_function_creators＝ON。

导入元数据到 GaussDB（for MySQL）数据库。

先用 MySQL 工具连接 GaussDB（for MySQL）数据库实例,输入密码后,再执行导入命令。

语法格式

```
mysql -f-h <DB_ADDRESS>-P <DB_PORT>-u root-p <<BACKUP_DIR>/dump-defs.sql
```

其中:
- DB_ADDRESS 为 GaussDB（for MySQL）数据库实例的 IP 地址。
- DB_PORT 为当前数据库实例的端口。
- BACKUP_DIR 为 dump-defs.sql 所在目录。

应用举例

```
mysql-f-h 172.16.66.198-P 3306-u root-p <dump-defs.sql
Enter password:
```

查看迁移结果：

```
mysql>show databases;
```

示例中，名为 my_db 的数据库已经被导入：

```
mysql>show databases;
+--------------------+
| Database           |
+--------------------+
| information_schema |
| my_db              |
| mysql              |
| performance_schema |
+--------------------+
4 rows in set (0.00 sec)
```

课后习题

1. 完成 4.1.1 节中 1~3 所有图中 SQL 语句的编写与实现过程。
2. 完成 4.1.2 节中所有 SQL 语句的编写与实现过程。
3. 完成 4.1.3 节中所有 SQL 语句的编写与实现过程。
4. 简述对实体完整性、域完整性和参照完整性的理解。
5. 简述对数据约束的理解。
6. 简述对数据迁移的理解。

第 5 章 表数据查询

项目中的信息按数据库的规则进行拆分,按数据库表的布局存入以后,如果按项目的要求进行读取、计算、关联、统计,成为非常重要的事情。GaussDB(for MySQL)支持 SQL 语法规则,其中 SELECT 确定要查询的内容,通过 WHERE 查询指定条件的内容,通过函数对表中数据进行计算,通过 JOIN 实现多表连接查询,通过 GROUP 对表数据分组查询。此外,还提供一些 IN、EXISTS、ANY、SOME、ALL 等关键字实现嵌套查询。并且,SELECT 语句可以包含 UNION 语句和子查询,可以 WITH 子句开头,定义可在 SELECT 中访问的公共表表达式。本章将针对这些知识点进行阐述。

重点难点

◎理解 SELECT 查询的基本语法。
◎掌握简单查询的语法与应用。
◎掌握高级查询的语法与应用。
◎掌握多表连接查询的语法与应用。
◎掌握嵌套子查询的语法与应用。
◎掌握联合查询的语法与应用。

5.1 查询语句基本语法

为了方便 GaussDB(for MySQL)中数据的查询,提供了 SELECT、FROM、WHERE、GROUP BY、HAVING 等关键字,应用 SQL 规则,完成对表中指定数据的操作,如图 5-1 所示。

图 5-1 中,方括号 [ ] 为可选项,即在 SELECT 语句中不是必须选用的项目。

①SELECT <列 1,列 2,…>:SELECT 指定查询表中的列名,如"列 2"和"列 4"。

②[FROM <表 1,表 2,…>]:指定要查询的数据所在的表,如"表 1"。

③[WHERE <条件表达式>]:指定要筛选的条件,例如,筛选出列 2 中数据值大于 20 和列 4 中小于 30 的数据值。

④[GROUP BY <分组条件>]:GROUP BY 指定分组的列 2,查询出来的内容会将列 2 中内容相同的行数据分为一组,然后将一组中非列 2,即列 4 的数据值通过 SELECT 后的 SUM(列 4)加在一起完成聚合加的操作,将结果显示出来。

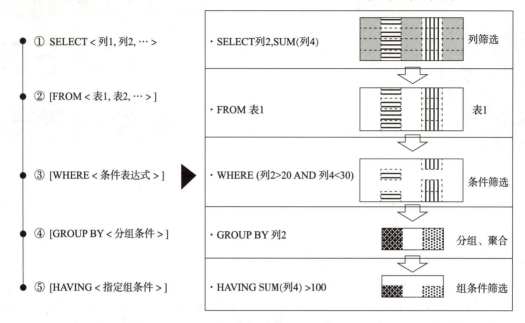

图 5-1 SELECT 查询语句

⑤［HAVING ＜指定组条件＞］：对分组后的结果进行条件筛选，例如，将 SUM（列 4）结果中大于 100 的数据值读取出来。

扩展阅读： SELECT 查询语句中完整语法。

GaussDB（for MySQL）中为了更详细地指定查询条件，还提供去重复行的 DISTINCT、指定分区块的 PARTITION、对查询结果进行排序的 ORDER BY 等关键字。完整的 SQL 查询语句语法如下：

```
SELECT
    [ALL | DISTINCT | DISTINCTROW ]
    [HIGH_PRIORITY]
    [STRAIGHT_JOIN]
    [SQL_SMALL_RESULT] [SQL_BIG_RESULT] [SQL_BUFFER_RESULT]
    [SQL_NO_CACHE] [SQL_CALC_FOUND_ROWS]
    select_expr [, select_expr] ...
    [into_option]
    [FROM table_references
        [PARTITION partition_list]]
    [WHERE where_condition]
    [GROUP BY {col_name | expr | position}, ... [WITH ROLLUP]]
    [HAVING where_condition]
    [WINDOW window_name AS (window_spec)
        [, window_name AS (window_spec)] ...]
```

```
    [ORDER BY {col_name | expr| position}
        [ASC | DESC],... [WITH ROLLUP]]
    [LIMIT {[offset,] row_count | row_count OFFSET offset}]
    [into_option]
    [FOR {UPDATE | SHARE}
        [OF tbl_name [, tbl_name]...]
        [NOWAIT | SKIP LOCKED]
        | LOCK IN SHARE MODE]
[into_option]
```

其中每一选项的解析如下:
- SELECT: SELECT 引领的 SQL 查询语句，确定从一张或多张表中要查询的具体内容。
- [ALL | DISTINCT | DISTINCTROW]: ALL 和 DISTINCT 修饰符指定是否应返回重复的行。ALL（默认值）指定应返回所有匹配的行，包括重复行。DISTINCT 指定从结果集中删除重复行。指定两个修饰符是错误的。DISTINCTROW 是 DISTINCT 的同义词。
- [HIGH_PRIORITY]: HIGH_PRIORITY 给予 SELECT 比更新表的语句更高的优先级。应该仅将它用于非常快且必须立即完成的查询。SELECT HIGH_PRIORITY 查询在表被锁定以进行读取时发出，即使有更新语句等待表空闲，也会运行。这仅影响使用表级锁定的存储引擎（如 MyISAM、MEMORY 和 MERGE）。

💡 HIGH_PRIORITY 不能与作为 UNION 部分的 SELECT 语句一起使用。

- [STRAIGHT_JOIN]: 强制优化器，按照在 FROM 子句中列出的顺序连接表。如果优化器以非最佳顺序连接表，可以加速查询。STRAIGHT_JOIN 也可以用在 table_references 列表中，但不适用于优化器视为常量或系统表的任何表。这样的表生成单行，在查询执行的优化阶段读取，并在查询执行继续之前用适当的列值替换对其列的引用。这些表首先出现在 EXPLAIN 显示的查询计划中。
- [SQL_SMALL_RESULT] [SQL_BIG_RESULT] [SQL_BUFFER_RESULT]: SQL_BIG_RESULT 或 SQL_SMALL_RESULT 可以与 GROUP BY 或 DISTINCT 一起使用，分别告诉优化器结果集有很多行或很小。对于 SQL_BIG_RESULT，如果创建了基于磁盘的临时表，GaussDB（for MySQL）会直接使用它们，并且更喜欢使用在 GROUP BY 元素上带有键的临时表进行排序。
- [SQL_NO_CACHE] [SQL_CALC_FOUND_ROWS]: SQL_CALC_FOUND_ROWS 告诉 GaussDB（for MySQL）计算结果集中有多少行，不考虑任何 LIMIT 子句。然后，可以使用 SELECT FOUND_ROWS() 检索行数。

💡 GaussDB（for MySQL8.0.17）开始，不再推荐使用 SQL_CALC_FOUND_ROWS 查询修饰符和随附的 FOUND_ROWS() 函数；希望在未来版本的 GaussDB（for MySQL）中删除它们。

SQL_CACHE 和 SQL_NO_CACHE 修饰符用于 GaussDB（for MySQL 8.0）之前的查询缓存。GaussDB（for MySQL 8.0）中删除了查询缓存，SQL_CACHE 修饰符也被删除，SQL_NO_CACHE 已被弃用，没有任何效果。

- select_expr [, select_expr]: 每个 select_expr 表示要检索的列，必须至少有一个 select_ expr。

- [into_option]：指定要操作的文件，具体内容如下：

```
into_option: {
    INTO OUTFILE 'file_name'
        [CHARACTER SET charset_name]
        export_options
    | INTO DUMPFILE 'file_name'
    | INTO var_name [, var_name] ...
}
```

- [FROM table_references [PARTITION partition_list]]：指定数据的来源。其中 table_references 指示要从中检索行的一张或多张表。PARTITION 指定 table_reference 中表名称后的分区或子分区（或两者）列表。在这种情况下，仅从列出的分区中选择行，而忽略表的任何其他分区，其中 partition_list 指定分区名列表。

- [WHERE where_condition]：WHERE 子句（如果给定）指示要选择的行必须满足的一个或多个条件。where_condition 是一个表达式，对于要选择的每一行，它的计算结果为真。如果没有 WHERE 子句，该语句将选择所有行。在 WHERE 表达式中，可以使用 GaussDB（for MySQL）支持的任何函数和运算符，聚合（组）函数除外。

- [GROUP BY {col_name | expr | position}, ... [WITH ROLLUP]]：GROUP BY 按指定列名或表达式或位置进行数据分组，常和一些聚合函数一起使用。GROUP BY 允许使用 WITH ROLLUP 修饰符，将分组计算后的内容进一步汇总。

- [HAVING where_condition]：HAVING 子句与 WHERE 子句一样，指定选择条件。WHERE 子句指定选择列表中列的条件，但不能引用聚合函数。HAVING 子句指定组的条件，通常由 GROUP BY 子句组成。查询结果只包含满足 HAVING 条件的组。如果不存在 GROUP BY，则所有行都隐式地形成一个聚合组。HAVING 子句必须在任何 GROUP BY 子句之后和任何 ORDER BY 子句之前。

- [WINDOW window_name AS (window_spec) [, window_name AS (window_spec)] …]：WINDOW 子句（如果存在）定义可以由窗口函数引用的命名窗口。WINDOW 子句如果出现在查询中，将位于 HAVING 和 ORDER BY 子句的位置之间。对于每个窗口定义，window_name 是窗口名称，window_spec 是给出的相同类型的窗口规范内容。

- [ORDER BY {col_name | expr | position} [ASC | DESC], ... [WITH ROLLUP]]：ORDER BY 按指定的列名、列别名或列位置排序，其中 ASC 为升序，DESC 为降序，默认为升序。允许对排序的结果进行 WITH 汇总。

- [LIMIT { [offset,] row_count | row_count OFFSET offset}]：LIMIT 子句可用于限制 SELECT 语句返回的行数。其中，offset 代表 LIMIT 要限定的偏移位置，row_count 代表 LIMIT 要限定的行数。LIMIT 接受一个或两个数字参数，它们都必须是非负整数常量，但以下情况除外：
  - 在准备好的语句中，可以使用"?"占位符。
  - 在存储的程序中，可以使用整数值的例程参数或局部变量来指定 LIMIT 参数。

- [FOR {UPDATE | SHARE} [OF tbl_name [, tbl_name] ...] [NOWAIT | SKIP

LOCKED〕| LOCK IN SHARE MODE〕：如果将 FOR UPDATE 与使用页锁或行锁的存储引擎一起使用，则查询的行将被写锁定，直到当前事务结束。不能在诸如 CREATE TABLE new_table SELECT ... FROM old_table .... 之类的语句中使用 FOR UPDATE 作为 SELECT 的一部分（如果尝试这样做，该语句将被拒绝并显示错误 Can't update table 'old_ table '而正在创建'new_ table'）FOR SHARE 和 LOCK IN SHARE MODE 设置共享锁，允许其他事务读取检查的行，但不能更新或删除它们。FOR SHARE 和 LOCK IN SHARE MODE 是等效的。但是，与 FOR UPDATE 一样，FOR SHARE 支持 NOWAIT、SKIP LOCKED 和 OF tbl_name 选项。FOR SHARE 是 LOCK IN SHARE MODE 的替代品，但 LOCK IN SHARE MODE 仍可用于向后兼容。NOWAIT 导致 FOR UPDATE 或 FOR SHARE 查询立即执行，如果由于另一个事务持有锁而无法获得行锁，则返回错误。SKIP LOCKED 导致 FOR UPDATE 或 FOR SHARE 查询立即执行，排除结果集中被另一个事务锁定的行。

5.2 简单查询

5.2.1 SELECT... FROM

简单查询

SELECT... FROM 语句中，SELECT 为必选项，指定查询内容。FROM 为可选项，指定查询数据查询来源的表。

1. SELECT 子句

SELECT 引领的 SQL 查询语句，确定查询的具体内容。SELECT 单独使用时，可构建一行指定个数据的字段及对应的值。

语法格式

```
SELECT <列 1,列 2,>
;
```

其中，<列 1，列 2，>中的列，可以是列名，也可以是列表达式。

功能列举

SELECT ... 功能举例如下：
- SELECT 构建字段个数及对应的值。
- SELECT 列可应用空格起别名。
- SELECT 调度函数的用法。
- SELECT 调试 IF 语句的用法。

应用举例

（1）SELECT 构建一行 3 列的数据

构建过程如图 5-2 所示。

SELECT 语句构建了"1"、"1+2"和"col"共计 3 列内容。
- 构建值：第 1 列赋值为 1，第 2 列和第 3 列赋值为"1+2"的结果，即 3。
- 构建列：第 1 列和第 2 列，没有通过空格指定别名，默认将输入的计算值指定为列名；

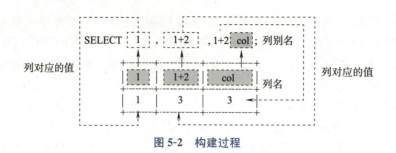

图 5-2 构建过程

第 3 列，在"1+2"的后面加空格，加一个名称 col，即为本列的别名。

（2）SELECT 调试一些函数或 IF 语句

这在项目中较实用，例如，统计每月的用户流失量，需要判断每月日期的末区间是否为月末，计算过程如图 5-3 所示。

图 5-3 SELECT 调试一些函数或 IF 语句

SELECT 语句构建了"当前日期""当前月最后一天""当前日期是否为月末?"共 3 列内容。其中：

① ('2021-11-13')：构建值为 2021—11—13 的列。

② last_day ('2021-11-13')：last_day 是函数，返回对应括号中日期所在月的最后一天的日期。

③ IF ('2021-11-30'= last_day ('2021-11-30'),'是','否')：IF 语句，对应括号中有两个逗号，分隔了 3 个小的语句段。其中，'2021-11-30'= last_day ('2021-11-30') 判断等号两边的值是否相等，如果相等，返回第 2 个小语句段的值"是"，否则返回第 3 个小语句段的值"否"。

2. FROM 子句

SELECT 引领的 SQL 查询语句，可实现 FROM 确定查询的具体内容。SELECT 单独使用时，可构建一行指定个数据的字段及对应的值。

语法格式

```
SELECT <列1,列2,…>
FROM <表名> [,<表名>,…]
;
```

其中，<表名>可以是数据库中的表名，也可以用一个 SELECT 语句表达表的含义。

功能列举

SELECT ... FROM 功能举例如下：
- SELECT：指定要从 FROM 关键字后指定的<表名>中查询列名。
- SELECT 后支持"*"的写法，代码从 FROM 指定<表名>中查询所有列内容。
- <表名>：可以是数据库中表的名称，也可以是 SELECT 语句。

应用举例

（1）将图 5-2 中的 SELECT 语句作为 FROM 关键字指定的表进行查询，如图 5-4 所示。

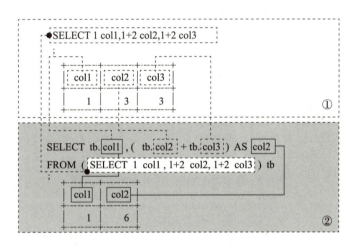

图 5-4　SELECT 语句作为 FROM 关键字指定的表进行查询

其中：

①：SELECT 子句，构建 3 个字段 col1、col2、col3 和对应值 1、2、3。

②：SELECT ... FROM 子句，其中①中的结果作为 FROM 后的<表名>，这里给表起了别名 tb。tb.col1 意为读取 tb 表中的第 1 列 col1 的值，tb.col2+tb.col3 意为将 tb 表中的第 2 列 col2 的值和第 3 列 col3 的值按行相加，即 3+3，并起别名 col2 作为 tb 表中的派生字段，其值为 6。

（2）用 SELECT * FROM... 语句查询订单详情表 t_order_detail 中的所有内容，如图 5-5 所示。

（3）用 SELECT... FROM 语句查询订单详情表 t_order_detail 中指定字段的内容，并演示列与列的计算得到派生列的过程，如图 5-6 所示。

其中：

①：SELECT 子句，查询 FROM 指定订单详情表 t_order_detail 中 3 个原生列 o_id、sku_id、od_order_price、od_sku_num 的内容。

②：SELECT 子句，查询 FROM 指定订单详情表 t_order_detail 中 1 个派生列"订单同一商品总价格"的表达式，由原生列 {od_order_price * od_sku_num} 计算得到，并指定别名 price_total。

```
SELECT * FROM t_order_detail;
+--------+--------+--------+--------+---------------+----------+
| od_id  | o_id   | sku_id | pmt_id | od_order_price| od_sku_num|
+--------+--------+--------+--------+---------------+----------+
| T000001| T000001| S000001|      1 |        499.00 |        1 |
| T000002| T000001| S000008|      0 |         17.00 |        5 |
| T000003| T000001| S000009|      0 |         40.00 |        4 |
| T000004| T000001| S000012|      0 |        519.00 |        1 |
| T000005| T000002| S000002|      0 |         59.00 |        1 |
| T000006| T000003| S000004|      0 |       2099.00 |        1 |
| T000007| T000003| S000011|      0 |         58.00 |        3 |
| T000008| T000004| S000005|      0 |         90.00 |        2 |
| T000010| T000004| S000011|      0 |         58.00 |        2 |
| T000011| T000005| S000006|      0 |         10.00 |        3 |
| T000012| T000005| S000009|      0 |         40.00 |        3 |
| T000013| T000005| S000010|      0 |         35.00 |        1 |
| T000014| T000006| S000004|      4 |       2099.00 |        1 |
| T000015| T000006| S000005|      5 |         98.00 |        1 |
| T000016| T000006| S000006|      0 |         10.00 |        2 |
| T000017| T000006| S000007|      0 |          7.90 |        1 |
| T000018| T000006| S000008|      0 |         17.00 |        3 |
| T000019| T000007| S000009|      0 |         40.00 |        4 |
| T000020| T000008| S000010|      0 |         35.00 |        1 |
+--------+--------+--------+--------+---------------+----------+
```

图 5-5　查询表 t_order_detail 中的所有内容

```
SELECT o_id , sku_id , od_order_price , od_sku_num ,                ①
       ( od_order_price * od_sku_num ) price_total
FROM t_order_detail;                                                 ②
+--------+--------+---------------+----------+-----------+
| o_id   | sku_id | od_order_price| od_sku_num|price_total|
+--------+--------+---------------+----------+-----------+
| T000001| S000001|        499.00 |        1 |       499 |
| T000001| S000008|         17.00 |        5 |        85 |
| T000001| S000009|         40.00 |        4 |       160 |
| T000001| S000012|        519.00 |        1 |       519 |
| T000002| S000002|         59.00 |        1 |        59 |
| T000003| S000004|       2099.00 |        1 |      2099 |
| T000003| S000011|         58.00 |        3 |       174 |
| T000004| S000005|         90.00 |        2 |       180 |
| T000004| S000011|         58.00 |        2 |       116 |
| T000005| S000006|         10.00 |        3 |        30 |
| T000005| S000009|         40.00 |        3 |       120 |
| T000005| S000010|         35.00 |        1 |        35 |
| T000006| S000004|       2099.00 |        1 |      2099 |
| T000006| S000005|         98.00 |        1 |        98 |
| T000006| S000006|         10.00 |        2 |        20 |
| T000006| S000007|          7.90 |        1 |       7.9 |
| T000006| S000008|         17.00 |        3 |        51 |
| T000007| S000009|         40.00 |        4 |       160 |
| T000008| S000010|         35.00 |        1 |        35 |
+--------+--------+---------------+----------+-----------+
```

图 5-6　查询表 t_order_detail 中指定字段内容

5.2.2 WHERE 子句

WHERE 子句的意义在于对选择的行进行条件筛选，位于 SELECT ... FROM 语句的后面。

语法格式

```
SELECT <列 1,列 2,>
FROM <表名>
WHERE<条件表达式>
```

由 WHERE 关键字引导一个条件表达式，通过结果为真，确定要选择的行。条件表达式通过与运算符一起使用，其中运算符大体可分为比较运算符、逻辑运算符和赋值运算符 3 种。

功能列举

WHERE 子功能举例如下：
- WHERE 位于句 SELECT ... FROM 语句后面。
- WHERE 子句与比较运算符一起使用，将比较结果中为 TRUE 的内容查询出来，例如指定列大于 30 的数据值涉及的 SELECT 选定的行内容。
- WHERE 子句与逻辑运算符一起使用，将逻辑运算符的计算结果为 TRUE 的内容显示出来，也可以将逻辑运算符与比较运算符同时使用。
- WHERE 子句与赋值运算符一起使用，将计算结果查询出来。

下面针对这些情况举例如下：

1. 比较运算符

比较运算的结果为 1（TRUE）、0（FALSE）或 NULL。这些操作适用于数字和字符串。根据需要，字符串会自动转换为数字，数字会自动转换为字符串。比较运算符及功能见表 5-1。

表 5-1 比较运算符及功能

运算符	功能描述
>	大于运算符
>=	大于或等于运算符
<	小于运算符
<>、! =	不等运算符
<=	小于或等于运算符
<=>	NULL 安全等于运算符
=	等号运算符
BETWEEN ... AND ...	一个值是否在一个值范围内
COALESCE ( )	返回第一个非 NULL 参数
GREATEST ( )	返回最大的参数
IN ( )	一个值是否在一组值内
INTERVAL ( )	返回小于第一个参数的索引
IS	针对布尔值测试值

续表

运 算 符	功 能 描 述
IS NOT	针对布尔值测试值
IS NOT NULL	NOT NULL 值测试
IS NULL	空值测试
ISNULL ()	测试参数是否为 NULL
LEAST ()	返回最小的参数
LIKE	简单的模式匹配
NOT BETWEEN ... AND ...	一个值是否不在一个值的范围内
NOT IN ()	一个值是否不在一组值中
NOT LIKE	简单模式匹配的否定
STRCMP ()	比较两个字符串

(1) 查询图 5-6 中"订单同一商品总价格"大于 200 元的商品信息，如图 5-7 所示。

```
SELECT o_id , sku_id ,
       (od_order_price*od_sku_num) price_total     ①
FROM t_order_detail;
+---------+---------+-------------+
| o_id    | sku_id  | price_total |
+---------+---------+-------------+
| T000001 | S000001 |         499 |
| T000001 | S000008 |          85 |
| T000001 | S000009 |         160 |
| T000001 | S000012 |         519 |
| T000002 | S000002 |          59 |
| T000003 | S000004 |        2099 |
| T000003 | S000011 |         174 |
| T000004 | S000005 |         180 |
| T000004 | S000011 |         116 |
| T000005 | S000006 |          30 |
| T000005 | S000009 |         120 |
| T000005 | S000010 |          35 |
| T000006 | S000004 |        2099 |
| T000006 | S000005 |          98 |
| T000006 | S000006 |          20 |
| T000006 | S000007 |         7.9 |
| T000006 | S000008 |          51 |
| T000007 | S000009 |         160 |
| T000008 | S000010 |          35 |
+---------+---------+-------------+
```

```
SELECT o_id , sku_id ,
       (od_order_price*od_sku_num) price_total
FROM t_order_detail
WHERE (od_order_price*od_sku_num) > 200
;                                               ②
+---------+---------+-------------+
| o_id    | sku_id  | price_total |
+---------+---------+-------------+
| T000001 | S000001 |         499 |
| T000001 | S000012 |         519 |
| T000003 | S000004 |        2099 |
| T000006 | S000004 |        2099 |
+---------+---------+-------------+
```

图 5-7 WHERE 查询表 t_order_detail 中指定条件的内容

其中：

①：条件筛选前，SELECT 查询订单详情表 t_order_detail 中"订单编号，商品编号，商品总价"的内容。

②：基于①中的结果，查询 WHERE 指定"商品总价大于 200 元"条件筛选后的信息。

(2) 查询订单描述表中订单编号（o_id）为 T000001 和 T000006 的内容，如图 5-8 所示。

```
SELECT o_id, sku_id,
       (od_order_price*od_sku_num) price_total
FROM t_order_detail;
+---------+---------+-------------+
| o_id    | sku_id  | price_total |
+---------+---------+-------------+
| T000001 | S000001 |         499 |
| T000001 | S000008 |          85 |
| T000001 | S000009 |         160 |
| T000001 | S000012 |         519 |
| T000002 | S000002 |          59 |
| T000003 | S000004 |        2099 |
| T000003 | S000011 |         174 |
| T000004 | S000005 |         180 |
| T000004 | S000011 |         116 |
| T000005 | S000006 |          30 |
| T000005 | S000009 |         120 |
| T000005 | S000010 |          35 |
| T000006 | S000004 |        2099 |
| T000006 | S000005 |          98 |
| T000006 | S000006 |          20 |
| T000006 | S000007 |         7.9 |
| T000006 | S000008 |          51 |
| T000007 | S000009 |         160 |
| T000008 | S000010 |          35 |
+---------+---------+-------------+
```
①

```
SELECT o_id, sku_id,
       (od_order_price*od_sku_num) price_total
FROM t_order_detail
WHERE o_id IN ('T000001','T000006');
+---------+---------+-------------+
| o_id    | sku_id  | price_total |
+---------+---------+-------------+
| T000001 | S000001 |         499 |
| T000001 | S000008 |          85 |
| T000001 | S000009 |         160 |
| T000001 | S000012 |         519 |
| T000006 | S000004 |        2099 |
| T000006 | S000005 |          98 |
| T000006 | S000006 |          20 |
| T000006 | S000007 |         7.9 |
| T000006 | S000008 |          51 |
+---------+---------+-------------+
```
②

图 5-8 查询表 t_order_detail 中指定条件的内容

其中：

①：条件筛选前，SELECT 查询订单详情表 t_order_detail 中"订单编号，商品编号，商品总价"的内容。

②：基于①中的结果，查询 WHERE 指定订单编号（o_id）为 T000001 和 T000006 的内容。

逻辑运算符使用

2. 逻辑运算符

在 SQL 中，所有逻辑运算符的计算结果为 TRUE、FALSE 或 NULL（UNKNOWN）。这些操作中，它们被实现为 1（TRUE）、0（FALSE）和 NULL。大多数对于不同的 SQL 数据库服务器是通用的，尽管有些服务器可能会返回任何非零值的 TRUE。逻辑运算符及功能见表 5-2。

表 5-2 逻辑运算符

运算符	功能描述
AND、&&	逻辑与
NOT、!	逻辑非
OR、||	逻辑或
XOR	逻辑异或

下面将针对 WHERE 关键字与逻辑运算符的应用进行举例。

(1) 查询同时满足图 5-7 和图 5-8 中条件的结果，如图 5-9 所示。

```
SELECT o_id, sku_id,
       (od_order_price*od_sku_num) price_total
FROM t_order_detail;
+---------+---------+-------------+
| o_id    | sku_id  | price_total |
+---------+---------+-------------+
| T000001 | S000001 |         499 |
| T000001 | S000008 |          85 |
| T000001 | S000009 |         160 |
| T000001 | S000012 |         519 |
| T000002 | S000002 |          59 |
| T000003 | S000004 |        2099 |
| T000003 | S000011 |         174 |
| T000004 | S000005 |         180 |
| T000004 | S000011 |         116 |
| T000005 | S000006 |          30 |
| T000005 | S000009 |         120 |
| T000005 | S000010 |          35 |
| T000006 | S000004 |        2099 |
| T000006 | S000005 |          98 |
| T000006 | S000006 |          20 |
| T000006 | S000007 |         7.9 |
| T000006 | S000008 |          51 |
| T000007 | S000009 |         160 |
| T000008 | S000010 |          35 |
+---------+---------+-------------+
```
①

```
SELECT o_id, sku_id,
       (od_order_price*od_sku_num) price_total
FROM t_order_detail
WHERE (od_order_price*od_sku_num) > 200
  AND
  o_id IN ('T000001','T000006')
;
+---------+---------+-------------+
| o_id    | sku_id  | price_total |
+---------+---------+-------------+
| T000001 | S000001 |         499 |
| T000001 | S000012 |         519 |
| T000006 | S000004 |        2099 |
+---------+---------+-------------+
```
②

图 5-9 查询表 t_order_detail 中"与"条件的内容

其中：

①：条件筛选前，SELECT 查询订单详情表 t_order_detail 中"订单编号，商品编号，商品总价"的内容。

②：基于①中的结果，查询 WHERE 指定订单总价大于 200，同时满足订单编号（o_id）为 T000001 和 T000006 的内容。

(2) 查询满足图 5-7 或者图 5-8 中条件的结果，如图 5-10 所示。

其中：

①：条件筛选前，SELECT 查询订单详情表 t_order_detail 中"订单编号，商品编号，商品总价"的内容。

②：基于①中的结果，查询 WHERE 指定订单总价大于 200，或者满足订单编号（o_id）为 T000001 和 T000006 的内容。

赋值运算符的使用

3. 赋值运算符

赋值运算符提供"：＝"和"＝"两种符号，其功能见表 5-3。

表 5-3 赋值运算符

运算符	功能描述
：＝	赋值
＝	分配一个值（作为 SET 语句的一部分，或作为 UPDATE 语句中 SET 子句的一部分）

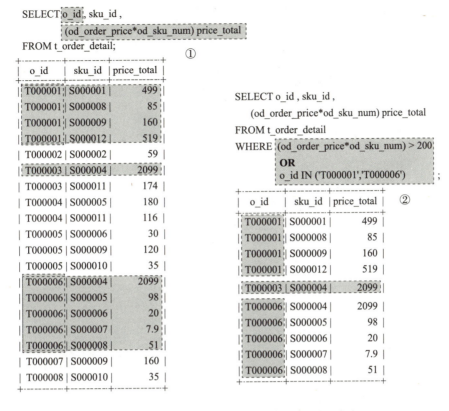

图 5-10 查询表 t_order_detail 中"或"条件的内容

"="运算符用于在以下两种情况下执行赋值：

（1）在 SET 语句中，"="被视为赋值运算符，使运算符左侧用户变量采用其右侧的值。右侧的值可以是文字值、另一个存储值的变量或任何产生标量值的合法表达式，包括查询的结果（前提是该值是标量值）。可以在同一个 SET 语句中执行多个赋值。

（2）在 WHERE 条件语句中，"="还充当比较运算符，它会导致在运算符左侧命名的列与右侧给出的值如果相等时，返回 True 值，否则会返回 False 值。

"："="为赋值运算符，其作用是使运算符左侧的用户变量采用其右侧的值。右侧的值可能是文字值、另一个存储值的变量或任何产生标量值的合法表达式，包括查询结果（前提是该值是标量值）。可在同一个 SET 语句中执行多个赋值，也可在同一语句中执行多个赋值。

1. SET 和 WHERE 子句中"：="和"="的应用

下面查询订单描述表（t_order_detail）中，o_id 为 T000001 的订单编号中，商品购买价格（od_order_price）打九折后大于 400 元的商品，以及总价再打 8 折的信息，计算过程如图 5-11 所示。

其中：

①：通过 SET 关键字将"："="和"="分别作为赋值运算符赋值给变量@var 的值为 0.9，赋值变量@var2 的值为 0.8。

②："="作为比较运算符，通过 WHERE 关键字，筛选出表 t_order_detail 中所有订单编

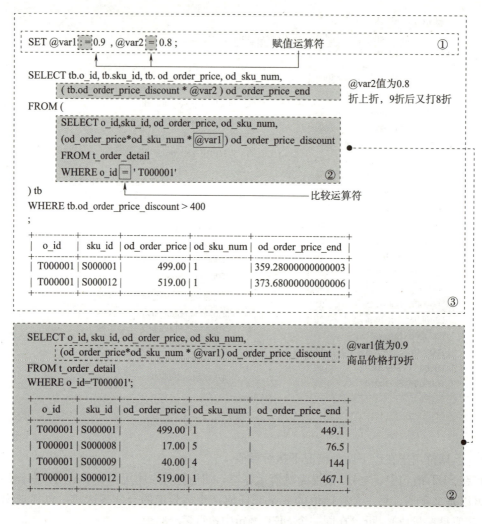

图 5-11 ":="和"="运算符的应用

号为 T000001 的行信息。每行中具体的列值由 SELECT 关键字决定，分别为 o_id（订单编号）、sku_id（商品编号）、od_order_price（商品购买价格）、od_sku_num（购买商品数量）和 od_order_price_discount（商品 9 折后的价格）。

其中商品 9 折后的价格的计算公式为：

od_order_price * od_sku_num * 0.9

- od_order_price_discount 为计算公式结果所在列的别名。
- 0.9 为 ① 中通过 SET 关键字赋予的变量@var1 的值。

③：基于②计算的结果，筛选出"商品 9 折后的价格"大于 400 元的行信息，其中 SELECT 关键字指定的列信息中，od_order_price_end（商品最终价格）由②中商品 9 折后的价格再次打 8 折后的价格，具体计算公式为：

tb. od_order_price_discount * 0.8

- od_order_price_end 为计算公式结果所在列的别名。

● 0.8 为 ① 中通过 SET 关键字赋予的变量@var2 的值。

💡 与"="不同,":="运算符永远不会被解释为比较运算符。这意味着可以在任何有效的 SQL 语句(不仅仅是在 SET 语句中)使用":="为变量赋值。

仍以图 5-11 中的案例为例,将其中 WHERE 关键字后比较运算符"="更换为":=",此时,会报出 42000 的错误,如图 5-12 所示。

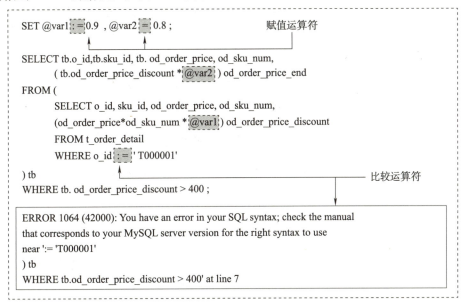

图 5-12 ":="作为比较运算符出现错误

图 5-12 中的 SQL 运行后,会报出 42000 的错误,并指出 SQL 语法有错误,并提示"…在 ':='T000001' 附近使用的正确语法…"的内容。

2. SELECT 子句中":="和"="的应用

"="和":="运算符不仅仅应用在 SET 语句中。例如,若应用在 SELECT 语句中,只是充当的角色不同,"="充当比较运算符,":="充当赋值运算符,如图 5-13 所示。

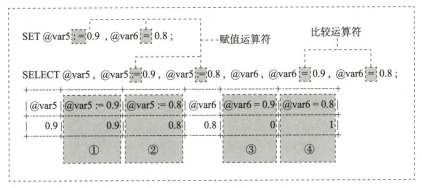

图 5-13 ":="作为比较运算符出现错误

其中:

①:@var5 通过":="赋值运算符赋值 0.9,结果为 0.9。

②：@var5 通过 ":=" 赋值运算符赋值 0.8，结果为 0.8。

③：@var6 此时值为 0.8，通过 "=" 比较运算符与 0.9 比较，因为 0.8 与 0.9 不相等，故返回 0，意为"假"。

④：@var6 此时值为 0.8，通过 "=" 比较运算符与 0.8 比较，因为 0.8 与 0.8 相等，故返回 1，意为"真"。

筛选出表 t_order_detail 中所有订单编号为 T000001 的数据中，未参加促销的商品和购买数量超过 3 件的商品，每款商品增加 5 元的运费，计算过程如图 5-14 所示。

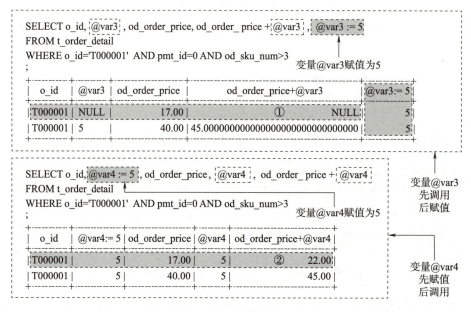

图 5-14 ":=" 作为赋值运算符在 SELECT 中的应用

其中：

第一步，SELECT 在首次调用变量 @var3 时，还没有赋值，所以①所在的行中涉及 @var3 计算的地方为 NULL。由于 GaussDB（for MySQL）按行管理，故在第二行处理前，第一行计算到最后一个字段时，变量 @var3 已经被赋值为 5，故第二行涉及 @var3 计算的地方有值了。

第二步，SELECT 在首次调用变量 @var4 时，已经赋值，故每一行涉及变量 @var4 计算的地方，都是有值的。

3. 运算符的优先级

在图 5-14 中的 WHERE 关键字后，同时出现两个 AND 运算符，依次进行计算，实现订单编号为 T000001、未参加促销和购买数量超过 3 件的商品信息。依次计算的缘由是它们具有相同的优先级。如果运算符不同，计算顺序会有所不同，下面将从最高优先级到最低优先级显示优先级，一起显示在一行上的运算符具有相同的优先级，如图 5-15 所示。

图 5-15 中，在表达式中出现相同优先级的运算符时，其运算符的计算顺序：

（1）如果是计算操作，从左到右进行运算。

（2）如果是赋值运算，从右到左计算。

在表达式中出现不同优先级的运算符时，其运算符的计算顺序：

第 5 章 表数据查询

```
高  INTERVAL
    BINARY、COLLATE
    !
    -(一元减)、~ (一元位反转)
    ^
    *、/、DIV、%, MOD
    -、+
    <<、>>
    &
    |
    = (比较运算符)、<=>、>=、>、<=、<、<>、!=、IS、LIKE、REGEXP、IN、MEMBER OF
    BETWEEN、CASE、WHEN、THEN、ELSE
    NOT
    AND、&&
    XOR
    OR、||
低  = (赋值运算符)、:=
```

图 5-15 运算符优先级

（3）从"高"到"低"。

💡 图 5-15 中，"="出现了两次，这是因为它的角色不同导致的。

● 用作比较运算符时，它具有与<=>、>=、>、<=、<、<>、! =、IS、LIKE、REGEXP 和 IN（）相同的优先级。

● 用作赋值运算符时，它具有与":="相同的优先级。

筛选出表 t_order_detail 中所有订单编号为 T000001 和未参加促销的商品，以及购买数量超过 3 件的商品，每款商品总价再追加 5 元的运费，计算过程如图 5-16 所示。

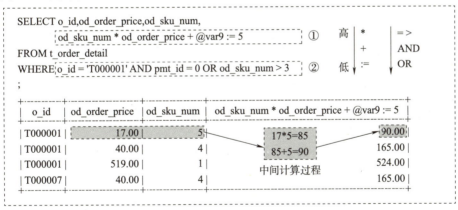

图 5-16 运算符优先级举例：订单筛选与字段间计算

其中：

①：描述了运算符在字段间的计算，优先级从"高 → 低"分别为"* → + → ：＝"。故字段间先计算商品的总价（od_sku_num * od_order_price），然后再加上@var9 的值，变量@var9 的值通过运算符"：＝"给予。例如，"中间计算过程"。

②：描述了运算符在字 WHERE 条件筛选中的应用，优先级从"高 → 低"分别为"＝"或"> → AND → OR"。故在条件筛选时，先筛选出 o_ id = ='T000001'、pmt_ id = 0 和 od_ sku _num>3 的信息行，然后通过 AND 运算符筛选出同时满足 o_id='T000001'和 pmt_id=0 的信息，这些信息再通过 OR 关键字与 od_sku_num>3 筛选出的信息合并，得到最终的结果。

运算符的优先级决定了表达式中项的计算顺序。要明确覆盖此顺序和组术语，可使用括号"（）"。基于图 5-16 中的内容，加入括号运算符，筛选出表 t_order_detail 中所有订单编号为 T000001，同时满足未参加促销的购买数量超过 3 件的商品，每款商品追加 5 元的运费，计算过程如图 5-17 所示。

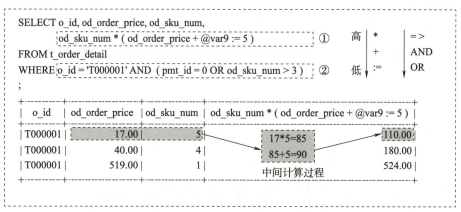

图 5-17 运算符优先级举例：带括号的订单筛选与字段间计算

其中：

①：描述了运算符在字段间的计算，先计算括号中的内容（od_order_price＋@var9:=5），计算的结果与字段 od_sku_num 中的数据做乘积计算。例如，"中间计算过程"。

②：描述了运算符在字 WHERE 条件筛选中的应用，先分别筛选出 o_id='T000001'和括号中的内容，即 pmt_id=0 和 od_sku_num>3 的信息行，然后将两个结果进行与计算。因为是与计算，图 5-16 中 o_id 为'T000007'的数据行，已经被筛选掉。

5.2.3 DISTINCT 与 AS 关键字

DISTINCT 与 AS 关键字

DISTINCT 关键字的作用是删除结果集中的重复行，而 AS 可以给表字段或表名起别名。

1. DISTINCT 关键字

DISTINCT 在应用过程中，位于 SELECT 关键字之后，可选列名之前。

语法格式

```
SELECT  DISTINCT <列名>  FROM <表名>
```

其中，"列名"为需要消除重复记录的列名称，多个字段时用逗号隔开。多个字段组合起来完全是一样的情况下才会被去重。

功能列举

DISTINCT 关键字的功能举例如下：

- DISTINCT 紧临 SELECT 关键字，中间用空格分隔。
- 去掉 SELECT 查询结果中重复的行数据。

应用举例

查询用户购物清单中价格位于 50~500 元之间的商品有哪些，即查询 t_order_detail 表中 od_order_price 列的值位于 50~500 区间 sku_id 的内容，具体计算过程如图 5-18 所示。

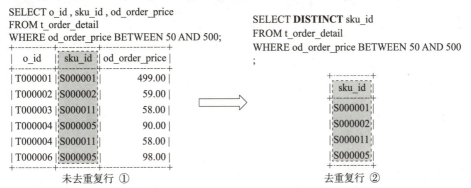

图 5-18　DISTINCT 关键字去掉重复行

其中：

①未使用 DISTINCT 关键字，因为同一商品会被多个用户或同一用户在不同订单中购买，故此时 sku_id 列查询的结果会有重复值。

②使用 DISTINCT 关键字，sku_id 在①查询结果中有重复的值只保留了一条，例如 S000011 和 S000005。

2. AS 关键字

AS 关键字与图 5-2 中给列通过空格起别名类似，对列起别名。用 AS 与空格给列或表起别名时，位于列或表的后面，中间用空格间隔。

语法格式

```
SELECT <列名> AS 列别名
FROM <表名> AS 表别名
```

其中，AS 指定"列名"或"表名"的别名。

功能列举

AS 关键字的功能举例如下：

- AS 紧临要命名的"列名"或"表名"的后面，中间用空格分隔。
- SELECT 语句可通过 AS 指定的"列别名"或"表别名"，查询指定的"列别名"或"表别名"中的内容。

应用举例

（1）通过 AS 关键字给指定列起别名，如图 5-19 所示。

其中：

①：未给列起别名，读出的结果中第一列的列名为 1，第二列的列名为"1+2"。

②：通过 AS 关键字定义列的别名，其中第一列原有名称 1 定义别名 col1，第二列原有名称"1+2"定义别名 col2。

（2）通过 AS 关键字给指定表起别名，并通过 AS 关键字定义别名的列，查询指定的内容。例如，查询图 5-19②中 col1 列和 col2 的内容，操作过程如图 5-20 所示。

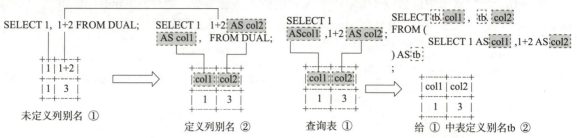

图 5-19　AS 关键字定义列别名　　　　　　　　图 5-20　AS 关键字定义表别名

其中：

①：查询出被 AS 定义列别名 col1 和 col2 的表。

②：通过 AS 关键字定义①中表的别名为 tb，查询 tb 中列 col1 和 col2 的内容。

（3）通过 AS 给表 t_order_detail 起别名 t1，查询订单编号为 T000006 的订单中的订单编号、商品编号和商品单价的信息，计算过程如图 5-21 所示。

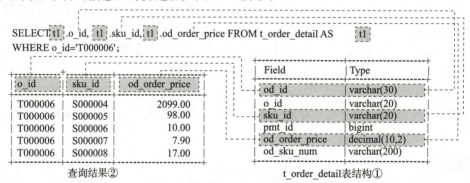

图 5-21　AS 定义订单信息表的别名

其中：

①：为订单详情表中的表结构。

②：通过 AS 定义表别名为 t1，再通过 SELECT 选择指定列。

将别名起名为汉字，查询订单编号为 T000006 的信息，包括订单编号、商品编号、商品单价、购买商品数量以及购买商品总价的信息，实现过程如图 5-22 所示。

```
SELECT t1.o_id AS '订单编号', t1.sku_id AS '商品编号',
       t1.od_order_price AS '商品单价', t1.od_sku_num AS '购买商品数量',
       (t1.od_order_price*t1.od_sku_num) AS '购买商品总价'
FROM t_order_detail AS t1
WHERE o_id='T000006';
```

订单编号	商品编号	商品单价	购买商品数量	购买商品总价
T000006	S000004	2099.00	1	2099.00
T000006	S000005	98.00	1	98.00
T000006	S000006	10.00	2	20.00
T000006	S000007	7.90	1	7.90
T000006	S000008	17.00	3	51.00

图 5-22　AS 关键字定义表别名

5.2.4 LIMIT 子句

LIMIT 子句可用于限制 SELECT 语句返回的行数,位于 SQL 语句的末端。

语法格式

```
SELECT <列名> FROM <表名> ... LIMIT { [起始行位置,] 结束行位置 }
```

功能列举

LIMIT 子句的功能如下:
- LIMIT 关键字通常位于 SELECT 语句的末尾。
- 如果 LIMIT 不标明 "起始行位置",则从返回结果集的首行开始,直到结束行位置结束。换句话说,"LIMIT {结束行位置}" 等价于 "LIMIT 0, {结束行位置}"。
- LIMIT 起始行位置从 0 开始。
- 对于准备好的语句,可以在 LIMIT 后面位置使用占位符 "?"。

应用举例

1. LIMIT { [起始行位置,] 结束行位置 }

查询订单详情表(t_order_detail)中指定行数的数据,实现过程如图 5-23 所示。

```
SELECT * FROM t_order_detail WHERE o_id='T000006' ;                    ①
+---------+---------+---------+--------+---------------+------------+
| od_id   | o_id    | sku_id  | pmt_id | od_order_price| od_sku_num |
+---------+---------+---------+--------+---------------+------------+
| T000014 | T000006 | S000004 |   4    |    2099.00    |     1      |
| T000015 | T000006 | S000005 |   5    |      98.00    |     1      |
| T000016 | T000006 | S000006 |   0    |      10.00    |     2      |
| T000017 | T000006 | S000007 |   0    |       7.90    |     1      |
| T000018 | T000006 | S000008 |   0    |      17.00    |     3      |
+---------+---------+---------+--------+---------------+------------+

                                  ▼

SELECT * FROM t_order_detail WHERE o_id='T000006' LIMIT 2 ;
+---------+---------+---------+--------+---------------+------------+
| od_id   | o_id    | sku_id  | pmt_id | od_order_price| od_sku_num |
+---------+---------+---------+--------+---------------+------------+
| T000014 | T000006 | S000004 |   4    |    2099.00    |     1      |     ②
| T000015 | T000006 | S000005 |   5    |      98.00    |     1      |
+---------+---------+---------+--------+---------------+------------+

                                  ▼

SELECT * FROM t_order_detail WHERE o_id='T000006' LIMIT1,3;
+---------+---------+---------+--------+---------------+------------+
| od_id   | o_id    | sku_id  | pmt_id | od_order_price| od_sku_num |
+---------+---------+---------+--------+---------------+------------+
| T000015 | T000006 | S000005 |   5    |      98.00    |     1      |
| T000016 | T000006 | S000006 |   0    |      10.00    |     2      |     ③
| T000017 | T000006 | S000007 |   0    |       7.90    |     1      |
+---------+---------+---------+--------+---------------+------------+
```

图 5-23 LIMIT 查询订单表中指定行内容

其中：

①：查询出订单详情表中订单编号 T000006 的所有行内容。

②：基于①中的内容，查询出前两行的内容。

③：基于①中的内容，查询出第二行到第四行的内容。这里注意的是 LIMIT 的起始行是 0，所以当查询第 2 行数据时，其中 LIMIT 语句取值 1，第 4 行时，LIMIT 语句取值 3。

2. LIMIT 使用占位符 "?"

应用占位符 "?" 的知识，实现与图 5-23 相同的功能，实现过程如图 5-24 所示。

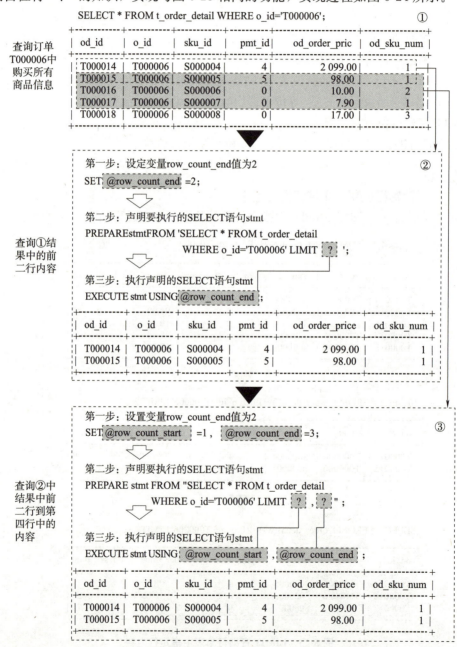

图 5-24 LIMIT 应用占位符 "?" 查询订单表中指定行内容

在②与③中,都应用了占位符"?"的知识,并配置一些关键字共同完成:
- SET:定义变量,同时可以给定义的变量赋值。
- PREPARE … FROM:声明要查询的 SQL 语句并命名,例如 stmt。
- EXECUTE … USING:执行声明的 SELECT 语句,例如 stmt,完成查询的整个过程。

5.3 高级查询

5.3.1 复合条件查询

高级查询(一)

在 GaussDB(for MySQL)中,通常涉及多表之间关联的查询。例如项目实际运行中,用户查看自己订单的信息,包括当前订单的商品名称。其中,订单购买的商品信息位于订单详情表中,而商品的名称位于商品信息表中,此时需要通过两张表通过商品编号关联求解得到。为此,GaussDB(for MySQL)提供了复合条件查询的相关语法格式,支撑这样的业务。

语法格式

```
SELECT <表名 1>.<列 1,列 2,…>,表名 1>.<列 1,列 2,…>,…
FROM <表名 1>,<表名 1>,…
WHERE<表间关联条件>
```

其中,"表间关联条件"通过 FROM 指定所有表间的有公共特征字段来连接。

功能列举

复合条件的功能举例如下:
- 将两张或多张表通过公共字段连接成行内容对应的一张大表。
- WHERE 实现多表关关联时,与运算符同时使用。

应用举例

(1)下面针对这种情况进行简单的举例,如图 5-25 所示。

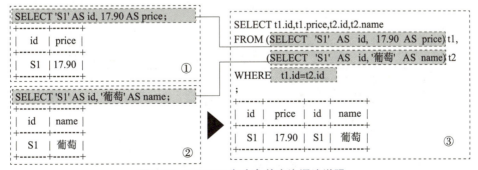

图 5-25 WHERE 复合条件查询语法说明

其中:
①:构建了一行具有 2 列的数据。第一列,列名为 id 和 price,值为 S1 和 17.90。
②:构建了一行具有 2 列的数据。第一列,列名为 id 和 name,值为 S1 和"葡萄"。

③：实现了①和②两张表的关联关系，其中每个关键字所起的作用如下。

● FROM 关键字，指定查询的两张表，①中表起别名为 t1，②中表起别名为 t2。

● WHERE 关键字，通过计算式 t1.id=t2.id 建立 t1 表和 t2 表的关联关系，会实现两张表的 id 列相同值所在的行合并在一起。

● SELECT 关键字，确定 t1 和 t2 两张表中要查询出的具体列内容。

（2）基于图 5-26，查询订单编号为 'T000006' 的信息，包括订单编号、商品名称、商品单价、购买商品数量，实现过程如图 5-26 所示。

图 5-26　WHERE 关联两张表举例

其中：③描述了由①与②中描述的表，应用 WHERE 关键字，通过共同的商品编号列（sku_id）建立关联关系，查询出 SELECT 关键字指定的两张表中列及列对应的内容。

（3）查询订单编号 'T000006' 中所有商品所属分类的信息，实现过程如图 5-27 所示。

第 5 章 表数据查询

```
SELECT o_id,sku_id                                        ①
FROM t_order_detail
WHERE o_id='T000006'
;
+---------+----------+
| o_id    | sku_id   |
+---------+----------+
| T000006 | S000004  |
| T000006 | S000005  |
| T000006 | S000006  |
| T000006 | S000007  |
| T000006 | S000008  |
+---------+----------+
```

```
SELECT sku_id,sku_name AS 商品名称,category3_id              ②
FROM t_sku
WHERE sku_id='S000004'    OR sku_id='S000005' OR
      sku_id='S000006'    OR sku_id='S000007' OR
      sku_id='S000008'    ;
+---------+-------------------------------+--------------+
| sku_id  | 商品名称                       | category3_id |
+---------+-------------------------------+--------------+
| S000004 | 创维(SKYWORTH)455升冰箱        | 10           |
| S000005 | 寂益牛仔裤女韩版               | 11           |
| S000006 | 美粥食客无核葡萄干             | 12           |
| S000007 | 阿婆家的薯片                   | 12           |
| S000008 | 娃哈哈ad钙奶                   | 13           |
+---------+-------------------------------+--------------+
```

```
SELECT category3_id ,                                     ③
       p_category3_name AS 三级分类名称,
       category2_id
FROM t_category3
WHERE category3_id=10 OR
      category3_id=11 OR
      category3_id=12 OR
      category3_id=13;
+--------------+--------------+--------------+
| category3_id | 三级分类名称 | category2_id |
+--------------+--------------+--------------+
|           10 | 冰箱         |            6 |
|           11 | 外裤         |           12 |
|           12 | 干果         |            8 |
|           13 | 牛奶         |           10 |
+--------------+--------------+--------------+
```

①：读出订单编号、商品编号

②：通过sku_id复合条件，查询与
①关联的商品名称

③：通过category3_id复合条件，
查询与②关联的三级分类名称

④：通过category2_id复合条件，
查询与③关联的二级分类名称

⑤：通过category1_id复合条件，
查询与④关联的一级分类名称

⑥：将①②③④⑤五张表关联，
读出订单T000006购买的商品信息

```
SELECT category2_id ,                                     ④
       p_category2_name AS 二级分类名称,
       category_1_id
FROM t_category2
WHERE category2_id=6 OR
      category2_id=12 OR
      category2_id=8 OR
      category2_id=10;
+--------------+--------------+--------------+
| category2_id | 二级分类名称 | category1_id |
+--------------+--------------+--------------+
|            6 | 大 家 电     |            3 |
|            8 | 休闲食品     |           14 |
|           10 | 饮料冲调     |           14 |
|           12 | 裤子         |            9 |
+--------------+--------------+--------------+
```

```
SELECT category1_id,                                      ⑤
       p_category_name1 AS 一级分类名称
FROM t_category1
WHERE category1_id=3 OR
      category1_id=14 OR
      category1_id=9;
+--------------+------------------------+
| category1_id | 一级分类名称           |
+--------------+------------------------+
|            3 | 家用电器               |
|            9 | 服饰内衣               |
|           14 | 食品饮料、保健食品     |
+--------------+------------------------+
```

```
SELECT t1.o_id,t2.sku_name AS 商品名称,                    ⑥
       t5.p_category_name1 AS 一级分类名称,
       t4.p_category2_name AS 二级分类名称,
       t3.p_category3_name AS 三级分类名称
FROM t_order_detail AS t1,t_sku AS t2,t_category3 AS t3,t_category2 AS t4,t_category1 AS t5
WHERE t1.o_id='T000006' AND
      t1.sku_id=t2.sku_id AND
      t2.category3_id=t3.category3_id AND
      t3.category2_id=t4.category2_id AND
      t4.category1_id=t5.category1_id;
+---------+-------------------------------+------------------------+--------------+--------------+
| o_id    | 商品名称                       | 一级分类名称           | 二级分类名称 | 三级分类名称 |
+---------+-------------------------------+------------------------+--------------+--------------+
| T000006 | 创维(SKYWORTH)455升冰箱        | 家用电器               | 大 家 电     | 冰箱         |
| T000006 | 寂益牛仔裤女韩版               | 服饰内衣               | 裤子         | 外裤         |
| T000006 | 娃哈哈ad钙奶                   | 食品饮料、保健食品     | 饮料冲调     | 牛奶         |
| T000006 | 阿婆家的薯片                   | 食品饮料、保健食品     | 休闲食品     | 干果         |
| T000006 | 美粥食客无核葡萄干             | 食品饮料、保健食品     | 休闲食品     | 干果         |
+---------+-------------------------------+------------------------+--------------+--------------+
```

图 5-27　WHERE 关联多张表举例

5.3.2 模糊查询

在 GaussDB（for MySQL）数据库中，支持通过模糊查询 LIKE 关键字主要用于搜索匹配字段中的指定内容。

语法格式

```
SELECT <列名> FROM <表名> WHERE [NOT] LIKE '匹配字符串'
```

功能列举

模糊查询的功能举例如下：
- 由 LIKE 查询匹配"匹配字符串"的内容。
- "匹配字符串"中支持通配符百分号"％"和下画线"_"的使用。
- NOT 为可选项，意为与"匹配字符串"不匹配的内容。

应用举例

（1）LIKE 与通配符百分号"％"，NOT LIKE 与通配符百分号"％"查询应用举例。其中，"％"通配多个字符，应用过程如图 5-28 所示。

①：订单信息表与用户信息表通过 u_id 关联，查询出"订单编号、下单人、收货人和收货地址"的内容

②："％"通配多个字符。LIKE 与"％"一起使用，查询所有发往天津市或大连市的订单的信息

③：NOT LIKE 是 LIKE 否定的表达式，查询所有发往天津市和大连市以外的订单信息

```
SELECT t1.o_id AS 订单编号, t2.u_name AS 下单人,
       t1.o_consignee AS 收货人,
       t1.o_delivery_address AS 收货地址
FROM t_order AS t1,t_user AS t2
WHERE t1.u_id = t2.u_id
+---------+-------+-------+-----------------------+
|订单编号 |下单人 |收货人 |收货地址               |
+---------+-------+-------+-----------------------+
|T000004  |张文   |郝爱莲 |上海市xx路yy小区6-401  |
|T000003  |张文   |韩刚   |北京市xx路yy小区7-203  |
|T000002  |张文   |王利祥 |大连市xx路yy小区7-202  |
|T000001  |张文   |张文   |天津市xx路yy小区5-601  |
|T000007  |王云飞 |丁冬琴 |天津市xx路yy小区3-502  |
|T000005  |王云飞 |王云   |广州市xx路yy小区5-302  |
|T000006  |孙丽萍 |孙丽萍 |深圳市xx路yy小区4-403  |
|T000008  |赵志强 |王喜   |南宁市xx路yy小区6-603  |
+---------+-------+-------+-----------------------+
```

```
SELECT t1.o_id AS 订单编号, t2.u_name AS 下单人,
       t1.o_consignee AS 收货人,
       t1.o_delivery_address AS 收货地址
FROM t_order AS t1,t_user AS t2
WHERE t1.u_id = t2.u_id AND
      (t1.o_delivery_address LIKE '%天津市%' OR
       t1.o_delivery_address LIKE '%大连市%')
;
+---------+-------+-------+-----------------------+
|订单编号 |下单人 |收货人 |收货地址               |
+---------+-------+-------+-----------------------+
|T000002  |张文   |王利祥 |大连市xx路yy小区7-202  |
|T000001  |张文   |张文   |天津市xx路yy小区5-601  |
|T000007  |王云飞 |丁冬琴 |天津市xx路yy小区3-502  |
+---------+-------+-------+-----------------------+
```

```
SELECT t1.o_id AS 订单编号, t2.u_name AS 下单人,
       t1.o_consignee AS 收货人,
       t1.o_delivery_address AS 收货地址
FROM t_order AS t1,t_user AS t2
WHERE t1.u_id = t2.u_id AND
      (t1.o_delivery_address NOT LIKE '%天津市%' AND
       t1.o_delivery_address NOT LIKE '%大连市%')
;
+---------+-------+-------+-----------------------+
|订单编号 |下单人 |收货人 |收货地址               |
+---------+-------+-------+-----------------------+
|T000004  |张文   |郝爱莲 |上海市xx路yy小区6-401  |
|T000003  |张文   |韩刚   |北京市xx路yy小区7-203  |
|T000005  |王云飞 |王云   |广州市xx路yy小区5-302  |
|T000006  |孙丽萍 |孙丽萍 |深圳市xx路yy小区4-403  |
|T000008  |赵志强 |王喜   |南宁市xx路yy小区6-603  |
+---------+-------+-------+-----------------------+
```

图 5-28 LIKE 和 NOT LIKE 与通配符百分号"％"应用举例

（2）LIKE 与下画线"_"，NOT LIKE 与下画线"_"查询应用举例。其中，"_"只能匹配一

个字符，应用过程如图 5-29 所示。

①：订单信息表与用户信息表通过u_id关联，查询出"订单编号、下单人、收货人和收货地址"的内容

②："_"只匹配一个字符。LIKE与"_"一起使用，查询下单人或收货人中，2个字用户名中张姓或王姓中的订单信息

③：NOT LIKE是LIKE否定的表达式。查询下单人或收货人中，除张姓或王姓中且2个字用户名以外的所有用户的订单信息

```
SELECT t1.o_id AS 订单编号, t2.u_name AS 下单人,
       t1.o_consignee AS 收货人,
       t1.o_delivery_address AS  收货地址       ①
FROM t_order AS t1,t_user AS t2
WHERE t1.u_id = t2.u_id
+---------+-------+--------+----------------------+
| 订单编号 |下单人 | 收货人 | 收货地址              |
+---------+-------+--------+----------------------+
| T000004 | 张文  | 郝爱莲 | 上海市xx路yy小区6-401 |
| T000003 | 张文  | 韩刚   | 北京市xx路yy小区7-203 |
| T000002 | 张文  | 王利祥 | 大连市xx路yy小区7-202 |
| T000001 | 张文  | 张文   | 天津市xx路yy小区5-601 |
| T000007 | 王云飞| 丁冬琴 | 天津市xx路yy小区3-502 |
| T000005 | 王云飞| 王云   | 广州市xx路yy小区5-302 |
| T000006 | 孙丽萍| 孙丽萍 | 深圳市xx路yy小区4-403 |
| T000008 | 赵志强| 王喜   | 南宁市xx路yy小区6-603 |
+---------+-------+--------+----------------------+
```

```
SELECT t1.o_id AS 订单编号, t2.u_name AS 下单人,
       t1.o_consignee AS 收货人,
       t1.o_delivery_address AS 收货地址         ②
FROM t_order AS t1,t_user AS t2
WHERE t1.u_id = t2.u_id AND
      (t2.u_name LIKE '张_' OR
       t1.o_consignee LIKE '王_')
+---------+-------+--------+----------------------+
| 订单编号 |下单人 | 收货人 | 收货地址              |
+---------+-------+--------+----------------------+
| T000004 | 张文  | 郝爱莲 | 上海市xx路yy小区6-401 |
| T000003 | 张文  | 韩刚   | 北京市xx路yy小区7-203 |
| T000002 | 张文  | 王利祥 | 大连市xx路yy小区7-202 |
| T000001 | 张文  | 张文   | 天津市xx路yy小区5-601 |
| T000005 | 王云飞| 王云   | 广州市xx路yy小区5-302 |
| T000008 | 赵志强| 王喜   | 南宁市xx路yy小区6-603 |
+---------+-------+--------+----------------------+
```

```
SELECT t1.o_id AS 订单编号, t2.u_name AS 下单人,
       t1.o_consignee AS 收货人,
       t1.o_delivery_address AS 收货地址         ③
FROM t_order AS t1, t_user AS t2
WHERE t1.u_id = t2.u_id AND
      (t2.u_name NOT LIKE '张_' AND
       t1.o_consignee NOT LIKE '王_')
+---------+-------+--------+----------------------+
| 订单编号 |下单人 | 收货人 | 收货地址              |
+---------+-------+--------+----------------------+
| T000007 | 王云飞| 丁冬琴 | 天津市xx路yy小区3-502 |
| T000006 | 孙丽萍| 孙丽萍 | 深圳市xx路yy小区4-403 |
+---------+-------+--------+----------------------+
```

图 5-29　LIKE 和 NOT LIKE 与匹配符"_"应用举例

5.3.3　系统函数查询

GaussDB（for MySQL）数据库提供的内部函数，帮助用户更加方便地管理数据。这些函数内部会封闭程序写好的功能，然后向 SQL 语句提供输入数据。经过函数计算，输出值为返回值，如图 5-30 所示。

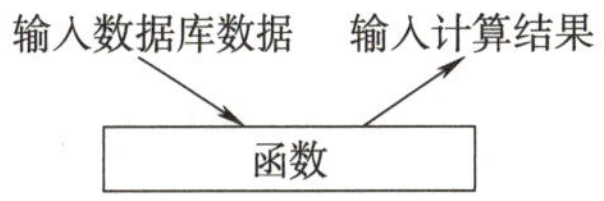

图 5-30　函数运算

语法格式

```
函数(<列名>)
```

功能列举

函数查询的功能举例如下：
- 将指定表中要参与函数计算的字段传递给指定的函数，输入函数计算后的数据。
- GaussDB（for MySQL）提供大量的函数，篇幅限制，本节仅提供个别函数的演示。

扩展阅读：GaussDB（for MySQL）提供函数。

GaussDB（for MySQL）提供的函数名、函数功能描述，具体内容参见主教材配套资源"附

录Ⅱ-函数"。

应用举例

(1) 格式化日期函数 DATE_FORMAT() 应用。查询2021年6月份所有订单中的信息，包括订单编号、收货人、下单日期、物流日期、失效日期，实现过程如图5-31所示。

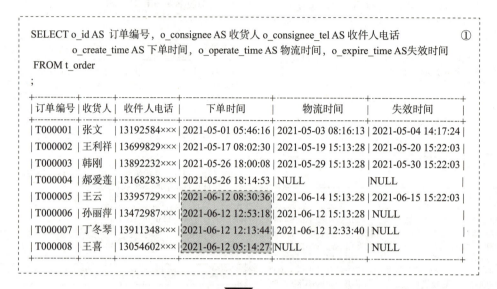

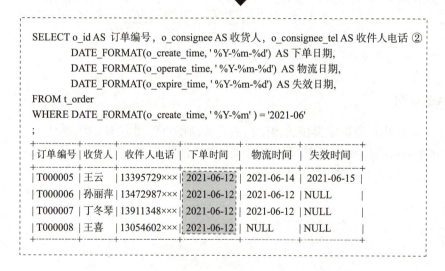

图 5-31　DATE_FORMAT( ) 函数运算

其中：
① 查询出订单信息表所有行中 SELECT 指定列中的信息。
② 基于①中的内容，通过 WHERE 关键字指定查询出 2021 年 6 月份的下单信息，并且将所有时间相关字段处理成"年—月—日"的表示形式。

时间相关列原有格式为"年—月—日 时：分：秒"的形式，格式化成"年—月—日"的形式时，应用了日期格式化函数 DATE_FORMAT()。其格式为：

```
DAT_ORMAT(<列名>,格式)
```

其中，<列名>定义为日期类型的列对应的列名。

"格式"为指定日期格式字符串，在格式说明符字符之前需要"%"字符，具体内容见表 5-4。

表 5-4 格式说明符及功能

说 明 符	功 能 描 述
%a	缩写的工作日名称（Sun...Sat）
%b	缩写的月份名称（Jan...Dec）
%c	月份，数字（0...12）
%D	带英文后缀的月份中的第几天（第0、第1、第2、第3、...）
%d	月份中的第几天，数字（00...31）
%e	月份中的第几天，数字（0...31）
%f	微秒（000000...999999）
%H	小时（00...23）
%h	小时（01...12）
%I	小时（01...12）
%i	分钟，数字（00...59）
%j	一年中的第几天（001...366）
%k	小时（0...23）
%l	小时（1...12）
%M	月份名称（一月 ... 十二月）
%m	月份，数字（00...12）
%p	上午或下午
%r	时间，12 小时制（hh：mm：ss 后跟 AM 或 PM）
%S	秒（00...59）
%s	秒（00...59）
%T	时间，24 小时制（时：分：秒）
%U	周（00...53），其中星期日是一周的第一天；WEEK() 模式 0
%u	周（00...53），其中星期一是一周的第一天；WEEK() 模式 1
%V	周（01...53），其中星期日是一周的第一天；WEEK() 模式 2；与%X 一起使用
%v	周（01...53），其中星期一是一周的第一天；WEEK() 模式 3；与%x 一起使用
%W	工作日名称（星期日 ... 星期六）
%w	星期几（0＝星期日 ...6＝星期六）
%X	周的年份，其中星期日是一周的第一天，数字，四位数字；与%V 一起使用
%x	一周的年份，其中星期一是一周的第一天，数字，四位数字；与%v 一起使用
%Y	年份，数字，四位数字
%y	年份，数字（两位数）

续表

说 明 符	功 能 描 述
%%	文字%字符
%x	x，对于上面未列出的任何"x"
%a	缩写的工作日名称（Sun…Sat）

(2) COUNT ()、AVG ()、SUM () 统计类函数的应用：
- COUNT ()：返回行数的计数，例如 COUNT (<列名> 或 *)。
- AVG ()：返回计算列的平均值，例如 AVG (<列名>)。
- SUM ()：返回计算列的总和，例如 SUM (<列名>)。

统计 2021 年 6 月份订单支付的信息，包括统计日期、订单数、总额、平均值（保留 2 位小数，应用四舍五入格式），实现过程如图 5-32 所示。

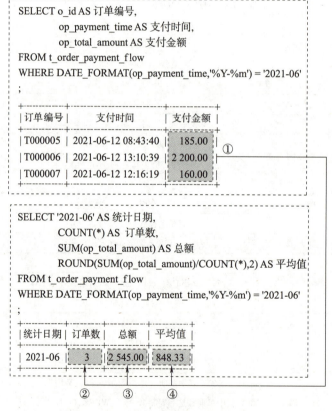

图 5-32 聚合函数应用举例

其中：
①查询出的 2021 年 6 月份订单的信息。
②统计出①中数据的条数，共有 3 条数据符合条件，所以返回结果为 3。
③将①中支持金额的数值进行相加汇总，得到总额的值。
④将①中支持金额的总和除以其条数，即（总额/订单数），得到平均值，然后应用 ROUND 函数，使计算结果保留两位小数。

5.3.4 分组查询

在 GaussDB（for MySQL）数据库中，支持通过对指定的列或计算后的列进行分组，通常与聚合函数一起使用，对分组后的列内容进行聚合计算。此外，还提供 HAVING 关键字对分组后的内容进行条件筛选。

高级查询（二）

语法格式

```
SELECT <列名> FROM <表名> [ WHERE <条件表达式> ]
GROUP BY  <分组列>
HAVING <指定组条件>
```

功能列举

分组查询的功能举例如下：
- GROUP BY 关键字位于 SELECT … FROM … WHERE 语句的后面。
- HAVING 关键字位于 GROUP BY 后面。
- <列名>必须是<分组列>中出现的内容或聚合函数计算后的内容。
- WHERE 用于 SELECT … FROM 后表文件的条件筛选，在 GROUP BY 分组前进行过滤。
- HAVING 用于 GROUP BY 分组后的条件筛选。
- WHERE <条件表达式>中不能使用聚合函数，而 HAVING <指定组条件>中可以使用。

应用举例

查询每张订单中购买的商品个数、总额、商品列表，实现过程如图 5-33 所示。
其中：
①：查询出的 2021 年 6 月份订单的信息。
②：GROUP BY 指定按订单编号列 o_id 进行分组，然后 SELECT 中的函数按组统计出①中每组数据中的条数、订单总额和商品编号的列表。其中，GROUP_CONCAT（）函数会把每组中的商品编号 sku_id 中对应的值编制成一行。例如，T000001 组数据中的 4 个商品编号：S000001、S000008、S000009 和 S000012。
③实现分组前，通过 WHERE 关键字，建立 t_order_detail 表和 t_sku 表的关联关系，然后按 GROUP BY 指定按订单编号列 o_id 进行分组，最后通过 HAVING 关键字指定分组聚合后的结果中订单总额介于 100 与 500 之间的所有订单的信息。

5.3.5 数据排序

在 GaussDB（for MySQL）数据库中，支持通过对指定的列或计算后的列进行排序操作。

语法格式

```
ORDER BY <列名/列表达式>  [ASC | DESC]
```

```
SELECT o_id,sku_id,od_order_price,od_sku_num                          ①
FROM t_order_detail;
+--------+--------+----------------+-----------+
| o_id   | sku_id | od_order_price | od_sku_num|
+--------+--------+----------------+-----------+
| T000001| S000001|         499.00 |         1 |
| T000001| S000008|          17.00 |         5 |     T000001 组数据
| T000001| S000009|          40.00 |         4 |
| T000001| S000012|         519.00 |         1 |
| T000002| S000002|          59.00 |         1 |     T000002 组数据
| T000003| S000004|        2 099.00|         1 |
| T000003| S000011|          58.00 |         3 |     T000003 组数据
| T000004| S000005|          90.00 |         2 |
| T000004| S000011|          58.00 |         2 |     T000004 组数据
| T000005| S000006|          10.00 |         3 |
| T000005| S000009|          40.00 |         3 |     T000005 组数据
| T000005| S000010|          35.00 |         1 |
| T000006| S000004|        2 099.00|         1 |
| T000006| S000005|          98.00 |         1 |
| T000006| S000006|          10.00 |         2 |     T000006 组数据
| T000006| S000007|           7.90 |         1 |
| T000006| S000008|          17.00 |         3 |
| T000007| S000009|          40.00 |         4 |     T000007 组数据
| T000008| S000010|          35.00 |         1 |     T000008 组数据
+--------+--------+----------------+-----------+
```

```
SELECT o_id AS 订单编号,                                                ②
       COUNT(*) AS 商品个数,
       SUM(od_order_price*od_sku_num) AS 订单总额
       GROUP_CONCAT(sku_id) AS 商品编号列表
FROM t_order_detail
GROUP BY o_id ;
+----------+----------+-----------+----------------------------------------------+
| 订单编号 | 商品个数 | 订单总额  | 商品编号列表                                 |
+----------+----------+-----------+----------------------------------------------+
| T000001  |        4 |  1 263.00 | S000001,S000008,S000009,S000012              |
| T000002  |        1 |     59.00 | S000002                                      |
| T000003  |        2 |  2 273.00 | S000004,S000011                              |
| T000004  |        2 |    296.00 | S000005,S000011                              |
| T000005  |        3 |    185.00 | S000006,S000009,S000010                      |
| T000006  |        5 |  2 275.90 | S000004,S000005,S000006,S000007,S000008      |
| T000007  |        1 |    160.00 | S000009                                      |
| T000008  |        1 |     35.00 | S000010                                      |
+----------+----------+-----------+----------------------------------------------+
```

```
SELECT t1. o_id AS 订单编号,                                            ③
       COUNT(*) AS 商品个数,
       SUM(t1. od_order_price*od_sku_num) AS 订单总额,
       GROUP_CONCAT(t2. sku_name) AS 商品编号列表
FROM t_order_detail t1,t_sku t2
WHERE t1.sku_id = t2.sku_id
GROUP BY o_id
HAVING SUM(t1.od_order_price*od_sku_num) BETWEEN 100 AND 500;
+----------+----------+-----------+------------------------------------------------+
| 订单编号 | 商品个数 | 订单总额  | 商品名称列表                                   |
+----------+----------+-----------+------------------------------------------------+
| T000004  |        2 |    296.00 | 寂益 牛仔裤女韩版, 西瑞 非转基因食用油5L        |
| T000005  |        3 |    185.00 | 美粥食客 无核葡萄干,好想你红枣,思烨 蚊帐家用   |
| T000007  |        1 |    160.00 | 好想你红枣                                     |
+----------+----------+-----------+------------------------------------------------+
```

图 5-33　分组下订单数据的统计查询

功能列举

排序查询的功能举例如下:
- 通常位于 FROM ... [WHERE] 语句和 GROUP BY 的后面。
- ASC 表示按 <列名/列表达式> 升序,相对的 DESC 表示降序。

应用举例

(1) 查询订单中价格最高的前两款商品,查询思路如图 5-34 所示。

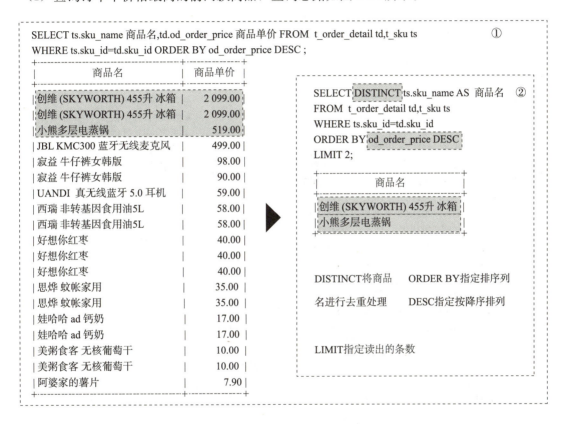

图 5-34 简单查询排名前 N 的查询

其中:

①:查询订单中的商品名、商品单价,并按单价降序排列。

②:DISTINCT 将查询出来的内容中相同行的数据去重,②只查询了①中商品名 1 列的数据,商品名中重名值会被去掉,然后通过 LIMIT 2 指定查询出前 2 条数据,得到最终结果。

(2) 查询每个月用户创建订单的情况,按使用年月降序、用户使用次数降序排列,实现过程如图 5-35 所示。

其中:

①:演示订单分组前,按年月降序排序的计算过程及查询结果。

②:演示订单二次分组后,应用聚合函数对每组数据进行统计的计算过程及查询结果。COUNT 统计每组的行数,一行数据描述了一个订单的情况,故为计算每组下单的次数。

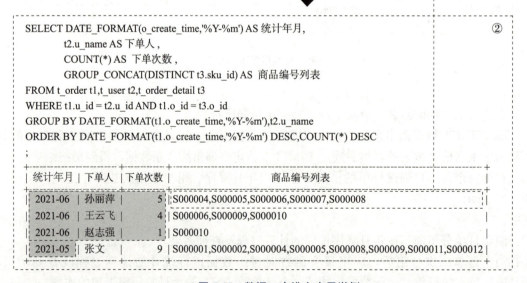

图 5-35　数据二次排序应用举例

5.4 多表连接查询

5.4.1 自连接

自连接主要描述同一张表作为两个实例进行连接的过程，可以通过 WHERE 关联实现。

语法格式

```
SELECT <列名> FROM <表1> [ INNER ] JOIN <表1> ON <连接条件>
```

功能列举

自连接查询的功能举例如下：
查询多表中符合"连接条件"的内容。

多表连接查询

应用举例

查询当前平台所有推荐过来的用户的信息，具体实现过程如图 5-36 所示。

图 5-36 自连接应用举例

其中：

①：查询当前平台所有用户编号、用户名、推荐人用户编号的信息。

②将同一张用户表（t_user）分别起别名 a 和 b，当成两个实例，应用 WHERE 关键字匹配 a 表中用户编号（u_id）和 b 表中推荐人（u_recommender）相同时，进行连接。实现了只显示匹配行的内容，即仅显示了有推荐人的用户名。

③查询所有用户的信息，当前用户是被推荐过来的用户，则显示推荐人的名称。具体实现过程应用了一个嵌套子查询的功能，查询出当前推荐人的用户名。

5.4.2 内连接

内连接，实现多表连接时，将符合条件的内容显示出来。例如，图 5-36 中 WHERE 连接 a 表与 b 表的实现过程。此外，GaussDB（for MySQL）支持 JOIN 语句实现同样的功能。

语法格式

```
SELECT <列名> FROM <表1>
[INNER ] JOIN <表2>
ON <连接条件>
```

功能列举

内连接查询的功能举例如下：
- 查询多表中符合"连接条件"的内容。
- 不符合"连接条件"的内容会被删除。
- 内连接中可以省略 INNER 关键字，只用关键字 JOIN。

应用举例

（1）应用内连接实现图 5-36 中②的案例，具体实现过程如图 5-37 所示。

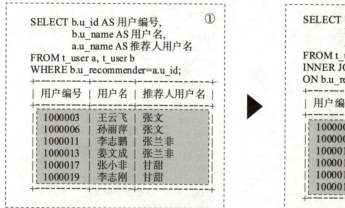

图 5-37　INNER JOIN 内连接演示示例

（2）应用内连接实现图 5-35 中②的内容，具体实现过程如图 5-38 所示。

（3）应用内连接实现已支付订单的信息，具体实现过程如图 5-39 所示。

```
SELECT DATE_FORMAT(o_create_time,'%Y-%m') AS 统计年月,                    ①
       t2.u_name AS 下单人,
       COUNT(*) AS 下单次数,
       GROUP_CONCAT(DISTINCT t3.sku_id) AS 商品编号列表
FROM t_order t1,t_user t2,t_order_detail t3
WHERE t1.u_id = t2.u_id AND t1.o_id = t3.o_id
GROUP BY DATE_FORMAT(t1.o_create_time,'%Y-%m'),t2.u_name
ORDER BY DATE_FORMAT(t1.o_create_time,'%Y-%m') DESC,COUNT(*) DESC ;
+----------+--------+--------+----------------------------------------------------+
| 统计年月 | 下单人 | 下单次数 | 商品编号列表                                       |
+----------+--------+--------+----------------------------------------------------+
| 2021-06  | 孙丽萍 |   5    | S000004,S000005,S000006,S000007,S000008            |
| 2021-06  | 王云飞 |   4    | S000006,S000009,S000010                            |
| 2021-06  | 赵志强 |   1    | S000010                                            |
| 2021-05  | 张文   |   9    | S000001,S000002,S000004,S000005,S000008,S000009,S000011,S000012 |
+----------+--------+--------+----------------------------------------------------+
```

▼

```
SELECT DATE_FORMAT(o_create_time,'%Y-%m') AS 统计年月,                    ②
       t2.u_name AS 下单人,
       COUNT(*) AS 下单次数,
       GROUP_CONCAT(DISTINCT t3.sku_id) AS 商品编号列表
FROM t_order t1
INNER JOIN t_user t2
ON t1.u_id = t2.u_id
INNER JOIN t_order_detail t3
ON t1.o_id = t3.o_id
GROUP BY DATE_FORMAT(t1.o_create_time,'%Y-%m'),t2.u_name
ORDER BY DATE_FORMAT(t1.o_create_time,'%Y-%m') DESC,COUNT(*) DESC ;
+----------+--------+--------+----------------------------------------------------+
| 统计年月 | 下单人 | 下单次数 | 商品编号列表                                       |
+----------+--------+--------+----------------------------------------------------+
| 2021-06  | 孙丽萍 |   5    | S000004,S000005,S000006,S000007,S000008            |
| 2021-06  | 王云飞 |   4    | S000006,S000009,S000010                            |
| 2021-06  | 赵志强 |   1    | S000010                                            |
| 2021-05  | 张文   |   9    | S000001,S000002,S000004,S000005,S000008,S000009,S000011,S000012 |
+----------+--------+--------+----------------------------------------------------+
```

图 5-38　INNER JOIN 实现图 5-35 中②的内容

```
SELECT t1.o_id AS 订单编号,
       t1.o_consignee AS 收货人,
       t1.o_consignee_tel AS 收件人电话,
       t1.o_total_amount AS 订单费用,
       t3.total_amount AS 订单总额,
       t2.op_total_amount AS 支付金额
FROM t_order t1
INNER JOIN t_order_payment_flow t2
ON t1.o_id = t2.o_id
INNER JOIN ( SELECT o_id,SUM(od_order_price*od_sku_num) AS total_amount    统计每张订单
             FROM t_order_detail                                           中商品总额
             GROUP BY o_id
           ) t3
ON t1.o_id = t3.o_id;
+----------+--------+-------------+----------+----------+----------+
| 订单编号 | 收货人 | 收件人电话  | 订单费用 | 订单总额 | 支付金额 |
+----------+--------+-------------+----------+----------+----------+
| T000001  | 张文   | 13192584××× |   10.00  | 1 263.00 | 1 273.00 |
| T000002  | 王利祥 | 13699829××× |    3.00  |   59.00  |   59.00  |
| T000003  | 韩刚   | 13892232××× |   20.00  | 2 273.00 | 2 293.00 |
| T000005  | 王云   | 13395729××× |    0.00  |  185.00  |  185.00  |
| T000006  | 孙丽萍 | 13472987××× |   20.00  | 2 275.90 | 2 200.00 |
| T000007  | 丁冬琴 | 13911348××× |    4.00  |  160.00  |  164.00  |
+----------+--------+-------------+----------+----------+----------+
```

图 5-39　INNER JOIN 查询订单支付的信息

5.4.3 左外连接

左外连接，实现多表连接时，以左表为基础，将右表中匹配的内容显示出来，不能与左表匹配的内容应用空值填充。

语法格式

```
SELECT <列名> FROM <表1>
LEFT JOIN <表2>
ON <连接条件>
```

功能列举

左外连接查询的功能举例如下：
- 查询多表中符合"连接条件"的内容。
- 左表中的内容全显示，右表中与左表中匹配的内容全显示，不匹配的内容以空填充。
- 左表中的内容全显示，右表中不匹配的内容会被删除。

应用举例

应用 LEFT JOIN 关键字，更换图 5-39 中的 INNER JOIN，查询结果为查询所有订单信息，已经支付的，显示最终的支付金额，实现过程如图 5-40 所示。

```
SELECT t1.o_id AS 订单编号,
       t1.o_consignee AS 收货人,
       t1.o_consignee_tel AS 收件人电话,
       t1.o_total_amount AS 订单费用,
       t3.total_amount AS 订单总额,
       t2.op_total_amount AS 支付金额
FROM t_order t1 左表t1
LEFT JOIN t_order_payment_flow  t2 右表t2
ON t1.o_id = t2.o_id
LEFT JOIN (SELECT o_id,
                  SUM(od_order_price*od_sku_num) AS total_amount       统计每张订单
           FROM t_order_detail                                          中商品总额
           GROUP BY o_id
          ) t3
ON t1.o_id = t3.o_id;
```

订单编号	收货人	收件人电话	订单费用	订单总额	支付金额
T000001	张文	13192584×××	10.00	1 263.00	1 273.00
T000002	王利祥	13699829×××	3.00	59.00	59.00
T000003	韩刚	13892232×××	20.00	2 273.00	2 293.00
T000004	郝爱莲	13168283×××	0.00	296.00	NULL
T000005	王云	13395729×××	0.00	185.00	185.00
T000006	孙丽萍	13472987×××	20.00	2 275.90	2 200.00
T000007	丁冬琴	13911348×××	4.00	160.00	164.00
T000008	王喜	13054602×××	0.00	35.00	NULL

（显示出订单中所有信息；未支付的订单）

图 5-40 LEFT JOIN 左外连接查询订单的信息

LEFT JOIN 连接时，查询出左表 t1 中所有信息，故当右表 t3 未与其匹配时，以空值 NULL 填充。业务功能实现了图 5-40 中目前并未支付的订单，支付金额处，以空值 NULL 填充。

5.4.4 右外连接

右外连接，实现多表连接时，以右表为基础，将左表中匹配的内容显示出来，不能与右表匹配的内容应用空值填充。

语法格式

```
SELECT <列名> FROM <表 1>
RIGHT JOIN <表 2>
ON <连接条件>
```

功能列举

右外连接查询的功能举例如下：
- 查询多表中符合"连接条件"的内容。
- 右表中的内容全显示，左表中与右表中匹配的内容全显示，不匹配的内容以空填充。
- 右表中的内容全显示，左表中不匹配的内容会被删除。

应用举例

应用 RIGHT JOIN 关键字，更换图 5-40 中的 LETT JOIN，更换 t1 和 t3 的位置，查询出同样的功能，实现过程如图 5-41 所示。

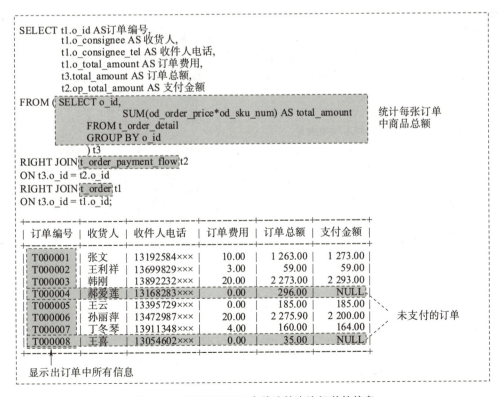

图 5-41 RIGHT JOIN 右外连接查询订单的信息

图 5-41 中,相对图 5-40 做了调整,原来左表 t1 变成右表 t3 位置,右表 t3 变成左表 t1 位置,实现右表指定内容全显示,左表匹配右表信息显示,不匹配以 NULL 显示。

5.5 嵌套子查询

嵌套子查询

5.5.1 带 IN 关键字的子查询

子查询,意为 SELECT 查询的表达式,带 IN 关键字的子查询,意为当 WHERE 条件后的列操作符指定的数据值如果包含在"子查询"中,则返回 TRUE,否则返回 FALSE。如果在 IN 关键字前加入 NOT 关键字,则返回的查询结果正好相反。

语法格式

WHERE <列操作符> [NOT] IN(子查询)

功能列举

带 IN 关键字子查询的功能举例如下:
- IN 位于 WHERE 条件中"列操作符"的后面。
- IN 位于"子查询"的前面,意为查询出"列操作符"内容属于(子查询)中有的内容。
- NOT 为可选项,位于"列操作符"与 IN 关键字之间,与不加查询的结果正好互补。

应用举例

应用 IN 关键字,查询指定日期开始,前一周的订单信息,具有实际统计意义。

(1) 实际业务中,统计每周,或以当前日期为界每一周的移动平均值或下订单数量,具有实际的统计意义。可通过创建一张拥有 8 条数据的临时表,用于求取当前日期开始及前一周的日期值,具体求法如图 5-42 所示。

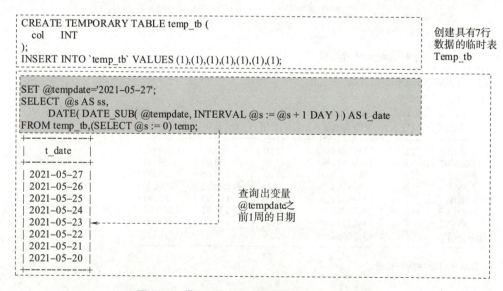

图 5-42 带 IN 与 NOT IN 关键字的子查询示例

（2）通过 IN 关键字，参考（1）中的语句语法，查询订单信息，如图 5-43 所示。

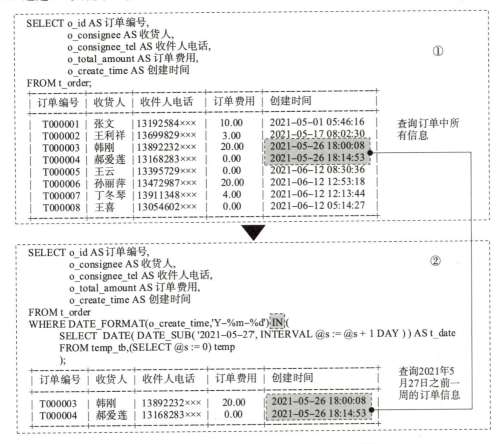

图 5-43 带 IN 与 NOT IN 关键字的子查询示例

其中：

①：查询订单中所有信息。

②：查询订单信息中创建日期前一周的信息。前一周的内容参见图 5-42。

5.5.2 带 EXISTS 关键字的子查询

用于判断子查询的结果集是否为空，若子查询的结果集不为空，返回 TRUE，否则返回 FALSE；若使用关键字 NOT，则返回的值正好相反。

语法格式

```
WHERE <列操作符> [ NOT ] EXISTS（子查询）
```

功能列举

带 EXISTS 关键字子查询的功能举例如下：

（1）EXISTS 位于 WHERE 条件中"列操作符"的后面。

（2）EXISTS 位于"子查询"的前面。NOT 位于"列操作符"与 EXISTS 关键字之间。

应用举例

应用 EXISTS 与 NOT EXISTS 关键字，查询用户行为列表，具体实现过程如图 5-44 所示。

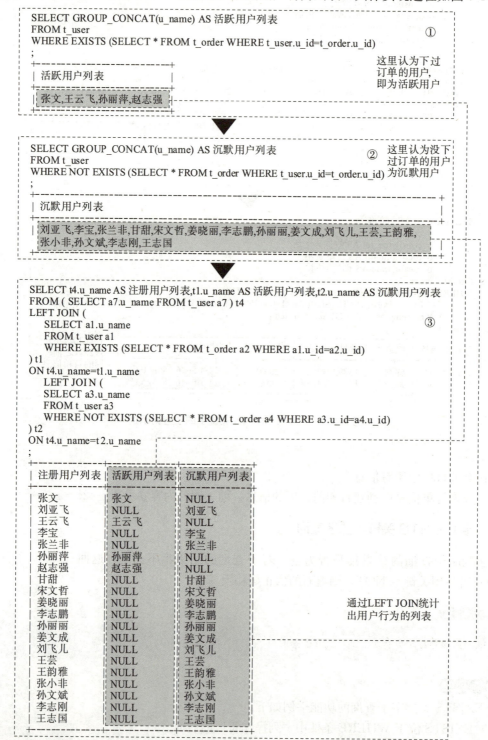

图 5-44　EXISTS 与 NOT EXISTS 查询举例

5.5.3 带 ANY、SOME 关键字的子查询

ANY 和 SOME 可以与比较运算符结合，实现数据的筛选功能。

语法格式

<操作数> <比较操作符> ANY/SOME（子查询）

功能列举

带 ANY/SOME 关键字子查询功能举例如下：
- "比较操作符"为"＝＞ ＜＞＝ ＜＝ ＜＞！＝"运算符之一。
- ANY 关键字必须跟在比较运算符之后，意思是"如果子查询返回的列中的任何值的比较为 TRUE，则返回 TRUE"。

应用举例

应用 ANY 或 SOME 关键字，查询比商品三级分类"耳机"中最低价格要高的商品的订单详情信息，具体实现过程如图 5-45 所示。

①查询订单详情表中的内容

②商品三级分类"耳机"相关商品的所有价格

③比②中商品最低价高的所有购买商品信息

```
SELECT t1.o_id AS 订单编号,
       t1.sku_id AS 商品编号,
       t1.od_order_price AS 购买价格,
       t1.od_sku_num AS 购买数量
FROM t_order_detail t1
ORDER BY t1.od_order_price;
+----------+----------+----------+----------+
| 订单编号 | 商品编号 | 购买价格 | 购买数量 |
+----------+----------+----------+----------+
| T000006  | S000007  | 7.90     | 1        |
| T000005  | S000006  | 10.00    | 3        |
| T000006  | S000006  | 10.00    | 2        |
| T000001  | S000008  | 17.00    | 5        |
| T000006  | S000008  | 17.00    | 3        |
| T000005  | S000010  | 35.00    | 1        |
| T000008  | S000010  | 35.00    | 1        |
| T000001  | S000009  | 40.00    | 4        |
| T000005  | S000009  | 40.00    | 3        |
| T000007  | S000009  | 40.00    | 4        |
| T000003  | S000011  | 58.00    | 3        |
| T000004  | S000011  | 58.00    | 2        |
| T000002  | S000002  | 59.00    | 1        |
| T000004  | S000005  | 90.00    | 2        |
| T000006  | S000005  | 98.00    | 1        |
| T000001  | S000001  | 499.00   | 1        |
| T000001  | S000012  | 519.00   | 1        |
| T000003  | S000004  | 2 099.00 | 1        |
| T000006  | S000004  | 2 099.00 | 1        |
```
①

```
SELECT td.od_order_price AS  购买价格
FROM t_order_detail td,t_sku ts,t_category3 tc3
WHERE ts.sku_id=td.sku_id
      AND ts.category3_id=tc3.category3_id
      AND tc3.p_category3_name='耳机';
+----------+
| 购买价格 |
+----------+
| 499.00   |
| 59.00    |
+----------+
```
②

```
SELECT t1.o_id AS 订单编号,
       t1.sku_id AS 商品编号,
       t1.od_order_price AS 购买价格,
       t1.od_sku_num AS 购买数量
FROM t_order_detail t1
WHERE od_order_price
     >ANY/SOME(
       SELECT td.od_order_price
       FROM t_order_detail td ,
            t_sku ts,t_category3 tc3
       WHERE  ts.sku_id=td.sku_id
       AND ts.category3_id
          = tc3.category3_id
       AND tc3.p_category3_name='耳机'
     )
;
+----------+----------+----------+----------+
| 订单编号 | 商品编号 | 购买价格 | 购买数量 |
+----------+----------+----------+----------+
| T000001  | S000001  | 499.00   | 1        |
| T000001  | S000012  | 519.00   | 1        |
| T000003  | S000004  | 2 099.00 | 1        |
| T000004  | S000005  | 90.00    | 2        |
| T000006  | S000004  | 2 099.00 | 1        |
| T000006  | S000005  | 98.00    | 1        |
```
③

图 5-45 带 ANY 或 SOME 关键字的查询示例

5.5.4 带 ALL 关键字的子查询

ALL 可以与比较运算符结合，实现数据的筛选功能。

语法格式

<操作数> <比较操作符> ALL（子查询）

功能列举

带 ALL 关键字子查询的功能举例如下：
- 单词 ALL 必须跟在比较运算符之后。
- ALL 的意思是如果子查询返回的列中所有值的比较都为 TRUE，则返回 TRUE。

应用举例

应用 ALL 关键字，查询比商品三级分类"耳机"中最高价格还要高的商品的订单详情信息，具体实现过程如图 5-46 所示。

图 5-46 带 ALL 关键字的查询示例

在本例中,"耳机"类别下最高价格是"519.00"元,故最终结果显示出所有">519.00"的价格的订单详情信息。

5.6 联合查询

UNION 将来自多个 SELECT 语句的结果组合到一个结果集中。

语法格式

```
SELECT ...
UNION [ALL | DISTINCT] SELECT ...
[UNION [ALL | DISTINCT] SELECT ...]
```

ALL 与 DISTINCT 为可选项,默认情况下,将从 UNION 结果中删除重复的行。DISTINCT 关键字具有删除相同行内容的效果,如果加上此关键字,使 SQL 语句读起来更加明确。使用可选的 ALL 关键字,不会发生重复行删除,结果包括来自所有 SELECT 语句的所有匹配行。

同一查询中混合使用 UNION ALL 和 UNION DISTINCT。混合 UNION 类型的处理方式是 DISTINCT 联合覆盖其左侧的任何 ALL 联合。可以通过使用 UNION DISTINCT 显式生成 DISTINCT 联合,也可以通过使用不带 DISTINCT 或 ALL 关键字的 UNION 隐式生成。

功能列举

UNION 联合查询的功能举例如下:
UNON 下的多个 SELECT 语句中指定的字段数量、类型要一致。

应用举例

(1) 最简的 UNION 举例,如图 5-47 所示。

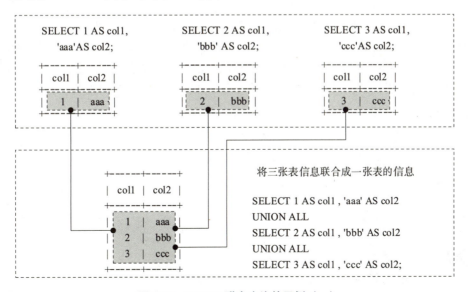

图 5-47 UNION 联合查询的示例(一)

图 5-47 中，通过 UNION 将三张表的信息联合成了一张表的信息。

（2）将这样的知识与业务结合，例如需要统计每位用户的下单次数（order_count）、付款次数（pay_count）、评价次数（mark_count）。这些次数的统计需要通过三张表统计，每位用户通过用户编号（u_id）进行辨别。此时，在应用 UNION 联合时，需要构建成相同查询字段数及数据类型才是合适的，如图 5-48 所示。

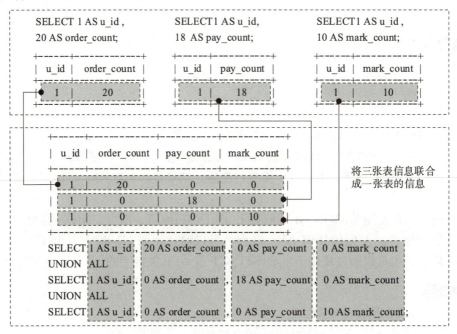

图 5-48 UNION 联合查询的示例（二）

此时，可以看到，用户编号为"1"的用户，漏斗分析的结果分散在三张表中，最终的结果分散在三行。将这三行合并成一行，才是我们所要的最终结果。实现这样的功能，需要按用户编号（u_id）分组，然后将相同列的数值按组进行加和，即为最后求解的内容。

因为每个统计次数都来自一个独立的表，为了实现这样的功能，多表之间的操作通常与 WITH 关键字一起使用。WITH 可以指定公用表表达式，表的子句之间通过逗号","进行分隔，其中每个子句中提供一个产生结果集的子查询，并将名称与子查询相关联。

语法格式

```
WITH
表别名 1  AS  (SELECT 语句 1),
表别名 2  AS  (SELECT 语句 2),
...
表别名 n  AS  (SELECT 语句 n)
```

功能列举

WITH 关键字的功能举例如下：
可将每一条 SELECT 语句分别定义成不同的别名，供 SELECT 语句调用。

应用举例

（1）应用 WITH 关键字，统计图 5-49 中每位用户的下单次数（order_count）、付款次数（pay_count）、评价次数（mark_count）的统计，实现过程如图 5-49 所示。

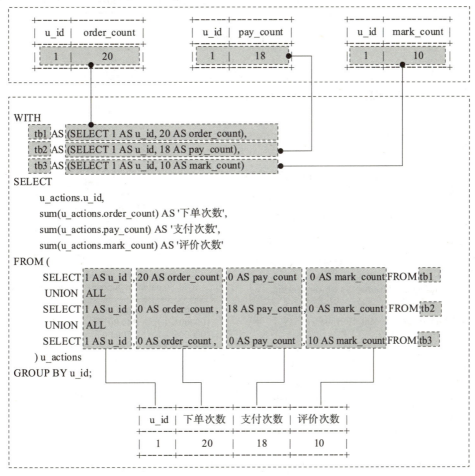

图 5-49　WITH 与 UNION 联合查询示例

（2）应用 WITH 关键字，统计 GaussDB（for MySQL）中每位用户的下单次数（order_count）、付款次数（pay_count）、付款总额（payment_amount）的统计。这 3 个数据来自两张表。

- 由订单表，统计出每位用户下单的次数，计算过程如图 5-50 所示。

```
SELECT u_id,
       count(*) AS 下单次数
FROM t_order
GROUP BY u_id;
```

u_id	下单次数
1000001	4
1000003	2
1000006	1
1000007	1

图 5-50　统计用户下单次数

- 由订单支付流水表，统计出每位用户付款次数和付款总额，如图 5-51 所示。

```sql
SELECT u_id,
       sum(pi.op_total_amount) AS 付款总额,
       count(*) AS 付款次数
FROM t_order_payment_flow pi
GROUP BY u_id ;
```

```
+---------+----------+----------+
| u_id    | 付款总额 | 付款次数 |
+---------+----------+----------+
| 1000001 | 3 625.00 |    3     |
| 1000003 |   349.00 |    2     |
| 1000006 | 2 200.00 |    1     |
+---------+----------+----------+
```

图 5-51 统计用户付款次数和付款总额

（3）通过 WITH 关键字对多表分别进行定义，然后由分组、联合等方法统计每位用户的下单次数、付款次数和付款总额（payment_amount），如图 5-52 所示。

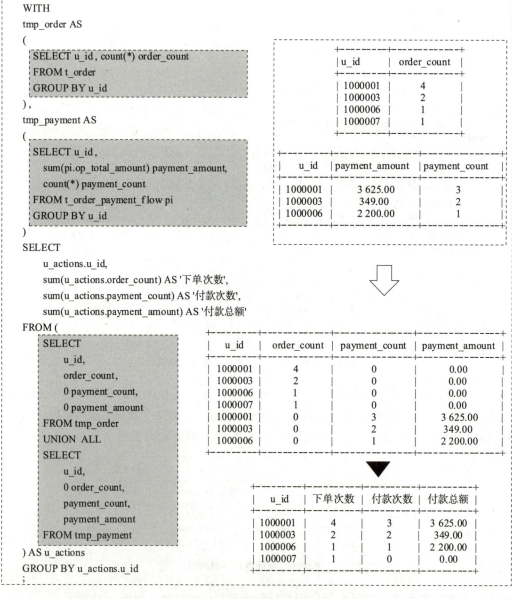

图 5-52 按用户统计过程展示

图 5-52 中，将（1）和（2）中运行的结果，由 WITH 起别名为 tmp_order 和 tmp_payment，然后通过 UNION ALL 将两张表的结果，构建成相同的字段数，并联合在一起，最后按用户编号分组、加和，求得最终结果。

课后习题

1. 简述 SELECT、FROM、WHERE、GROUP BY、HAVING、LIMIT 关键字的作用。
2. 完成 SELECT ... FROM 语法相关所有图中 SQL 语句的内容。
3. 完成 WHERE 子句相关所有图中 SQL 语句的内容。
4. 完成 DISTINCT 与 AS 关键字相关所有图中 SQL 语句的内容。
5. 完成 LIMIT 关键字相关所有图中 SQL 语句的内容。
6. 完成高级查询中所有图中 SQL 语句的内容。
7. 简述自连接、内连接、左外连接、右外连接的功能。
8. 完成 5.4 节多表连接查询中所有图中 SQL 语句的内容。
9. 完成 5.5 节嵌套子查询中所有图中 SQL 语句的内容。
10. 完成 5.6 节联合查询中所有图中 SQL 语句的内容。

第 6 章
索引和视图

项目中的信息按数据库的规则进行拆分，按数据库表的布局进行存取，按业务显示需求进行计算、关联、统计查询。尤其在业务数据的查询时，查询的速度与共用的查询语句常是工程师关注的地方。本章将引入索引的概念、应用语法，阐述提升数据查询速度的方法；引入视图的概念、分类、应用语法，阐述项目中公共 SQL 实现的方法。

重点难点

◎理解索引的基本概念。
◎了解索引的分类、应用场景。
◎掌握索引的基本语法与应用。
◎理解视图的基本概念。
◎掌握视图的基本语法与应用。

6.1 索引

6.1.1 索引的概念

索引

GaussDB（for MySQL）提供了索引的功能，用于快速查找具有特定列值的行。如果没有索引，MySQL 必须从第一行开始，然后通读整个表以查找相关行。例如，读一本 300 多页的书，如果没有目录，想找到书中的内容，需要从第一页开始查找。如果有目录，只需要按目录内容指定的页码读取，会比从第一页读取更快些。索引与书的目录有异曲同工之妙。

1. 索引文件与主文件

索引基于存储表的列进行建立，从物理结构上讲，索引是表的辅助设计，如图 6-1 所示。

（1）主文件：指存储数据的实际存储表，这里指用户信息表及数据存储文件。

（2）索引文件：指存储表（用户信息表）指定索引后的存储索引项的文件，是表查询时可以快速定位所求记录的一种辅助存储结构，索引文件中的记录称为索引记录或索引项。每个索引记录由索引域和行指针两部分构成。

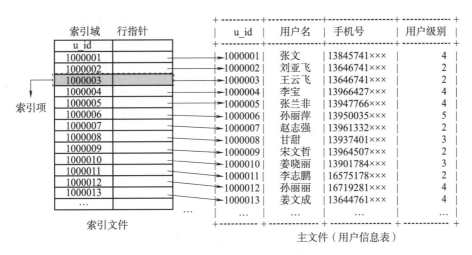

图 6-1 索引表物理存储举例

- 索引域：指表建立索引时指定的某列（某组列），用来存储数据文件索引域的值。索引域的值类似书的目录名。
- 行指针：指向表中索引列（组列）对应数据在磁盘上的存储位置。每个指针指向一个索引域对应数据记录所在磁盘块的地址。行指针类似教材目录对应的页码。

索引文件一般都远小于主文件，相对于表来讲，索引文件存在与否都不会改变存储表的物理存储结构，与存储表是分开存储的，其存在的主要意义就是相对存储表更容易加载至内容中，进行指定记录的快速定位，从而提高存储表的访问速度。如果对库表中的某列或某些列指定合适的索引，GaussDB（for MySQL）可以快速确定要在数据文件中查找的位置，而无须查看所有数据。这比顺序读取每一行要快得多。

2. **索引分类**

GaussDB（for MySQL）购买服务时，会有必要的文件系统开销，这些开销包括索引节点和保留块，以及数据库运行的必需空间。SQL 语句的执行过程如图 6-2 所示。

图 6-2 SQL 语句的执行过程

一条或多条 SQL 语句组成的语句集，首先会通过 SQL 语句的编译器，以及索引或文件的管理器共同构建执行计划。这期间会判定表中是否有索引的设置，方便控制逻辑和物理映射间的构建。由于索引文件通常是较小的，可通过缓冲区管理器加载入内存，方便与 CPU 等硬件通信完成记录的查询。其中数据是通过磁盘存储管理器，参考索引指定的数据存储块的指针进行读取。这里索引起到非常重要的作用，如果表没有索引，数据搜索会从表的第一行开始，通读整张表查找相关行。有表索引的情况下，不需要全表搜索，例如图 6-1，索引文件中的索引域进行了排序，如果查询 u_id 小于值为 1000005 的用户信息，首先通过索引域从头搜索到 1000006，不用再往后搜索，然后通过索引域对应的行指针找到记录的存储位置，将记录读取出来，完成搜索过程。由于多了一个索引文件的搜索过程，也决定了它双刃剑的本质，例如只有 2 页的书，加一个目录反而是一个负担。

表增加索引的同时，也增加了存储空间、维护的成本，只有在表中数据具有一定量的情况下，索引才能发挥它的优势。因为是通过索引文件来确定所有表的查询记录，故在表中记录进行插入、删除时，对应的索引信息也是要进行变更的，这相对没有索引的表，增加了存储空间、信息维护的成本。就好比书的目录，具有一定页数的书，才需要有目录。例如30页的书，一级目录是合适的；300页的书，需要3级目录才合适；而2页的书是不需要目录的。所以，什么时候加索引，加什么样的索引，是至关重要的。

1）按照索引文件不同的构造方式，可以分为稠密索引和稀疏索引

（1）稠密索引：主文件中每一条记录都需要设立一个索引项，见图6-1。这种索引的查找、更新都比较方便，但索引项多，空间复杂性大。

（2）稀疏索引：相对于稠密索引，把主文件中所有的数据记录按关键字的值分成许多组，每组设立一个索引项。这种索引项少，管理方便，但插入和删除的代价较高。这种索引项中的行指针可以是指向记录的指针，也可以是指向记录所在块的第一行记录的指针。稀疏索引举例如图6-3所示。

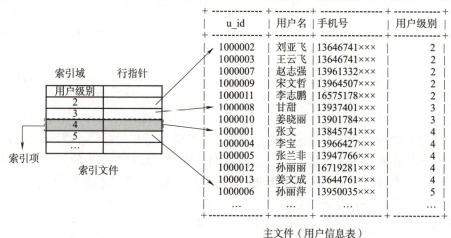

图 6-3 稀疏索引举例

稀疏索引中，通常索引项对应的主文件中的记录是按属性值排序存储的，例如"用户级别"。此时，在查询记录时，如查询用户级别为4的用户的记录，只需要将记录定位在索引域中用户级别中值与4相邻的小于4的最大索引字段值所对应的索引项，从该索引项所对应的记录开始顺序进行表的检索即可。

相比稠密索引，稀疏索引的索引文件内容少，存储空间占用更少，维护起来也相对轻便，但检索速度相对较慢。

2）按照索引域不同，可以分为主索引和辅助索引

（1）主索引：索引域是数据文件的键，可以用来区别文件记录的域，而且数据文件已经按照键值大小排序。由于索引域是键，每个索引域值对应唯一一个记录，索引记录的第二个域只存储一个指针。例如，对表中的一列或一组列加入主键约束时，GaussDB（for MySQL）本身会自动创建一个关联的索引，利用主索引对表进行快速定位、检索与更新操作。主键查询性能受益于 NOT NULL 优化，因为它不能包含任何 NULL 值。使用 InnoDB 存储引擎，表数据在物理上进行组织，以根据主键列或多列进行超快速查找和排序。如果表很大而且很重要，但没有明显的列或一组列用作主键，就可以创建一个单独的列，并使用自动递增值作为主键。

主索引通常会对主文件所在的存储块进行索引，索引项的总数和主文件对应的存储块数目相同。存储域中存储每个存储块中的首条记录的值，称为锚记录。由于主文件已经按键进行排序，故索引域对应的值也是有序的，如图 6-4 所示。

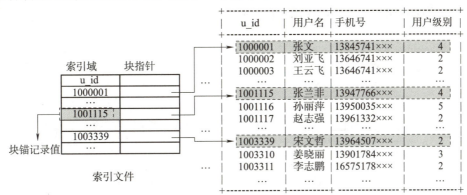

图 6-4 主索引举例

当数据量较大时，主文件会被切分成多个数据块存储于磁盘，每个数据块中的锚记录值及对应的块存储的指针构建成索引项存储在索引文件中。由于主索引中索引键是有序的，故索引文件中的索引域的值也是有序的，且主索引属于稀疏索引的类别。

（2）辅助索引：其索引域是数据文件的任何非键域。一个文件只能具有一个主索引，但是可以具有多个辅助索引。辅助索引是一种可以定义在主文件一列或一组列非排序字段上的辅助存储结构。仍以图 6-4 为例，在已经存有主索引的基础上，对非主键的列"用户级别"建立辅助索引。此时，辅助索引的索引域的值为索引列中的记录本身或记录中块的锚值。由于列"用户级别"值是无序的，即每块中辅助索引列的值不同，字段值也可能存在重复，为了正确引用记录，可采用一个类似链表的结构作为媒介来存储这些记录的地址，如图 6-5 所示。

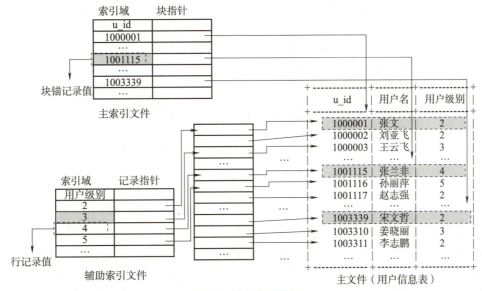

图 6-5 辅助索引举例

在图 6-5 中，主索引是稀疏索引，辅助索引是稠密索引。

3）按照索引域对应值的分布，可以分为聚集索引和非聚集索引

（1）聚集索引：其中的索引域不是键，且索引域对应的值有可能会对应多个记录，索引记录的第二个域可能存储多个指针，如图 6-6 所示。

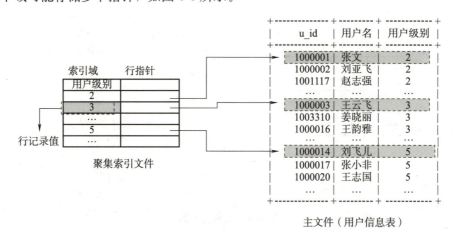

图 6-6　聚集索引举例

聚集索引中，索引域中对应的值是非重复的，但对应的主文件中的列"用户级别"中的值是有序且有可能是重复的值。每个索引值都是临近存储的，且主索引通常是聚集索引。

（2）非聚集索引：与聚集索引不同，其索引中存储记录在主文件中不一定是邻近存储的。

在实际项目中，辅助索引通常是非聚集索引，索引域中对应的值可能是重复且有序的。主文件中指定的索引列可能是重复且无序的，如图 6-7 所示。

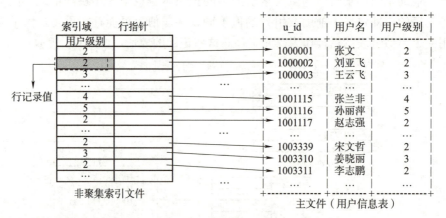

图 6-7　非聚集索引举例

非聚集索引中，索引域中对应的值是可重复的，对应的主文件中的列"用户级别"中的值是有序且有可能是重复的值。每个索引值都是临近存储的，且主索引通常是聚集索引。

索引文件通常都较小，其尺寸的大小通常以适合加载至内存进行计算为宜。故当主文件中的数据量非常大时，对应的索引文件也会增加，当索引文件的尺寸增加至不再适合加载至内存进行计算时，可通过相应的规则进行分裂处理，以此，完成多级索引的构建过程。

4）按索引文件组织方式，可以分为 B-Tree（B 树）索引和 Hash 索引

目前，应用较多的多级索引分类中，按索引文件组织方式中以 B-Tree（B 树）索引和 Hash 索引最为普遍。例如，GaussDB（for MySQL）中 PRIMARY KEY、UNIQUE、INDEX 和 FULLTEXT 的索引都存储在 B 树中。MEMORY 表还支持 Hash 索引。

（1）B-Tree 索引：它是一种常用于数据库索引的树数据结构。该结构始终保持排序，从而能够快速查找与运算符完全匹配和指定范围（例如，大于、小于和 BETWEEN 运算符）的数据。B-Tree 节点可以有许多子节点，与二叉树不同，二叉树每个节点限制为 2 个子节点，如图 6-8 所示。

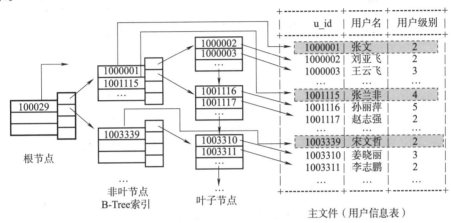

图 6-8　B-Tree 索引举例

大多数存储引擎都可以使用这种类型的索引，如 InnoDB 和 MyISAM。MEMORY 存储引擎也可以使用 B-Tree 索引，如果某些查询使用范围运算符，应该为 MEMORY 表选择 B-Tree 索引。由于经典 B 树设计中不存在的复杂性，GaussDB（for MySQL）存储引擎使用的 B-Tree 结构可能被视为变体，作为 B-Tree 的升级版 B+树，应用也比较广泛，其中应用如图 6-9 所示。

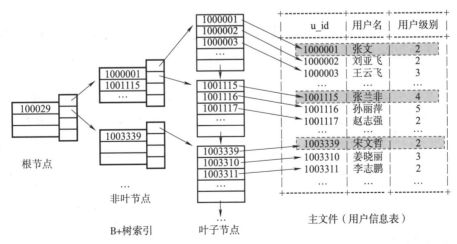

图 6-9　B+树索引举例

B+树中，主文件中的索引记录全部出现在叶子节点中，而 B-Tree 中则不是，整棵树中的

行记录或块的锚记录仅出现一次。需要说明的是，这里叶子节点中的内容可以是行记录，也可以是块的锚记录。

（2）Hash 索引：可用于使用"＝"或"＜＝＞"运算符（但速度非常快）的相等比较。与 B-Tree 不同，它们不用于比较运算符，例如＜查找值范围。依赖这种单值查找的系统称为"键值存储"，用于此类应用程序，尽可以使用 Hash 索引。Hash 索引按 Hash 算法进行索引文件的分裂，以二叉树加 Hash 算法演示其结构，如图 6-10 所示。

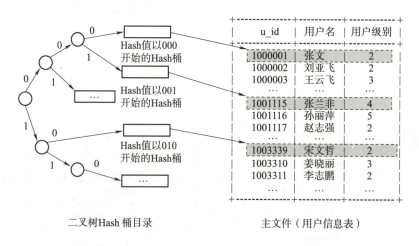

图 6-10 基于二叉树动态 Hash 方法索引举例

GaussDB（for MySQL）优化器不能使用 Hash 索引来加速 ORDER BY 操作。这种类型的索引不能用于按顺序搜索下一个条目。GaussDB（for MySQL）无法确定两个值之间大约有多少行（范围优化器使用它来决定使用哪个索引）。如果将 MyISAM 或 InnoDB 表更改为 Hash 索引 MEMORY 表，这可能会影响某些查询。Hash 索引只能使用整个键来搜索一行。对于 B 树索引，键的任何最左边的前缀都可用于查找行。

3. 索引的维护

对表进行索引的构建，在特定环境下会增速表中记录查询的速度，但会给维护带来额外的工作。即，表如果没有索引，会只对表中的记录进入增加、删除操作。但如果表存在索引，在进行表记录的增加或删除时，需要同时维护表这个主文件对应的所有索引文件的数据，以此，保证索引文件中索引项与主文件中的记录或存储块的一致性。尤其对于有排序或分裂规则的索引文件，每次增加新的记录或删除旧的记录时，可能都存在对索引文件中内容的插入排序，或多索引文件间的分裂或合并的操作。

索引基于表的辅助构建，其索引文件单独存储与主文件相呼应来完成维护工作。当主文件对应的表数据不大时，如果增加索引，反而会增加表查询、更改的工作负担，不但不能加速数据查询工作，反而在整体性能上可能会成为负担。因此，在数据库表中进行索引构建时，要依据实际业务的需求、数据特点，对表中指定字段建立合理的索引关系。

4. 索引应用场景

GaussDB（for MySQL）中，并不是所有情况下都适合应用索引，通常可会对经常出现在检索条件、连接条件、分组计算条件中的属性建立索引。如果应用，索引类型也不相同。在

GaussDB（for MySQL）大多数索引中，PRIMARY KEY、UNIQUE、INDEX 和 FULLTEXT 都存储在 B-tree 树中。除此之外，空间数据类型的索引使用的是 R 树；MEMORY 表也支持 Hash 索引；InnoDB 对 FULLTEXT 索引使用的是倒排列表。下面将一些适合应用索引的情况进行简要说明。

（1）对于经常出现在 WHERE 子句中匹配的条件，例如用户编号 u_id。

（2）对表设置索引，如果可从多个索引中选择，通常使用可找到最少行数、最具选择性的索引。

（3）如果表具有多列索引，则优化器可以使用索引中最左边的前缀来查找行。例如，如果在（col1，col2，col3）上有一个三列索引，则在（col1）、（col1，col2）和（col1，col2，col3）上具有索引搜索功能。

（4）在执行 JOIN 连接时从其他表中检索行时，如果将列声明为相同的类型和大小，GaussDB（for MySQL）可以更有效地使用列上的索引。在这种情况下，如果 VARCHAR 和 CHAR 被声明为相同的大小，则它们被认为是相同的。例如，VARCHAR（10）和 CHAR（10）的大小。

（5）对于非二进制字符串列之间的比较，两列应使用相同的字符集。例如，将 utf8 列与 latin1 列进行比较时，由于不同字符集，可能会排除索引的使用。

（6）对于不同的数据类型，例如将字符串列与临时或数字列进行比较，如果不进行转换就无法直接比较值，以此阻止使用索引。例如给定值为数字列 1，与字符串列中的值"1"进行比较，会排除对字符串列使用任何索引的可能性。

（7）查找特定索引列（例如 key_col）的最小值 MIN（）或最大值 MAX（）时，可由预处理器进行优化，该预处理器会检查是否在索引中索引列（key_col）之前出现的所有关键部分使用 WHERE 条件的筛选。在这种情况下，GaussDB（for MySQL）对每个 MIN（）或 MAX（）表达式执行单个键查找并将其替换为常量。如果所有表达式都替换为常量，则查询立即将结果返回给调用处。

（8）如果排序或分组在可用索引的最左侧，例如，ORDER BY key_part1、key_part2，则对表进行排序或分组。如果所有关键部分后跟 DESC 关键字，则以相反的顺序读取指定列。如果索引是降序索引，则按前向顺序读取指定列。

（9）在某些情况下，可以优化查询以在不咨询数据行的情况下检索值。其中为查询提供所有必要结果的索引称为覆盖索引。如果查询仅使用某个索引中包含的表中的列，则可以从索引树中检索所选值以提高速度。

索引对于小表或大表的查询不太重要，其中查询语句会处理大部分或所有行。当查询需要访问大部分行时，顺序读取比通过索引读取要快。

6.1.2 创建与使用索引

在使用索引前，有必要对索引的创建、查看和删除语法进行了解。然后，可应用于 EXPLAIN 对表索引进行应用和分析，以便基于表创建合理的索引。

1. 使用 CREATE 创建索引

与创建表类似，可由 CREATE 来创建索引，具体创建索引的语法格式如下：

> **语法格式**

```
CREATE [索引类型] INDEX <索引名>
    [ USING {BTREE | HASH} ]
ON <表名> (<列名> [<长度>] [ ASC | DESC]),…
    [ <索引项> ]
;
```

其中：

- CREATE INDEX：使用户能够向现有表添加索引。
- [索引类型]：可选项，包括 UNIQUE、FULLTEXT 和 SPATIAL 索引类型。

UNIQUE：唯一索引。使得索引中的所有值都必须是不同的。

FULLTEXT：全文索引。索引仅支持 InnoDB 和 MyISAM 表，并且只能包含 CHAR、VARCHAR 和 TEXT 列。索引总是发生在整个列上；不支持列前缀索引，如果指定，则忽略任何前缀长度。

SPATIAL：空间索引。MyISAM、InnoDB、NDB 和 ARCHIVE 存储引擎支持空间列。

- [USING {BTREE | HASH}]：可选项，指定索引分类为 B-Tree 索引或 HASH 索引。
- ON<表名>（<列名>[<长度>][ASC | DESC])：指定建立索引的表及列名。ASC 关键字指定建立索引的列对应的值为升序，DESC 为降序。
- [<索引项>]：设置索引项中属性的值。

☕ **扩展阅读**：创建索引时索引项语法参考。

GaussDB（for MySQL）在不同引擎下对表创建索引时，可对不同的属性进行设置，这些属性相关语法格式如下：

```
<索引项>：{
    KEY_BLOCK_SIZE [=] value
    | index_type
    | WITH PARSER parser_name
    | COMMENT 'string'
    | {VISIBLE | INVISIBLE}
}
```

其中：

- KEY_BLOCK_SIZE [=] value：对于 MyISAM 表，KEY_BLOCK_SIZE 可选择指定用于索引键块的字节大小。InnoDB 表的索引级别不支持 KEY_BLOCK_SIZE。
- index_type：指定不同存储引擎，允许在创建索引时指定索引类型。例如 InnoDB 引擎，允许 BTREE 类型；MyISAM 引擎，允许 BTREE 类型；MEMORY/HEAP 引擎，允许 HASH、BTREE 类型；NDB 引擎，允许 HASH、BTREE 类型。例如：

```
CREATE TABLE tb_name (id INT) ENGINE = MEMORY;
CREATE INDEX id_index ON tb_name (id) USING BTREE;
```

各引擎细节项中索引类型的应用详见表 6-1。

表 6-1　GaussDB（for MySQL）不同引擎索引类型

索引类	InnoDB（存储引擎）	MyISAM（存储引擎）	MEMORY（存储引擎）	NDB（存储引擎）
Primary key	B-TREE	B-TREE	B-TREE/HASH	B-TREE/HASH
Unique	B-TREE	B-TREE	B-TREE/HASH	B-TREE/HASH
Key	B-TREE	B-TREE	B-TREE/HASH	B-TREE/HASH

- WITH PARSER parser_name：此选项只能与 FULLTEXT 索引一起使用。如果全文索引和搜索操作需要特殊处理，它将解析器插件与索引相关联。InnoDB 和 MyISAM 支持全文解析器插件。如果有一个带有关联全文解析器插件的 MyISAM 表，可以使用 ALTER TABLE 将该表转换为 InnoDB。
- COMMENT 'string'：索引的注释，最多可包含 1 024 个字符的可选注释。可以使用 CREATE INDEX 语句的 index_option COMMENT 子句为单个索引配置索引页的 MERGE_THRESHOLD。例如：

```
CREATE TABLE t1 (id INT);
CREATE INDEX id_index ON t1 (id) COMMENT 'MERGE_THRESHOLD=40';
```

如果在删除行或更新操作缩短行时索引页的满页百分比低于 MERGE_THRESHOLD 指定的值，则 InnoD 尝试将索引页与相邻索引页合并。默认的 MERGE_THRESHOLD 值为 50，这是之前的硬编码值。还可以使用 CREATE TABLE 和 ALTER TABLE 语句在索引级别和表级别定义 MERGE_THRESHOLD。

- {VISIBLE | INVISIBLE}：指定索引可见性。其中 VISIBLE 为可见，INVISIBLE 为不可见，默认情况下，索引是可见的。优化器不使用不可见索引。索引可见性规范适用于主键以外的索引（显式或隐式）。

功能列举

CREATE INDEX 功能举例如下：
- 基于指定列前缀的关键部分创建索引。
- 创建唯一（Unique）索引。
- 创建全文（FullText）索引。
- 创建空间（Spatial）索引。
- 指定索引文件的构建类型。
- 同时多个列建立联合索引。

应用举例

下面针对这些情况进行简单的举例。

（1）基于指定列前缀的关键部分创建索引

对于库表中定义的字符串类型（CHAR、VARCHAR、BINARY 和 VARBINARY）的列，可以创建仅使用列值的前缀部分的索引。例如，用户信息表中的"用户昵称"，通常由英文字符、下画线和数字组成。如果用户昵称前 8 个字符中基本不同，使用它作为索引执行的查找，一般不会比使用整个"用户昵称"作为索引列慢多少。而且这样的索引使用列前缀的索引文件相对更小，可以节省大量磁盘空间，还可以加快 INSERT 操作，实现过程如图 6-11 所示。

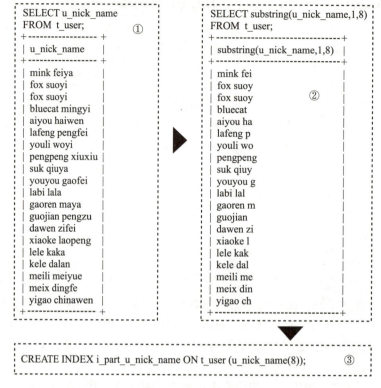

图 6-11　基于指定列前缀的关键部分创建索引举例

其中：

①查询用户信息表（t_user）中用户昵称（u_nick_name）的全名。

②查询用户信息表中用户昵称列对应值的前 8 个字符，发现前 8 个字符基本不同。

③通过 CREATE INDEX 关键字基于 t_user 表中 u_nick_name 列的前 8 个字符建立名为 i_part_u_nick_name 的索引。

(2) 指定索引类型

可以在 CREATE 关键字与 INDEX 关键字之间指定索引的类型，包括 Unique、FullText 和 Spatial 索引类型。这里以 Unique 关键字为例，基于订单信息表（t_order）中的订单编号（o_id）列作为索引列，演示创建唯一索引的实现语句。

```
CREATE UNIQUE INDEX i_t_order_o_id ON t_order(o_id);
```

(3) 指定索引文件的构建类型

参考表 6-1 可知，针对不同的存储引擎，可以支持不同的索引文件的构建类型（BTREE 或 HASH）。仍以订单信息表（t_order）为例，在指定订单编号（o_id）列作为索引列，创建唯一索引的同时，指定索引文件的构建类型为 BTREE，参考语句如下：

```
CREATE UNIQUE INDEX i_btree_t_order_o_id ON t_order(o_id) USING BTREE;
```

（4）同时多个列建立联合索引

仍以订单信息表（t_order）为例，基于订单金额列（o_total_amount）和订单生成时间列（o_create_time）建立联合索引，语句如下：

```
CREATE INDEX i_t_order_amount_create_time ON t_order (o_total_amount,o_create_time);
```

2. 使用 SHOW 查看表索引信息

GaussDB（for MySQL）中，可通过 SHOW 关键字来查看表的索引情况。

语法格式

```
SHOW INDEX FROM <表名>
[FROM <数据库名> ]
```

其中：
- SHOW INDEX FROM：指定表中查询表的索引信息。
- [FROM <数据库名>]：可选项，指定表所属的数据库。

功能列举

SHOW INDEX 功能举例如下：
查询指定库表中索引创建的相关信息。

应用举例

当应用 SHOW INDEX 查询指定表信息时，GaussDB（for MySQL）表中如果没有创建索引，其索引信息是空的，即索引相关属性 Table、Non_unique、Key_name、Seq_index、Column_name 等属性对应的信息栏中是空白的，如图 6-12 所示。

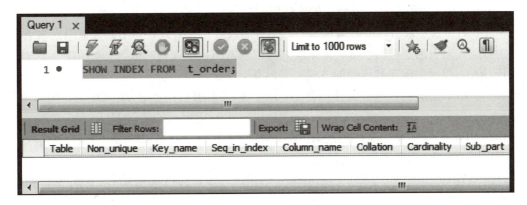

图 6-12　索引信息为空

如果表已经创建索引，则索引相关属性会罗列出每一个索引相关的信息。例如，一个用户信息表（t_user）中，已经通过 ALTER 为注册用户 ID（u_id）列建立了主键。

```
ALTER TABLE t_user ADD PRIMARY KEY(u_id);
```

对注册用户的出生日期（u_birthday）列增加普通索引。

```
CREATE INDEX i_t_user_u_birthday ON t_user (u_birthday);
```

此时，通过 SHOW INDEX 查询用户信息表的索引关系，会显示其索引的情况了，如图 6-13 所示。

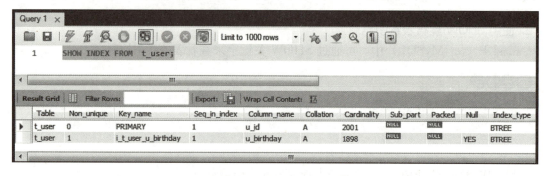

图 6-13　显示索引信息

其中每个属性的具体含义如下：

- Table：创建索引的数据表名，本例中表名为 t_user。
- Non_unique：当前索引是否是唯一索引。其中，0：唯一索引；1：不是唯一索引。
- Key_name：索引的名称。
- Seq_in_index：当前索引列在索引中的位置。如果索引是单列的，则该列的值为1；如果索引是组合索引，则该列的值为每列在索引定义中的顺序。
- Column_name：索引列在表中的列名。
- Collation：存储在索引中的顺序类型，其中 A 表示"升序"。如果为 NULL，则表示无分类。
- Cardinality：索引中唯一值数目的估计值。
- Sub_part：表示索引列中被编入索引的字符的数量。如果只是列中部分被编入索引，则该列的值为被编入索引的字符的数目。如果整列被编入索引，则该列的值为 NULL。
- Packed：指示关键字被压缩的方式。若没有被压缩，值为空。
- Null：用于显示索引列中是否包含 NULL。如果索引列中存在 NULL 值，则显示 YES，否则显示空。
- Index_type：显示索引文件构建的方法，可为 BTREE、FULLTEXT、HASH、RTREE。

3. 使用 EXPLAIN 查看表索引的性能

通过 EXPLAIN 关键字，可以实现对 SQL 语句执行计划的可视化显示，同时可以通过它查看到表索引的添加位置，以便通过使用索引查找来更快地执行语句。

语法格式

```
EXLPAIN
SQL 语句
```

功能列举

EXPLAIN 功能举例如下：

- 查询指定库表中索引创建的相关信息。
- 适用于 SELECT、DELETE、INSERT、REPLACE 和 UPDATE 语句。
- 可查看 SQL 语句执行计划的信息,包括当前 SQL 语句处理过程,包括有关如何连接表和按什么顺序连接的信息。

应用举例

假设当前的用户信息表没有创建任何索引的情况下,统计注册用户 ID>5 的注册用户数量,通过 EXPLAIN 进行分析,如图 6-14 所示。

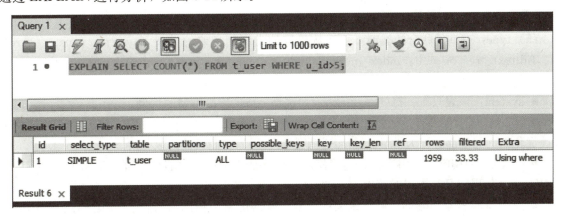

图 6-14 统计注册用户

其中,有个重要的属性 type,它描述了 SQL 中表运行的类型。这里显示 ALL 表示进行了全表的描述。属性 possible_keys 值为 NULL,表示当前表不存在可能的索引。此时,将 u_id 列增加主键索引。

```
ALTER TABLE t_user ADD PRIMARY KEY(u_id);
```

再次通过 EXPLAIN 进行分析,如图 6-15 所示。

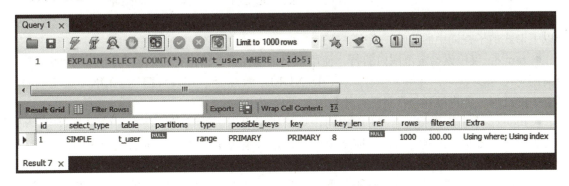

图 6-15 再次通过 EXPLAIN 进行分析

此时,type 的属性值为 range,表示仅检索给定范围内的行,使用索引来选择行。属性 possible_keys 值为 PRIMARY,表示当前表应用的是主键索引。

由此可见,表 t_user 增加主键索引后,EXPLAIN 后紧临 SQL 语句的查询效率已经提升。

> **扩展阅读：** EXPLAIN 中每个属性的含义。

EXPLAIN 相关信息中显示的内容解析如下：

(1) id：查询中 SELECT 的序列号。

(2) select_type：SELECT 类型，可以为 SIMPLE、PRIMARY、UNION、DEPENDENT UNION、SUBQUERY、DERIVED、DEPENDENT DERIVED、MATERIALIZED、UNCACHEABLE SUBQUERY 和 UNCACHEABLE UNION。这里为 SIMPLE，表示简单的 SQL 语句。

(3) table：当前 SQL 执行的表名。

(4) partitions：匹配记录的分区。对于非分区表，该值为 NULL。

(5) type：查询的联合的类型。下面从最好的类型到最差的类型（system、const、eq_ref、ref、fulltext、ref_or_null、index_merge、unique_subquery、index_subquery、range、index 和 ALL）进行描述。

- system：该表只有一行（= 系统表），这是 const 连接类型的特例。
- const：该表最多有一个匹配行，在查询开始时读取。因为只有一行，该行中该列的值可以被优化器的其余部分视为常量。const 表非常快，因为它们只被读取一次。
- eq_ref：使用唯一索引查找。连接使用索引的所有部分，并且索引是 PRIMARY KEY 或 UNIQUE NOT NULL 索引时使用它。
- ref：非唯一索引查询。可从该表中读取具有匹配索引值的所有行。如果连接仅使用键的最左前缀，或者键不是 PRIMARY KEY 或 UNIQUE 索引（换句话说，如果连接无法根据键值选择单行），则使用 ref。如果使用的键只匹配几行，这是一个很好的连接类型。
- fulltext：连接是使用 FULLTEXT 索引执行的。
- ref_or_null：这种连接类型类似于 ref，但会额外搜索包含 NULL 值的行。这种连接类型优化最常用于解析子查询。
- index_merge：此连接类型表示使用了索引合并优化。在这种情况下，输出行中的键列包含所使用索引的列表，key_len 包含所使用索引的最长键部分的列表。
- unique_subquery：只是一个索引查找函数，完全替换子查询以提高效率。
- index_subquery：这种连接类型类似于 unique_subquery。它取代了 IN 子查询，但它适用于以下形式的子查询中的非唯一索引。
- range：仅检索给定范围内的行，使用索引来选择行。输出行中的键列指示使用哪个索引。当使用 =、<>、>、>=、<、<=、IS NULL、<=>、BETWEEN、LIKE 或 IN() 运算符中的任何一个将键列与常量进行比较时，可以使用 range。
- index：索引连接类型与 ALL 相同，只扫描索引树。如果索引是查询的覆盖索引，可以满足表中所有需要的数据，则只扫描索引树。在这种情况下，额外列显示使用索引。仅索引扫描通常比 ALL 快，因为索引的大小通常小于表数据。使用从索引中读取来执行全表扫描以按索引顺序查找数据行。使用索引未出现在 Extra 列中。当查询仅使用属于单个索引的列时，可以使用此连接类型。
- ALL：对先前表中的每个行组合进行全表扫描。通常，可以通过添加索引来避免 ALL，这些索引允许基于常量值或早期表中的列值从表中检索行。

(6) possible_keys：显示可能应用在这张表中的索引。如果为空，没有可能的索引。可以为相关的域从 where 语句中选择一条合适的语句。

（7）key：实际使用的索引。如果为 null，则没有使用索引。很少情况下，MySQL 会选择优化不足的索引。这种情况下，可以在 select 语句中使用 use index（indexname）来强制使用一个索引或者用 ignore index（indexname）来强制 MySQL 忽略索引。

（8）key_len：使用的索引长度。在不损失精确性的情况下，长度越短越好。

（9）ref：显示当前表索引字段关联了哪张表的哪个列，如果有，会返回一个常数。

（10）rows：MySQL 认为必须检查的用来返回请求数据的行数。

（11）filtered：一个百分比的值，和 rows 列的值一起使用，可以估计出查询执行计划（QEP）中的前一个表的结果集，从而确定 join 操作的循环次数。小表驱动大表，减轻连接的次数。

（12）Extra：关于 MySQL 如何解析查询的额外信息。

4. 使用 DROP 删除索引

如果需要删除表的索引，可使用 ALTER 与 DROP 共同完成。例如，删除用户信息表 t_user 中的主键索引，语句如下：

```
ALTER TABLE t_user DROP PRIMARY KEY;
```

也可以通过 DROP 关键字指定表的索引名独立完成索引的删除工作。

语法格式

```
DROP INDEX <索引名> ON <表名>
```

功能列举

EXPLAIN 功能举例如下：
删除指定库表中索引创建的相关信息。

应用举例

分别删除订单信息表 t_order 中已经建立的两个索引 i_t_order_amount_create_time 和 INDEX i_t_order_o_id，语句如下：

```
DROP INDEX i_t_order_amount_create_time ON t_order;
DROP INDEX i_t_order_o_id ON t_order;
```

执行完成后，通过 SHOW 来查看 t_order 中的索引信息已经不存在了，如图 6-16 所示。

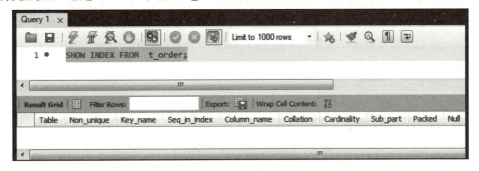

图 6-16　查看索引信息

6.2 视图

6.2.1 视图的概念及分类

视图

　　GaussDB（for MySQL）的项目开发中，会存在一些经常调用的功能相同的 SQL 语句。例如一张订单的信息、每位用户或者决策者，可能都涉及对于每张订单的了解。因此，这样的功能可以写成公共的语句供共享。视图（View）就具体这样的功能。很多时候，把视图描述成一种虚拟的表，认为它会像真实的表那样采用具体的行和列组织结构，但是它没有实际的表数据。通过在数据库的物化视图中是有表数据存在的，但遗憾的是在 GaussDB（for MySQL）中并没物化视图的功能。

　　GaussDB（for MySQL）数据库中只存放了构建视图的定义，视图相关的数据还是存在于视图涉及的表文件中。每次使用视图时，会由有权限的用户运行视图中相关的 SQL 语句，从 SQL 语句中涉及的表中计算取出，如图 6-17 所示。

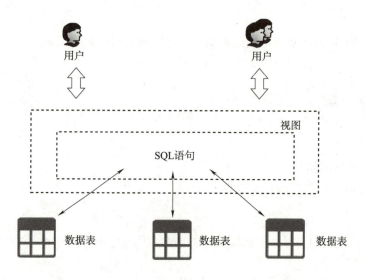

图 6-17　视图基本概念

　　视图中存放的是关于 SQL 规则的语句及视图元数据的定义，每次使用时，由视图中的 SQL 语句去相关的数据库中进行数据的调用。由此可知，当这些数据表产生变化时，视图也会受到实质性的影响。表中的数据发生变化时，相关视图查询的结果也会发生变化，表中的表结构发生变化时，一定要注意对视图的影响，以免造成视图语句不能使用的情况发生。

6.2.2 视图的创建与管理

　　本节将介绍 GaussDB（for MySQL）数据库中视图的创建、查看和删除操作。

1. 使用 CREATE 创建视图

　　GaussDB（for MySQL）数据库中视图可以由 CREATE VIEW 子句来完成视图的创建工作。

语法格式

```
CREATE VIEW <视图名>  [(<列名1,列名2,>)]
    AS <SELECT 语句>
```

功能列举

CREATE VIEW 功能举例如下：

将一个公用的 SQL 语句封装成视图。

应用举例

（1）将一张订单的信息写成一条 SQL 语句，并定义成视图，供大家使用。订单的查询列包括：订单编号（o_id）、收货人（o_consignee）、收货人电话（o_consignee_tel）、下单人（u_name）、订单费用（o_total_amount）、订单总额（total_amount）和支付金额（op_total_amount），具体实现过程如图 6-18 所示。

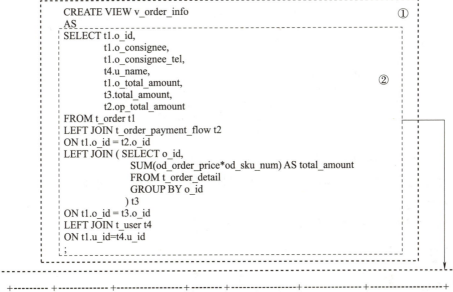

图 6-18 视图创建过程演示

其中：

①：创建一个名为 v_order_info 的视图。

②：视图中的 SQL 语句。该 SQL 语句的查询结果如③所示。

（2）以图 6-18 为基础，在创建视图时，将视图 SQL 语句中每个 SELECT 后面对应的列起一个新的列名，具体实现过程如图 6-19 所示。

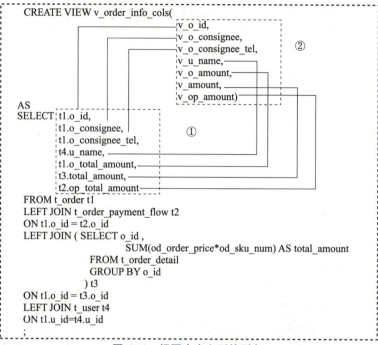

图 6-19　视图中定义列的别名

其中：

①：SELECT 语句从四张不同的表中查询出来的列名。

②：视图按①中 SELECT 后面对应的列的顺序，依次给列起一个别名。

2. 查询视图描述信息

通过 DESCRIBE 或 DESC 关键字，查看视图的字段信息。

语法格式

```
DESCRIBE | DESC<视图名>
```

应用举例

查询视图 v_order_info 的信息，实现过程如图 6-20 所示。

```
DESC v_order_info_cols;
+-------------------+--------------+------+-----+---------+-------+
| Field             | Type         | Null | Key | Default | Extra |
+-------------------+--------------+------+-----+---------+-------+
| v_o_id            | varchar(20)  | YES  |     | NULL    |       |
| v_o_consignee     | varchar(100) | YES  |     | NULL    |       |
| v_o_consignee_tel | varchar(20)  | YES  |     | NULL    |       |
| v_u_name          | varchar(50)  | YES  |     | NULL    |       |
| v_o_amount        | decimal(10,2)| YES  |     | NULL    |       |
| v_amount          | decimal(42,2)| YES  |     | NULL    |       |
| v_op_amount       | decimal(16,2)| YES  |     | NULL    |       |
+-------------------+--------------+------+-----+---------+-------+
```

图 6-20　查询视图中的字段信息

通过 SHOW CREATE VIEW 子句，查看视图的详细信息。

语法格式

```
SHOW CREATE VIEW<视图名>
```

应用举例

查看视图 v_order_info_cols 的详细信息。

```
SHOW CREATE VIEW v_order_info_cols \G ;
*************************** 1. row ***************************
                View: v_order_info_cols
         Create View: CREATE ALGORITHM=UNDEFINED DEFINER='root'@'localhost' SQL
SECURITY DEFINER VIEW 'v_order_info_cols'
('v_o_id','v_o_consignee','v_o_consignee_tel','v_u_name','v_o_amount','v_amount','v_op_amount') AS
select 't1'.'o_id' AS 'o_id','t1'.'o_consignee' AS 'o_consignee','t1'.'o_consignee_()_tel' AS
'o_consignee_tel','t4'.'u_name' AS 'u_name','t1'.'o_total_amount' AS 'o_total_amount','t3'.
'total_amount' AS 'total_amount','t2'.'op_total_amount' AS 'op_total_amount' from ((('t_order'
't1' left join
't_order_payment_flow' 't2' on(('t1'.'o_id' = 't2'.'o_id'))) left join (select 't_order_detail'.
'o_id' AS
'o_id',sum(('t_order_detail'.'od_order_price' * 't_order_detail'.'od_sku_num')) AS 'total_amount'
from
't_order_detail' group by 't_order_detail'.'o_id') 't3' on(('t1'.'o_id' = 't3'.'o_id'))) left
join 't_user' 't4'
on(('t1'.'u_id' = 't4'.'u_id')))
character_set_client: gbk
collation_connection: gbk_chinese_ci
1 row in set (0.00 sec)

ERROR:
No query specified
```

3. 使用 SELECT 查询视图

GaussDB（for MySQL）数据库中查询视图时，可以像操作一张表那样使用。

语法格式

```
SELECT <列名> FROM <视图名>
```

功能列举

CREATE VIEW 功能举例如下：
- 查询视图中的列。
- 对视图的结果进行统计。

应用举例

（1）查询视图 v_order_info 中的内容，并通过 WHERE 关键字筛选出已经支付过的订单的记录，具体实现过程如图 6-21 所示。

（2）查询视图 v_order_info_cols 中已经付款的信息，并统计每位用户消费的所有订单的总额，具体实现过程如图 6-22 所示。

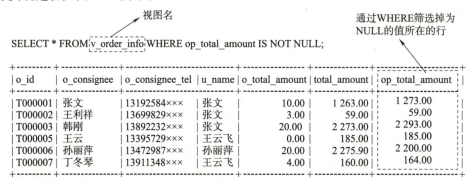

图 6-21　查询视图 v_order_info 中的内容

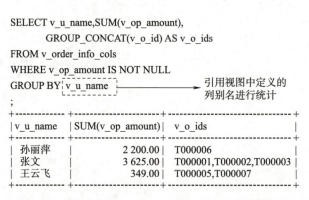

图 6-22　查询视图 v_order_info_cols 中内容并进行统计

4. 使用 DROP 删除视图

GaussDB（for MySQL）数据库中可以使用 DROP 关键字删除已经建立的视图。

语法格式

```
DROP VIEW <视图名1> [,<视图名2> …]
```

功能列举

DROP VIEW 功能举例如下：

删除一张或多张指定的视图。

● 删除视图时只是删除视图的定义，对视图中 SQL 语句对应的表没有影响。

应用举例

使用 DROP VIEW 子句删除已经建立的视图，实现过程如图 6-23 所示。

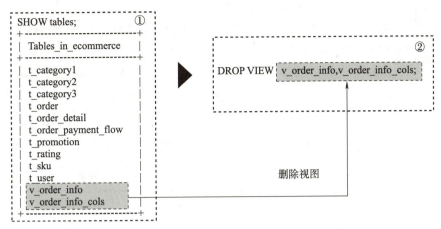

图 6-23 查询视图 v_order_info_cols 中内容并进行统计

其中：

①：通过 SHOW tables 语句，像查表一样查看当前数据库中有哪些视图，因为视图起名时按规范前面都加了一个"v_"的前缀，故从列表中非常容易辨别出方框中的两条记录 v_order_info 和 v_order_info_cols 是视图定义的。

②：通过 DROP VIEW 子句，同时删除①中查询出来的两张视图。

6.2.3 利用视图维护数据

GaussDB（for MySQL）中，可以应用 UPDATE 关键字进行视图数据的维护操作。

语法格式

UPDATE <视图名> SET <原始数据列名> = <变更数据列名>；

功能列举

UPDATE 视图功能举例如下：
更新视图中指定表的数据。

应用举例

某电商平台做促销，对于 139 网段的用户，进行免费升级进阶活动。即在用户信息表 t_user 中，所有手机号（u_phone_num）前 3 位为 139 的号码段对应的用户，如果用户级别（u_user_level）为 1，系统将会统一进行一次免费升级，即将用户级别提升为 2。具体实现过程如图 6-24 所示。

其中：

①：查询现有用户信息表中 139 号码段的用户编号、手机号码和用户级别的信息。

②：临时建立一张表（t_user_level_temp），用于存储需要进阶用户级别的用户 ID 名单，并构建出一个值为 2 的列（new_user_level）。注意不是临时表，因为视图不支持临时表的调用。

③：查询 t_user_level_temp 表，已将需要升级用户的 ID 号和新的用户级别信息准备好。

④：建立视图 v_t_user_level_phone3_update_temp，用于建立 t_user 表和构建的表 t_user_level_temp 的关联关系。

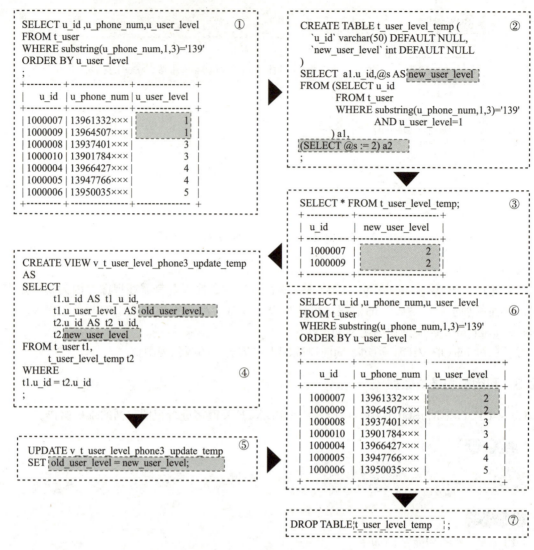

图 6-24 利用视图进行数据维护举例

⑤：应用 UPDATE 关键字，完成用户级别的升级操作。

⑥：查询用户信息表，发现原来 139 号码段中①中用户级别为 1 的信息已经更改为 2。

⑦：删除临时表 t_user_level_temp。

课后习题

1. 请列举自己知道的索引类型及功能。
2. 简述索引的应用场景。
3. 完成 6.1.2 节相关的图中 SQL 语句的内容。
4. 简述视图的应用场景。
5. 完成 6.2.2 节所有图中 SQL 语句的内容。

第 7 章
数据库编程

SQL 是一种典型的非过程化语言，前面章节中进行 SQL 解析时，按照 SQL 中的编写规则执行。如果一个大的业务功能需要多条 SQL 语句才能完成，这些 SQL 语句之间的执行逻辑可通过借助流程控制语句、函数、存储过程的知识来过程化 SQL，使数据库编程成为可能，同时也能处理相对 SQL 更复杂的内容。本章将带领学生学习这些内容，还包括事务、触发器、游标等知识。

重点难点

◎理解结构化语言基本知识。
◎掌握变量、流程控制的基本知识。
◎掌握存储过程和函数的基本语法与应用。
◎掌握事务的基本语法与应用。
◎掌握触发器的基本语法与应用。

7.1 SQL 编程基础

7.1.1 结构化查询语言

结构化查询语言（Structured Query Language，SQL），可以独立完成数据库生命周期中相关数据库表的建立、数据维护、数据统计查询，包括数据库安全等所有的工作。SQL 语言于 1974 年被首次提出后，经过不断发展、打磨（见图 7-1），发展至今，已成为关系型数据库应用热度最高的语言。

SQL 编程基础

SQL 专注于高层数据结构上的工作，这也给 SQL 的通用性带来了便利，即不需要考虑每种数据库底层存储的原理，只要支持 SQL 接口的数据库，基本都可以使用 SQL 语言，GaussDB (for MySQL) 也不例外。经过前面的学习，已经体会了 SQL 在数据（Data）的定义（Definition）、操作（Manipulation）、查询（Query）方面的应用，此外，SQL 在数据的控制（Control）方面也有着非常优秀的表现。为此，可将 SQL 分成 DDL、DML、DCL、DQL 四种分类，每种分类分工明确，如图 7-2 所示。

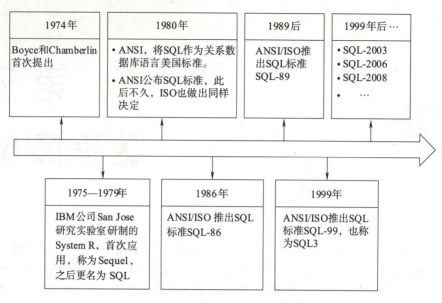

图 7-1　SQL 发展历史主要事件

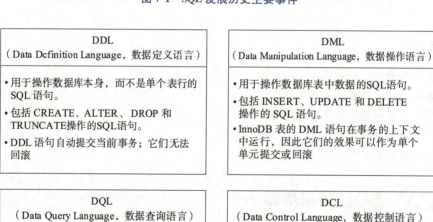

图 7-2　SQL 分类及功能描述

7.1.2　变量

第 5 章的 5.2 节进行订单商品价格计算时，应用了 SET 关键字和 SELECT 语句中进行变量赋值的操作，定义了商品的打折值，并参与了 SELECT 中字段间表达式的计算。可以说，变量是表达式中最基本的单元，是指能储存计算结果或能表示值的抽象概念。系统会为变量分配一块内存单元，用来存储各种类型的数据，然后给这些内存单元指定一个名字，即变量名，用户通过变量名能够给对应的内存单元赋值，或从内存单元中取值。仍以 5.2 节中变量的赋值与取值过程为例，对变量的应用进一步进行分析，如图 7-3 所示。

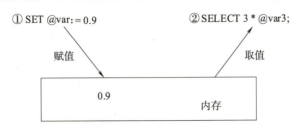

图 7-3　SQL 分类及功能描述

其中：

①：赋值表达式。通过 SET 关键字，定义一个名为@var 的变量，通过赋值运算符"：="将 0.9 赋值给变量@var，其实就是将值存入了变量@var 指定的内存单元中。

②：取值表达式。SELECT 语句中，通过变量名@var 从对应的内存单元中取出值 0.9，然后参与到 3 ＊ @var3 的表达式中。

这里，@var 是用户自定义的变量，除此之外，GaussDB（for MySQL）还包含一些系统变量，用于 GaussDB（for MySQL）系统自身使用。

1. 系统变量

GaussDB（for MySQL）服务器维护了许多内置的用于配置和系统运行时的系统变量，每个系统变量都有一个默认值。可以在服务器启动时使用命令行或选项文件中的选项设置系统变量。其中，大多数可以在服务器运行时通过 SET 语句动态更改，从而修改服务器的操作，而无须停止和重新启动它。用户也可以在表达式中使用系统变量值。

系统变量存在两个作用域。全局变量（Global Variables）影响服务器的整体运行。会话变量（Session Variables）影响其对单个客户端连接的操作。给定的系统变量可以同时具有全局值和会话值。全局和会话系统变量的关系如下：

（1）当服务器启动时，它会将每个全局变量初始化为其默认值。这些默认值可以通过在命令行或选项文件中指定的选项进行更改。

（2）服务器还为每个连接的客户端维护一组会话变量。客户端的会话变量在连接时使用相应全局变量的当前值进行初始化。例如，客户端的 SQL 模式由会话 sql_mode 值控制，该值在客户端连接到全局 sql_mode 值时进行初始化。

系统全局变量与会话变量的应用过程举例如下：

语法格式

查看"全局｜会话"变量名及值：

```
SHOW global | session variables;
```

查询指定"全局｜会话"变量的值：

```
SELECT @ @ global | @ @ session.<变量名>
```

设置"全局|会话"变量的值：

```
SET @ @ {global|session}.<变量名>=<变量值>
```

应用举例

查询数据库系统变量连接等待时间 wait_timeout 的当前值，然后通过 SET 关键字，分别以全局和会话的方式设置连接等时间为 10 h，具体实现过程如图 7-4 所示。

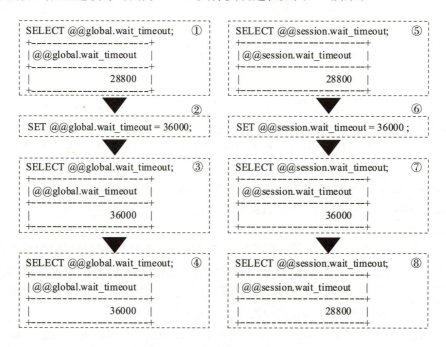

图 7-4 系统变量查询与设置过程

其中：

①：以全局的方式，查询系统变量连接等待时间属性 wait_timeout 当前的值为 28 800 s，运算成小时，即 28 800/60/60＝8 h。

②：通过 SET 关键字，以全局的方式设置 wait_timeout 值为 36 000，即为 10 h。

③：通过 SELECT 关键字，在当前会话窗口查询 wait_timeout 的值已变更为 36 000。

④：重新打开一个会话窗口，再次查询 wait_timeout 的值，也已变更为 36 000。

⑤：以会话的方式，查询 wait_timeout 属性当前的值为 28 800 s。

⑥：通过 SET 关键字，以会话的方式设置 wait_timeout 值为 36 000，即为 10 h。

⑦：通过 SELECT 关键字，在当前会话窗口查询 wait_timeout 的值已变更为 36 000。

⑧：重新打开一个会话窗口，再次查询 wait_timeout 的值，仍为原来的值 28 800 s。

由此可见，会话方式设置的值，只在当前会话窗口有效。全局方式设置的值，对所有会话窗口有效。

2. 用户自定义变量

用户自定义变量，主要指 GaussDB（for MySQL）系统以外用户在编写程序时自己需要临时存储数据的量,例如图 7-3 中的变量@var。除了可以用 SET 关键字或 SELECT 子句中通过赋值运算符":＝"和"＝"给变量赋值外,还可以通过 SELECT…INTO 的形式来完成变量的赋值工作。

语法格式

SELECT<列名> INTO <变量名> FROM<表名>;

这里需要注意的是,变量名需要提前定义或声明。

应用举例

从用户信息表中查询出用户编号 1000001 的用户的手机号,赋值给变量@var,实现过程如图 7-5 所示。

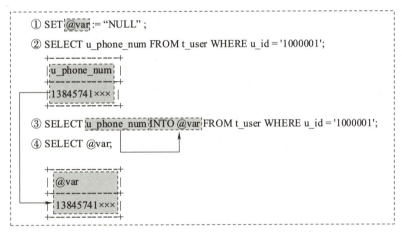

图 7-5 系统变量查询与设置过程

其中:

①:通过 SET 关键字声明变量@var,并赋值为 NULL 字符串。

②:通过 SELECT 语句,查询出用户编号 1000001 的用户的手机号为 13845741×××。

③:通过 SELECT 子句中的 INTO 关键字,将查询出来的手机号的值 13845741×××赋值给 SET 声明的变量@var。

④:通过 SELECT 关键字查询出变量@var 此时的值,结果表明赋值成功。

这里需要说明的是,变量的声明除了 SET 关键字,还可以通过 DECLARE 关键字实现,只不过,DECLARE 常用在存储过程中使用,参见 7.3 节。

7.1.3 流程控制

项目制作过程中,经常需要对数据库的操作过程进行选择、循环、转向和返回等控制。例如,SELECT 每周或每月的销售情况统计,经常需要判别当前日期是否为周末或月末。当分析哪类人群愿意买哪一类商品时,可能需要通过人的年龄数据离散化,即按出生日期算属于幼年、少年、青年、中年、老年人中的哪一类。GaussDB(for MySQL)中,为 SQL 语句提供了 IF() 函数、CASE 语句进行流程控制。除此之外,

流程控制

GaussDB（for MySQL）还支持 IF、ITERATE、LEAVE LOOP、WHILE、REPEAT 和 RETURN 构造流程控制语句，这些语句经常应用在存储过程或函数中。

1. SELECT 中 IF() 函数实现两分支流程控制

SELECT 语句中能够使用的流程控制语句是有限的，经常应用的有遵从 IF…ELSE 语句规则的 IF () 函数。下面将进行举例说明。

语法格式

```
IF(<条件表达式> ,<表达式 1> ,<表达式 2> )
IFNULL(<表达式 1> ,<表达式 2> );
```

其中：
- IF() 函数接受 3 个参数，内核遵从 IF…ELSE 语句的语法格式。如果<条件表达式>为 TRUE，则返回<表达式 1>的值，否则返回<表达式 2>的值。
- IFNULL() 函数，接受两个参数，内核遵从 IF…ELSE 语句的语法格式。如果判断<表达式 1>为空值，则显示<表达式 2>的值，否则显示<表达式 1>的结果。

应用举例

查询订单信息，如果订单还没有付款，则标注"未付款"；如果是周末（这里将周六和周日视为周末）下的订单，则标注"是"。

（1）先了解一下 IF () 函数求解周末的一种方法，如图 7-6 所示。

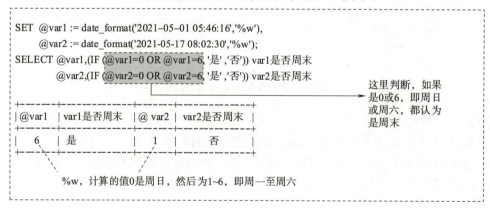

图 7-6　SELECT 语句中 IF 函数举例

（2）再了解一下 IFNULL 求解是否付款的语句的写法，如图 7-7 所示。

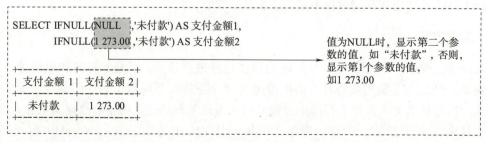

图 7-7　SELECT 语句中 IFNULL () 函数举例

（3）应用 IF（）和 IFNULL（）函数，读取题目中要求的订单信息，实现过程如图 7-8 所示。

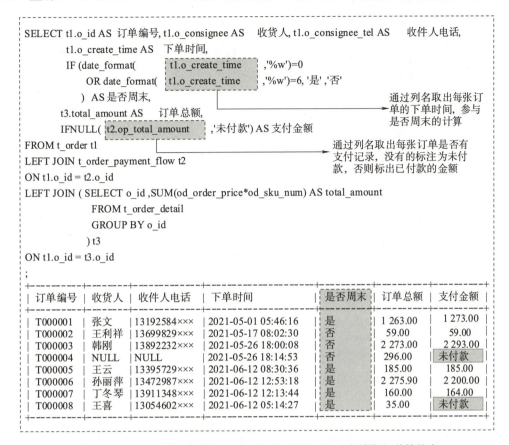

图 7-8 SELECT 语句中应用 IF（）和 IFNULL（）函数读取订单的信息

2. SELECT 中 CASE 语句实现多分支流程控制

CASE 语句可以用来实现多条件判断的流程控制语句，提供了多个条件进行选择。

语法格式

```
CASE
    WHEN<搜索条件表达式>  THEN <执行语句列表>
    [WHEN<搜索条件表达式>  THEN <执行语句列表> ] …
    [ELSE<执行语句列表> ]
END CASE
```

CASE…END CASE 语句中，当 WHEN 紧临的<搜索条件表达式>为真时，执行紧临的 THEN 对应的<执行语句列表>内容，如果所有<搜索条件表达式>为假时，搜索 ELSE 后面紧临的<执行语句列表>的内容。

应用举例

将用户年龄离散化，计算不同年龄段的用户注册后，是否参与了购物的行为，具体实现过程如图 7-9 所示。

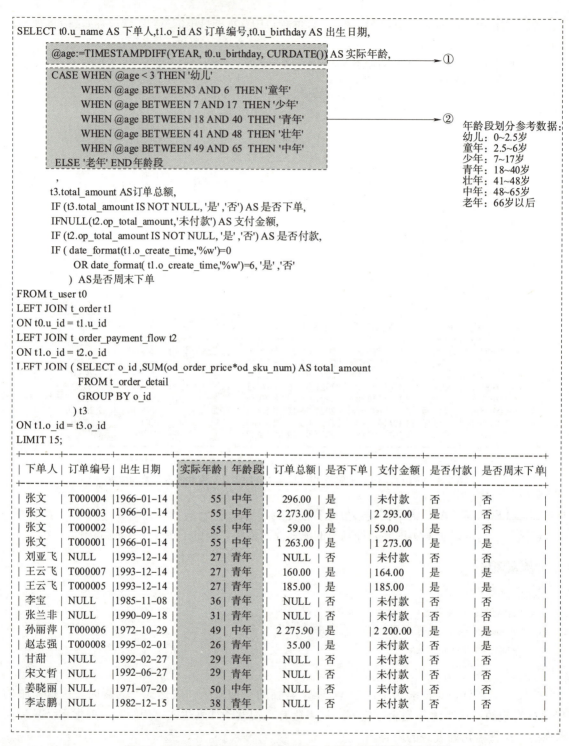

图 7-9　SELECT 语句中应用 CASE 语句完成年龄段信息的离散化

其中：

①：应用了函数 TIMESTAMPDIFF()，进行注册用户当前实际年龄的计算，并将计算结果

赋值给变量@age。其中，TIMESTAMPDIFF() 应用方法如图 7-10 所示。

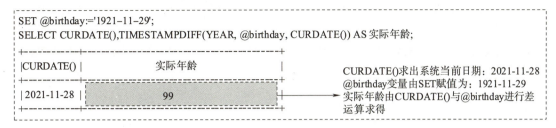

图 7-10　SELECT 语句中应用 CASE 语句完成年龄段信息的离散化

②：应用 CASE 语句，基于①中@age 变量获取的用户实际年龄，应用 CASE 语句进行年龄段的划分，如果单独运行，可参考图 7-11 的做法。

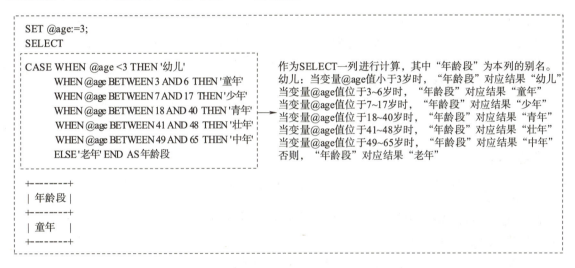

图 7-11　SELECT 语句中应用 CASE 语句进行数据离散化演示

3. 可基于存储过程和函数等应用的流程控制语句

GaussDB（for MySQL）可支持基本数据库编程的功能，用户通过在存储过程或函数中实现这些编程功能，支持的流程控制语句更加丰富，例如用 IF、CASE、ITERATE、LEAVE、LOOP、WHILE、REPEAT 和 RETURN 构造流程控制语句。下面对这些语句的语法进行介绍。

（1）IF 语句

IF 语句用来进行条件判断。根据是否满足条件（可包含多个条件）来执行不同的语句，是流程控制中最常用的判断语句。

语法格式

```
IF<判断条件表达式>　THEN <执行语句列表>
    [ELSEIF<判断条件表达式>　THEN <执行语句列表> ]…
    [ELSE<执行语句列表> ]
END IF
```

如果 IF<判断条件表达式>的结果为真，执行紧临的 THEN 后面的<执行语句列表>，如果有 ELSEIF 语句，则继续进行<判断条件表达式> 的判断，直到 END IF，IF 语句结束。

(2) CASE 语句

除了前面对数据表中的列对应的值进行判断的应用形式，CASE 语句还有一种依据指定值进行分支的形式，语法如下：

语法格式

```
CASE<参考变量>
    WHEN <参考变量取值1>  THEN <执行语句列表1>
    [WHEN<参考变量取值2>  THEN <执行语句列表2> ] …
    [ELSE<执行语句列表n> ]
END CASE
```

CASE 指定的<参考变量>的取值与哪个 WHEN 指定的<参考变量取值*>相等，则执行其紧临的<执行语句列表*>，如果条件都不满足，则执行 ELSE 指定的<执行语句列表 n>，遇到 END CASE，CASE 语句运行结束。

(3) ITERATE 语句

ITERATE 是"再次循环"的意思，用来跳出本次循环，直接进入下一次循环。ITERATE 只能出现在 LOOP、REPEAT 和 WHILE 语句中使用。

语法格式

```
ITERATE <循环标签>
```

在循环语句中，遇到 ITERATE 指定<循环标签>跳出本次循环。

(4) LEAVE 语句

LEAVE 语句用于退出具有给定<标签>的流控制构造。

语法格式

```
LEAVE <标签>
```

如果<标签>用于最外层存储的程序块，则退出程序。LEAVE 可用于 BEGIN … END 或循环结构（LOOP、REPEAT、WHILE）语句。

(5) LOOP 语句

LOOP 实现了一个简单的循环结构，语法如下：

```
[<开始标签> :] LOOP
    <执行语句列表>
END LOOP [<结束标签>]
```

LOOP 允许重复执行<执行语句列表>，<执行语句列表>由一条或多条语句组成，每条语句以带分号（;）的语句作为分隔符终止。循环中的语句会重复执行，可由 LEAVE 语句指定循环终止条件。在存储函数中，也可以使用 RETURN 语句，它会完全退出函数。

(6) WHILE 语句

WHILE 实现了一个有条件循环结构的语句，语法如下：

语法格式

```
[<开始标签>:] WHILE <搜索条件表达式> DO
    <执行语句列表>
END WHILE[<结束标签>]
```

只要<搜索条件表达式>结果为真，WHILE 语句中的<执行语句列表>就会重复。<执行语句列表>可由一条或多条 SQL 语句组成，每条语句以带分号（;）的语句作为分隔符终止。

(7) REPEAT 语句

REPEAT 实现了一个有条件循环结构的语句，语法如下：

语法格式

```
[<开始标签>:] REPEAT
    <执行语句列表>
UNTIL<搜索条件表达式>
END REPEAT[<结束标签>]
```

重复 REPEAT 语句中的语句列表<执行语句列表>，直到<搜索条件表达式>结果为真。因此，REPEAT 总是至少进入循环一次。<执行语句列表>可由一条或多条 SQL 语句组成，每条语句以带分号（;）的语句作为分隔符终止。

(8) RETURN 语句

RETURN 实现了一个终止存储函数的执行语句，语法如下：

语法格式

```
RETURN <表达式>
```

RETURN 语句终止存储函数的执行并将<表达式>的值返回给函数调用者。存储函数中必须至少有一个 RETURN 语句。如果函数有多个退出点，则可能不止一个。

此语句不用于存储过程、触发器或事件。LEAVE 语句可用于退出这些类型的存储程序。

7.1.4 操作运算符

无论是在 SELECT 查询语句、UPDAT 等维护数据的 SQL 语句中，还是在流程控制语句中，都会涉及表达式计算。

表达式通常是指由数字、运算符、数字分组符号（括号）、变量等所有能求出数值的算子，经过与有意义的运算符进行有效的排列所得到的组合。在 GaussDB（for MySQL）中，表达式中各运算符可分为比较运算符、逻辑运算符和赋值运算符 3 种。在多个不同运算符的表达式中，算子间运算的先后顺序由运算符的优先级决定。算子间的分组可由（括号）表达。GaussDB（for MySQL）中的算子可由数据库表中的列来表达，也可以由函数计算结果或变量等所有能被允许求出数值的内容来表达。

7.2 存储过程

7.2.1 存储过程的概念

存储过程

SQL2003 标准支持的 SQL/PSM 存储过程是由过程化 SQL 语句书写的过程,这个过程经编译和优化后存储在数据库服务器中,因此称为存储过程,使用时只要调用即可。过程化 SQL 语句的基本结构是块,而存储过程是过程化 SQL 块中的典型代表,可以看作是一组为了完成特定功能的 SQL 语句集合。通常,SQL 语句在执行时需要先编译再执行,而存储过程却不像解释执行的 SQL 语句那样在提出操作请求时才进行语法分析和优化工作,而是可以对存储过程中的语句进行预编译,编译和优化后的内容存储在数据库服务器中,供需要的人员调用。可见,使用存储过程是具有一定的优势的,具体如下:

(1) 运行效率高。因存储过程是有预编译过程的,提供了在服务器端快速执行 SQL 语句的有效方法,故相对非结构化 SQL 运行效率更高。

(2) 灵活、易用。存储过程中可以实现多个事务的 SQL 间进行调用的传递,且可以通过控制语句来控制事务间运转的流程。控制流程语句可嵌套构建,使用起来非常方便灵活。

(3) 降低网络流量的负载。存储过程是在服务器端运行的,客户机上的应用程序只要通过网络向服务器发出调用存储过程的名字和参数,就可以让数据库管理系统执行存储过程中定义的 SQL 语句,将执行的结果返回客户端。

(4) 具有封装性,方便项目管理。把项目中一些复杂的运算程序按规则写成存储过程放入数据库服务器中进行统一管理,方便集中控制和维护。

过程化 SQL 中基本结构块的参考结构如下:

```
BEGIN
/*定义部分*/
DECLARE --声明变量、常量、游标、异常
//执行部分
    <sql 语句或带流程控制的语句等>
END
```

过程化 SQL 块主要有命名块和匿名块两种类型。其中匿名块每次执行时都要进行编译,它不能被存储到数据库中,也不能在其他过程化 SQL 块中调用。过程和函数是命名块,它们被编译后保存在数据库中,称为持久性存储模块(Persistent Stored Module,PSM),可以被反复调用,运行速度较快。为此,将一些较共性的或应用频繁的计算规则,或一系列 SQL 语句进行打包存储,是一件值得做的事情,存储过程和函数都可以完成这样的事情。

7.2.2 简单存储过程的创建与执行

存储过程可由 CREATE PROCEDURE 引领的语句创建,语法如下:

创建存储过程的语法格式:

```
CREATE FUNCTION[数据库名.]<存储过程名>
    BEGIN
        <sql 语句或带流程控制的语句等>
    END
```

<存储过程名>默认在当前数据库中创建，可通过可选项在指定的[数据库名.]中建立存储过程。这里需要注意的是，在给存储过程起名时，要避免与 GaussDB（for MySQL）中已经存在的内置函数或自定义函数重名，否则会发生错误。存储过程的存储过程体中，通常以关键字 BEGIN 开始，END 结束。DECLARE 可以在这个过程中声明变量、捕获异常等操作。

执行存储过程的语法格式：

```
CALL [数据库名.]<存储过程名>
```

应用举例

以图 7-9 中的语句为例，项目需求中认定这是一个经常被决策人员调用和使用的语句，考虑存储过程自身的优势，将其写在存储过程中供应用程序调用。

（1）创建存储过程，实现过程如图 7-12 所示。

图 7-12 MySQL Workbench 8.0 CE 编写存储过程

第 1 行、第 32 行：在程序编写窗口的第 1 行，DELIMITER 命令定义"$$"为将要编写的语句块的结束标识。这是由于 GaussDB（for MySQL）中默认分号";"为语句结束标识。由于存储过程中可能会存在多个 SQL，每个 SQL 结束时都会有一个分号";"结尾，这样会让语句整体终止，故在编写存储过程之前，应用了 DELIMITER $$ 命令。而在存储过程的程序结束（遇到了"$$"，如第 31 行）时又用所示"DELIMITER ;"命令恢复了 GaussDB（for

MySQL）中默认的结尾标识。

第 2 行：应用 CREATE PROCEDURE 命令指定在 ecommerce 数据库中创建名为 p_get_user 的存储过程。

第 3 行、第 31 行：第 3 行应用 BEGIN 关键字表示存储过程体的开始；第 31 行表示 END 存储过程体的结束。同时遇到"$$"，表示 GaussDB（for MySQL）中语句的结束。

第 4~30 行：应用了图 7-9 中描述的 SQL 语句，用于查询用户订单的基本信息以及一些离散后的信息，供决策人员使用。

在客户端 MySQL Workbench 8.0 CE 的窗口中编写完存储过程代码后，单击 ⚡ 按钮，运行编写好的存储过程，此时刷新左侧 Navigator 窗口下的 Stored Procedures 选项，即可看到新建的存储过程 p_get_user。

（2）执行存储过程，查询结果如图 7-13 所示。

`CALL ecommerce.p_get_user();` → 执行该语句，得到存储过程中SQL的查询结果

下单人	订单编号	出生日期	实际年龄	年龄段	订单总额	是否下单	支付金额	是否付款	是否周末下单
张文	T000004	1966-01-14	55	中年	296.00	是	未付款	否	否
张文	T000003	1966-01-14	55	中年	2 273.00	是	2 293.00	是	否
张文	T000002	1966-01-14	55	中年	59.00	是	59.00	是	否
张文	T000001	1966-01-14	55	中年	1263.00	是	1 273.00	是	否
刘亚飞	NULL	1993-12-14	27	青年	NULL	否	未付款	否	否
王云飞	T000007	1993-12-14	27	青年	160.00	是	164.00	是	是
王云飞	T000005	1993-12-14	27	青年	185.00	是	185.00	是	是
李宝	NULL	1985-11-08	36	青年	NULL	否	未付款	否	否
张兰非	NULL	1990-09-18	31	青年	NULL	否	未付款	否	否
孙丽萍	T000006	1972-10-29	49	中年	2 275.90	是	2 200.00	是	是
赵志强	T000008	1995-02-01	26	青年	35.00	是	未付款	否	是
甘甜	NULL	1992-02-27	29	青年	NULL	否	未付款	否	否
宋文哲	NULL	1992-06-27	29	青年	NULL	否	未付款	否	否
姜晓丽	NULL	1971-07-20	50	中年	NULL	否	未付款	否	否
李志鹏	NULL	1982-12-15	38	青年	NULL	否	未付款	否	否
孙丽丽	NULL	1966-10-07	55	中年	NULL	否	未付款	否	否
姜文成	NULL	1972-08-29	49	中年	NULL	否	未付款	否	否
刘飞儿	NULL	1998-02-26	23	青年	NULL	否	未付款	否	否
王芸	NULL	1986-04-29	35	青年	NULL	否	未付款	否	否
王韵雅	NULL	1994-07-15	27	青年	NULL	否	未付款	否	否
张小非	NULL	1955-06-24	66	老年	NULL	否	未付款	否	否
孙文斌	NULL	1972-01-25	49	中年	NULL	否	未付款	否	否
李志刚	NULL	1998-10-09	23	青年	NULL	否	未付款	否	否
王志国	NULL	1951-10-22	70	老年	NULL	否	未付款	否	否

图 7-13 执行存储过程后的结果

7.2.3 带参数存储过程的创建与执行

存储过程中是允许参数传递的，项目中可通过这些参数，甚至借助于流程控制语句完成更加强大的功能。带参数的存储过程语法如下：

语法格式

（1）创建带参数的存储过程的语法格式：

```
CREATE FUNCTION[数据库名.]<存储过程名>  ( [{[ IN | OUT | INOUT ] <参数名>  <类型> }[,…] ] )
```

```
BEGIN
    <sql 语句或带流程控制的语句等>
END
```

GaussDB（for MySQL）中，存储过程支持 IN、OUT 和 INOUT 三种类型的参数，定义每种参数都要指定<参数名>和<类型>。其中，IN 表示输入参数，可以将其定义变量中的值传递给当前存储过程体中的语句使用；OUT 表示输出参数，与 IN 相对，会将存储过程内容输出；INOUT 是输入输出参数，既可以充当输入参数也可以充当输出参数。

> **注意：**
> 在给这些参数起名时，一定要避开已有的数据表中列的名字，尽量起具有本身意义的名称，以免引发不可预知的错误。

（2）执行存储过程。

```
CALL [数据库名.]<存储过程名>
```

应用举例

在图 7-13 的基础上，给存储过程传递输入参数 age_stage（年龄段），并求出输入年龄段对应的记录，并统计当前年龄段的人数。实现过程如图 7-14 所示。

其中：
①为创建存储过程。
②为调用存储过程，同时输入参数为"青年"，将存储过程输出的内容赋值给@num。
③为获得@num 的值。

7.2.4 存储过程的维护

GaussDB（for MySQL）提供了存储过程查看、修改和删除的方法。

语法格式

查看存储过程的语法格式：

```
SHOW PROCEDURE STATUS LIKE [数据库名.]<存储过程名>;
```

修改存储过程的语法格式：

```
ALTER PROCEDURE STATUS LIKE[数据库名.]<存储过程名> [存储过程特性];
```

其中，[存储过程特性] 包括 COMMENT、LANGUAGE SQL、CONTAINS SQL、NO SQL、READS SQL DATA、MODIFIES SQL DATA、SQL SECURITY｛DEFINER｜INVOKER｝。

- COMMENT：表示注释信息。
- LANGUAGE SQL：说明存储过程执行体是由 SQL 语句组成的，当前系统支持的语言为 SQL。

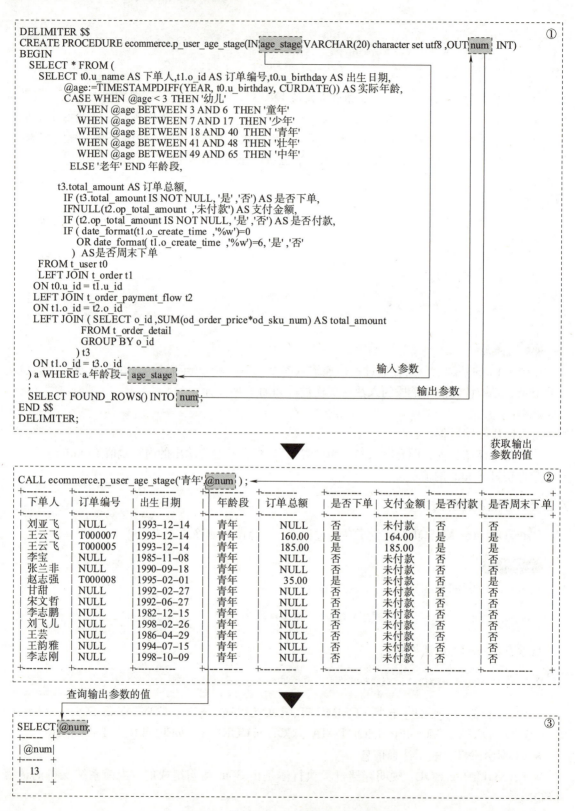

图 7-14 带参数存储过程创建与执行演示

- CONTAINS SQL：表示子程序包含 SQL 语句，但不包含读或写数据的语句。
- NO SQL：表示子程序中不包含 SQL 语句。
- READS SQL DATA：表示子程序中包含读数据的语句。
- MODIFIES SQL DATA：表示子程序中包含写数据的语句。
- SQL SECURITY ｛ DEFINER ｜ INVOKER ｝：指明谁有权限来执行。
- DEFINER：表示只有定义者自己才能够执行。
- INVOKER：表示调用者可以执行。

查看存储过程的语法格式：

```
DROP PROCEDURE [IF EXISTS][数据库名.]<存储过程名>;
```

应用举例

（1）查看已经建立的存储过程 ecommerce.p_user_age_stage，语句如下：

```
SHOW PROCEDURE STATUS LIKE 'p_user_age_stage';
```

（2）修改存储过程 p_user_age_stage，将读写权限改为 MODIFIES SQL DATA，指明调用者可以执行。

```
ALTER PROCEDURE p_user_age_stage MODIFIES SQL DATA SQL SECURITY INVOKER;
```

此时会发现安全类型由原来的 DEFINER 变更为 INVOKER。

（3）删除存储过程 p_user_age_stage，语句如下：

```
DROP PROCEDURE IF EXISTS ecommerce.p_user_age_stage;
```

此时，再次刷新左侧 Navigator 窗口下的 Stored Procedues 选项，可以看到 ecommerce 数据库下的存储过程 p_user_age_stage 已经不存在。

7.3 自定义函数

7.3.1 自定义函数的概念

在 5.3.3 节，已经介绍过 GaussDB（for MySQL）中的一些系统函数，除此之外，GaussDB（for MySQL）还向用户开放了自行定义函数的接口，用户可以依据项目中的需要，将一些共性的需要求值的内容进行函数封装，供项目使用，如图 7-15 所示。

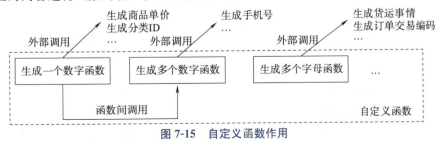

图 7-15 自定义函数作用

自定义函数内容通常是重复应用的内容，且函数可以被外部直接调用，也支持函数间的调用。函数每次被调用时，就会执行一次它封装的内容，项目开发时一定程度地降低了语句的冗余性并提高了代码的执行效率。但需要注意的是，函数注重返回值，且是一个值，并不赞成返回一个结果集，这就限制了一些语句的执行。

7.3.2 自定义函数的创建与使用

自定义函数的创建过程可由 CREATE FUNCTION 语句引领，语法如下：

语法格式

（1）创建函数的语法格式：

```
CREATE FUNCTION<函数名>([<参数名 参数类型>[,…]])
    RETURNS<任何有效的数据类型>
```

<参数名 参数类型>是可选项，可以没有此项，也可以拥有多项。

（2）调用函数的基本语法格式：

```
SELECT <函数名>
```

（3）删除函数的基本语法格式：

```
DROP FUNCTION [IF EXISTS]<函数名>
```

应用举例

（1）生成一个指定范围随机数据演示。

如果需要对项目数据库 ecommerce 中的表生成实验数据，表中对应的列数据常常会涉及数字组成方式。所以构建一个可以通用的生成数字的函数是较实用的做法。

①创建函数，具体实现过程如图 7-16 所示。

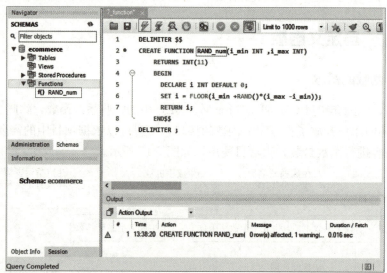

图 7-16　MySQL Workbench 8.0 CE 中编写自定义函数

在客户端 MySQL Workbench 8.0 CE 窗口中编写函数代码，然后单击⚡按钮，执函数代码，刷新左侧 Navigator 窗口下的 Function 选项，可以看到新建的函数 RAND_num。

第1行：DELIMITER ＄＄：定义语句块结束标志＄＄。

第2行：定义函数名 RAND_num，定义整型参数 i_min（最小值）和 i_max（最大值）。

第3行：定义函数 RAND_num（），的返回数据类型为整型。

第4~8行：执行语句块，至"＄＄"表示执行语句块结束。

第5行：DECLARE 声明整型变量 i，且默认值为0。

第6行：计算 [i_min, i_max] 范围的随机数，并赋值给变量 i。

第7行：返回变量 i 的值。

第9行：DELIMITER 定义语句块结束标志为"；"。这是因为它是系统本身的默认值。

构建生成指定区间整数的语句时，涉及 FLOOR 和 RAND 两个函数的应用。

● FLOOR（）：返回不大于参数的最大整数值，即去掉参数值的小数部分。
● RAND（）：返回一个 [0，1] 之间的随机浮点值。

将两个函数组合成可以生成指定区间 [min，max] 之间数据的公式为：

```
FLOOR(min + RAND() * (max - min))
```

应用公式求解 [10，20] 区间的随机数据，实现过程如图 7-17 所示。

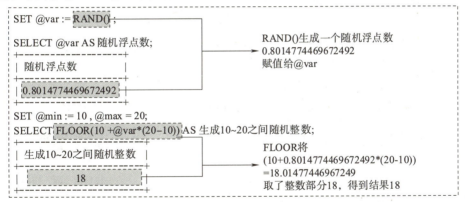

图 7-17 自定义函数作用

②使用函数。可通过 SELECT 去调用函数 RAND_num（），调用过程及运行结果如图 7-18 所示。

图 7-18 SELECT 调用自定义函数 RAND_num( )

③删除函数。在客户端 MySQL Workbench 8.0 CE 的窗口中输入删除函数 RAND_num（）的语句，并单击⚡按钮执行代码，此时刷新左侧 Navigator 窗口中的 Functions 选项，发现函数

RAND_num()已经不存在了，如图7-19所示。

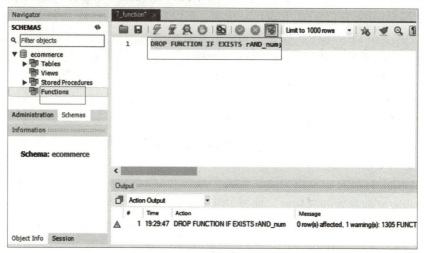

图7-19　MySQL Workbench 8.0 CE中删除函数

（2）函数调用函数的演示。

基于（1）中生成的函数，运行循环流程控制语句WHILE，生成指定范围、指定位数和指定分隔符的一组数据，实现过程如图7-20所示。

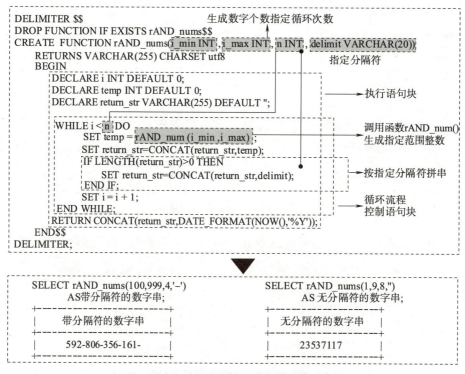

图7-20　函数调用函数的演示

（3）生成指定长度的由大写和小写字母组成的字符串。

项目中，常会有由字母组成的串，例如密码，函数的实现过程如图7-21所示。

图 7-21　生成指定长度的由大写和小写字母组成的字符串

（4）随机取出连续字符的函数的演示。

编写连续截取指定个数字符的函数，获取手机号段。SELECT 查询多个函数拼串。下面以生成手机号为例，来演示这样的功能，实现过程如图 7-22 所示。

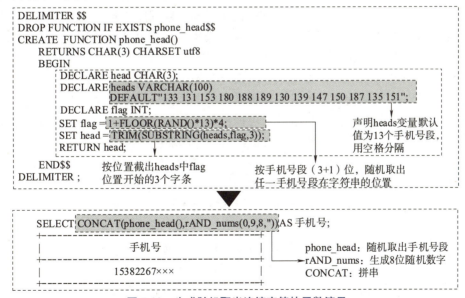

图 7-22　生成随机取出连续字符的函数演示

在进行大数据实验时，首先需要的是大量的数据。无论是在项目组开发测试时，还是日常学习中，都非常重要。然而，一些真实的数据由于版权或各种原因，是难以获取的，即使一些能获取的数据，也可能存在各种噪声、缺失，未必很适合开发测试使用。这时能够按已知需求的表结构生成大量的数据，成为必要的事情。在本书的项目中，主要涉及订单的相关信息，这些信息包含的数据中，很多字段都是由数字、字母或数据与字母的组合来完成。例如，手机号可以由数字组成，密码、订单交易编号可以由字母或数字与字母的组合组成。因此，编写一些函数，能够生成指定长度的数据、字母是很有必要的。

7.4 事务

7.4.1 事务的概念

事务和触发器

一个存取或更改数据库的程序的运行称为数据库事务，简称事务。事务是数据库应用程序的基本逻辑单位。每个事务涉及的所有操作，要么全部被成功地完成且这些操作的结果被永久地存储到数据库中，要么这个事务对数据库和其他事务没有任何影响。我们称这种性质为事务的原子性。保证事务原子性是事务处理的重要目的。默认每条 SQL 是一个独立的小事务，一个事务中也可能由多条 SQL 组成，例如下一张订单，当订单提交时，需要分别编写 SQL 语句向订单信息表、订单详情表中插入数据，如果付款还需要编写 SQL 语句向订单支付表中同时插入数据。这 3 条 SQL 语句实现的向 3 张表中插入数据的动作，如果有一条 SQL 语句执行失败，都会导致数据的不一致性。我们期望将向 3 张表中插入数据的动作能作为一个完整的大的事务来处理，一旦中间有哪张表插入数据失败，则进行事务回滚，即恢复到最初 3 张表没插入数据的状态，以此保证大事务的原子性。

数据库系统数据库恢复机制的目的有两个。一是保证事务的原子性，即确保一个事务被交付运行之后，要么该事务中的所有数据库操作都被成功地完成，而且这些操作的结果被永久地存储到数据库中；要么这个事务对数据库没有任何影响。数据库管理系统绝不允许一个事务的部分数据库操作被成功地执行，而另一部分数据库操作失败或没有被执行。二是当系统发生故障以后，数据库能够恢复到正确状态。

当一个事务进入失败状态后，数据库管理系统首先应该消除该事务已经操作的事件对数据库和其他事务的影响，然后使该事务进入异常结束状态。保证事务的原子性较常用的一种方法是串行化，尤其在并发机制中，一个事务中各操作的执行顺序和执行时机，一方面取决于事务自身内部逻辑中各操作的执行顺序和执行时机，另一方面取决于 DBMS 所采用的合适的并发调度机制合理安排各个事务的执行顺序，用以保障数据库事务中 4 个基本要素：原子性（Atomicity）、一致性（Consistency）、隔离性（Isolation）和持久性（Durability）的性质。

（1）原子性：指一个事务要么全部执行，要么完全不执行。也就是不允许一个事务只执行了一半就停止。

（2）一致性：事务在开始和结束时，应该始终满足一致性约束条件，不管在任何给定的时间并发事务有多少。也就是说，如果事务是并发多个，系统也必须如同串行事务一样操作。其主要特征是保护性和不变性。

（3）隔离性：如果有多个事务同时执行，彼此之间不需要知晓对方的存在，而且执行时互不影响，不允许出现两个事务交错、间隔执行部分任务的情形，即事务之间需要序列化执行。

（4）持久性：事务的持久性是指事务运行成功以后，对系统状态的更新是永久的，不会无缘故地撤销回滚。

7.4.2 事务的基本操作

由于事务处理的重要目的就是如何来保证事务的原子性，为此，事务的语法格式采用构建多个 SQL 形成一个大的事务，按一定的执行顺序执行，统一提交，一旦失败，将数据回滚至最初的状态。为了满足这样的要求，事务提供的语法格式如下：

语法格式

```
BEGIN;或 START TRANSACTION;
    <执行语句>
ROLLBACK;
COMMIT;
```

其中：
- BEGIN 或 START TRANSACTION：表示事务开始。
- <执行语句>：要执行的一组 SQL 语句。
- ROLLBACK：通过设置在<执行语句>产生异常或故障时，撤销事务。即将所有已完成的操作全部撤销，回滚到事务开始时的状态，也标志着事务的结束。
- COMMIT：提交事务，将事务中所有更新都修改成数据库的永久部分，事务结束。这里需要注意的是，一旦执行该命令，将不能回滚事务。

应用举例

（1）建立事务，用户在电商平台下了一个订单，请将订单的数据插入订单信息表 t_order 中，当前订单中的商品数量、价格等插入到订单详情表 t_order_detail 中。认真体会 ROLLBACK 与 COMMIT 的区别。

- 建立订单信息表 t_order 和订单详情表 t_order_detail，如图 7-23 所示。

```
#如果数据库中两张表已经存在 则删除,
DROP TABLE IF EXISTS `t_order_detail`;
DROP TABLE IF EXISTS `t_order`;

#创建订单详情表
CREATE TABLE `t_order_detail` (
 `od_id` varchar(30) DEFAULT NULL COMMENT '编号',
 `o_id` varchar(20) DEFAULT NULL COMMENT '订单编号',
 `sku_id` varchar(20) DEFAULT NULL COMMENT '商品编号',
 `pmt_id` bigint DEFAULT NULL COMMENT '促销id',
 `od_order_price` decimal(10,2) DEFAULT NULL COMMENT'购买价格(下单时sku价格)',
 `od_sku_num` int DEFAULT NULL COMMENT '购买数量');
```

```
#创建订单信息表
CREATE TABLE `t_order` (
 `o_id` varchar(20) DEFAULT NULL COMMENT '编号',
 `o_consignee` varchar(100) DEFAULT NULL COMMENT '收货人',
 `o_consignee_tel` varchar(20) DEFAULT NULL COMMENT '收件人电话',
 `o_total_amount` decimal(10,2) DEFAULT NULL COMMENT '总金额',
 `o_order_status` varchar(1) DEFAULT NULL COMMENT '订单状态',
 `u_id` varchar(50) DEFAULT NULL COMMENT '用户id',
 `o_payment_way` varchar(20) DEFAULT NULL COMMENT '付款方式',
 `o_delivery_address` varchar(1000) DEFAULT NULL COMMENT '送货地址',
 `o_comment` varchar(200) DEFAULT NULL COMMENT '订单备注',
 `o_out_trade_no` varchar(50) DEFAULT NULL COMMENT '订单交易编号',
 `o_trade_body` varchar(200) DEFAULT NULL COMMENT '订单描述',
 `o_create_time` datetime DEFAULT NULL COMMENT '创建时间',
 `o_operate_time` datetime DEFAULT NULL COMMENT '物流时间',
 `o_expire_time` datetime DEFAULT NULL COMMENT '失效时间',
 `o_tracking_no` varchar(100) DEFAULT NULL COMMENT '物流单编号',
 `o_parent_order_id` varchar(20) DEFAULT NULL COMMENT '父订单编号',
 `o_img_url` varchar(200) DEFAULT NULL COMMENT '图片路径');
```

图 7-23　建立两张空数据表

- 编写事务，向两张表中插入数据，分别用 ROLLBACK 与 COMMIT 进行事务提交，再查看插入数据的两张表的具体情况，程序的实现过程如图 7-24 所示。

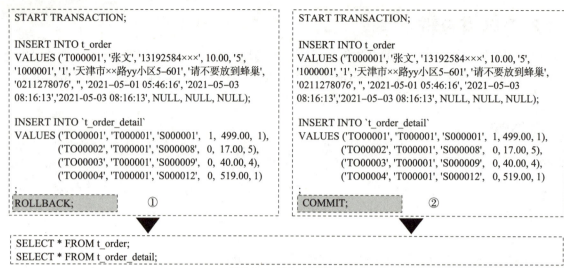

图 7-24 事务应用演示

其中：

①ROLLBACK，事务回滚，SELECT 查询，两张表插入数据失败。

②COMMIT，提交事务，SELECT 查询，两张表数据插入成功。

可见，当一个事务中遇到 ROLLBACK 时，事务会回滚到最初的状态。而 COMMIT，会将整个事务中的操作成功执行。

（2）应用前面学习的存储过程、函数，以及流程控制语句，结合事务的功能，实现动态向两张表中插入指定条数据。具体实现过程如图 7-25 所示。

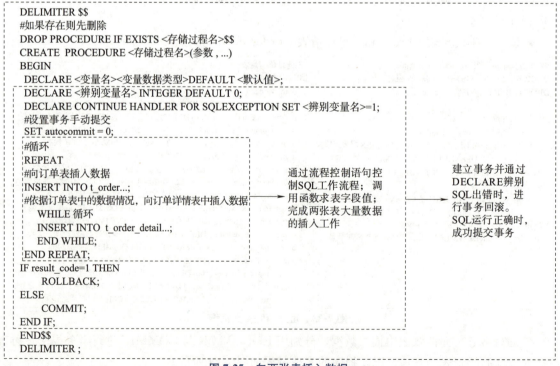

图 7-25 向两张表插入数据

下面将完整的实现过程及代码进行展示，如图 7-26 所示。

```
DELIMITER $$
DROP PROCEDURE IF EXISTS generate_order_data$$
CREATE PROCEDURE generate_order_data(create_time_string VARCHAR(200),max_num INT,user_num INT ,sku_num INT,max_promotion INT)
BEGIN
  DECLARE v_create_time DATETIME DEFAULT NULL;
  DECLARE i INT DEFAULT 0;
  DECLARE v_order_status INT DEFAULT 0;
  DECLARE v_operate_time DATETIME DEFAULT NULL;
  DECLARE v_order_id INT DEFAULT NULL;
  DECLARE v_order_detail_num INT DEFAULT NULL;
  DECLARE j INT DEFAULT 0;
  DECLARE result_code INTEGER DEFAULT 0;
  DECLARE CONTINUE HANDLER FOR SQLEXCEPTION SET result_code=1;       ②
  #设置事务手动提交
  SET autocommit = 0;
  #循环
  REPEAT
  SET i = i + 1;
  SET v_create_time=DATE_ADD(DATE_FORMAT(create_time_string,'%Y-%m-%d') ,INTERVAL rAND_num(30,3600*23) SECOND);   ①
  SET v_order_status=rAND_num(1,4);
   IF v_order_status>1 THEN
      SET v_operate_time= DATE_ADD(v_create_time ,INTERVAL rAND_num(30,3600) SECOND);
    ELSE
      SET v_operate_time=NULL ;
    END IF ;
  #向订单表插入数据
  INSERT INTO t_order( o_consignee, o_consignee_tel, o_total_amount, o_order_status, u_id, o_payment_way,
  o_delivery_address, o_comment, o_out_trade_no, o_trade_body, o_create_time, o_operate_time, o_expire_time,
  o_tracking_no, o_parent_order_id, o_img_url)
    VALUES (rAND_string(6) , CONCAT('13',rAND_nums(0,9,9,'')),CAST(rAND_num(50,1000) AS DECIMAL(10,2)) ,v_order_
    status ,rAND_num(1,user_num),rAND_num(1,2),rAND_string(20),rAND_string(20),rAND_nums(0,9,10,''),'',v_create_time,
  v_operate_time,NULL,NULL,NULL,NULL );
  #取得刚插入的订单ID
  SELECT  LAST_INSERT_ID() INTO v_order_id ;
  #订单详情数量                                                     函数调用
  SET v_order_detail_num=rAND_num(1,5);
     WHILE j<v_order_detail_num DO
       SET j=j+1;
     #向订单详情表中插入数据
     INSERT INTO  t_order_detail(o_id , sku_id,pmt_id ,od_order_price,od_sku_num)
       VALUES (v_order_id , rAND_num(1,sku_num),rAND_num(0,max_promotion) ,
                            CAST(rAND_num(20,5000) AS DECIMAL(10,2)), rAND_num(1,5));
     END WHILE;
     SET j=0;
  UNTIL i = max_num
  END REPEAT;
IF result_code=1 THEN
     ROLLBACK;
ELSE
     COMMIT;
END IF;
END$$
DELIMITER ;
```

```
CALL generate_order_data('2020-06-24 06:12:23',800,500,900,100);    ③
SELECT * FROM t_order;
SELECT * FROM t_order_detail;
```

图 7-26　两张表插入数据的存储过程代码

其中：
①向两张表插入数据。
②带回顾的事务应用。
③调用存储过程，然后用 SELECT 查询两张表，数据已经生成成功。

> **注意**：
> 在建立存储过程插入数据之前，需要准备两张空表。

7.4.3 事务的隔离级别

数据库系统一般可以分为单用户和多用户系统两种。在任何一个时刻只允许一个用户使用的数据库系统称为单用户数据库系统。允许多个用户同时使用的数据库系统称为多用户数据库系统。单用户数据库系统一般限于微型计算机系统。多数数据库系统都是多用户系统。数据库系统中，在同一时刻并发运行的事务数可达数百个。

多用户数据库系统的思想来自并发程序设计，并发程序设计允许多个程序在个计算机系统中同时运行。在具有单个处理机的系统中，程序的并发运行实际上是多个程序轮流交叉运行。在同一时刻，只有一个程序运行。当运行的程序需要等待某些信息或等待输入、输出处理时，这个程序被挂起，其他可运行程序启动运行。当一个挂起的程序的等待信息到来或等待的事件发生之后，如果处理机有空闲时间，这个程序从间断处恢复执行。虽然单处理机系统中的并行程序并没有被真正地并行运行，但是减少了处理机的空闲时间，提高了系统的效率。在多处理机系统中，每个处理机可以运行一个程序，多个处理机可以同时运行。在这样的系统中，可以实现多个程序真正的并行运行。

在一个多用户数据库系统中，数据库中存储的数据项是用户程序存取的基本信息资源。一个存取或改变数据库内容的程序的运行称为数据库事务，简称事务。多个事务可同时运行并同时要求存取或修改同一个数据库记录。如果不对并发运行的事务加以适当的控制，会引起很多问题。为了保证并发时操作数据的正确性，数据库都会有事务隔离级别的概念。

如果事务没有隔离性，会容易出现不正确的并发问题，由此也可能导致脏读、幻读和不可重复读等问题。

(1) 脏读：指一个事务正在访问数据，并且对数据进行了修改，但是这种修改还没有提交到数据库中，这时，另外一个事务也访问这个数据，然后使用了这个数据。

(2) 幻读：指当事务不是独立执行时发生的一种现象，例如第一个事务对一个表中的数据进行了修改，这种修改涉及表中的全部数据行。同时，第二个事务也修改这个表中的数据，这种修改是向表中插入一行新数据。那么，以后就会发生操作第一个事务的用户发现表中还有没有修改的数据行，就好像发生了幻觉一样。

(3) 不可重复读：指在一个事务内，多次读取同一个数据。在这个事务还没有结束时，另外一个事务也访问了该数据。那么，在第一个事务中的两次读数据之间，由于第二个事务的修改，那么第一个事务两次读到的数据可能是不一样的，因此称为不可重复读。

为了解决以上这些问题，标准 SQL 定义了 4 类事务隔离级别，由低到高分别为读未提交（READ UNCOMMITTED，RU）、读提交（READ COMMITTED，RC）、可重复读（REPEATABLE

READ，RR）和串行化（SERIALIZABLE）。

1. 读未提交

读未提交就是可以读到未提交的内容。如果一个事务读取到了另一个未提交事务修改过的数据，那么这种隔离级别就称为读未提交。在该隔离级别下，所有事务都可以看到其他未提交事务的执行结果。因为它的性能与其他隔离级别相比没有高多少，所以一般情况下，该隔离级别在实际应用中很少使用。

2. 读提交

读提交就是只能读到已经提交了的内容。如果一个事务只能读取到另一个已提交事务修改过的数据，并且其他事务每对该数据进行一次修改并提交后，该事务都能查询得到最新值，那么这种隔离级别就称为读提交。该隔离级别满足了隔离的简单定义：一个事务从开始到提交前所做的任何改变都是不可见的，事务只能读取到已经提交的事务所做的改变。

3. 可重复读

可重复读是专门针对不可重复读这种情况而制定的隔离级别，可以有效地避免不可重复读。在一些场景中，一个事务只能读取到另一个已提交事务修改过的数据，但是第一次读过某条记录后，即使其他事务修改了该记录的值并且提交，之后该事务再读该条记录时，读到的仍是第一次读到的值，而不是每次都读到不同的数据。那么这种隔离级别就称为可重复读。可重复读能确保同一事务的多个实例在并发读取数据时会看到同样的数据行。在该隔离级别下，如果有事务正在读取数据，就不允许有其他事务进行修改操作，这样就解决了可重复读问题。

4. 串行化

如果一个事务先根据某些条件查询出一些记录，之后另一个事务又向表中插入了符合这些条件的记录，原先的事务再次按照该条件查询时，能把另一个事务插入的记录也读出来。那么这种隔离级别就称为串行化。SERIALIZABLE 是最高的事务隔离级别，主要通过强制事务排序来解决幻读问题。简单来说，就是在每个读取的数据行上加上共享锁实现，这样就避免了脏读、幻读和不可重复读等问题。但是，该事务隔离级别执行效率低下，且性能开销也最大，所以一般情况下不推荐使用。

7.5 触发器

7.5.1 触发器的概念

触发器与存储过程类似，都是嵌入到 GaussDB（for MySQL）中的一段程序，是 GaussDB（for MySQL）中管理数据的有力工具。不同的是执行存储过程要使用 CALL 语句来调用，而触发器的执行不需要，触发器会通过对数据表的相关操作来触发、激活从而实现执行。触发器与数据表关系密切，主要用于保护表中的数据。特别是当有多个表具有一定的相互联系时，触发器能够让不同的表保持数据的一致性。通过执行 INSERT、UPDATE 和 DELETE 操作时才会激活触发器。

触发器在数据库中是自动执行的，通常设置触发器的表的数据被修改时，就会触动触发器的执行。触发器可以实施比 FOREIGN KEY 约束、CHECK 约束更为复杂的检查和操作。这就决定了触发器业务逻辑的复杂性，在涉及多个触发器的场景下，很难对业务逻辑定位，给后期的维护带来更多的工作量。如果数据库表中应用大量的触发器，会增加程序的复杂性，如果触发的数据量较大时，触发器的执行效率会非常低。

对于事务性表，如果触发程序失败，以及由此导致的整个语句失败，那么该语句所执行的所有更改将回滚；对于非事务性表，则不能执行此类回滚，即使语句失败，失败之前所做的任何更改依然有效。

7.5.2 触发器的操作

触发器由 CREATE <触发器名>…这样的语句来引领，简单语法如下：

语法格式

（1）创建触发器的语法格式：

```
CREATE[数据库名.]<触发器名> <BEFORE|AFTER>
< INSERT | UPDATE | DELETE>
ON <表名> FOR EACH Row<触发器主体>
```

- BEFORE | AFTER：指触发器被触发的时刻。分别表示触发器是在激活它的语句之前或之后触发。若希望验证新数据是否满足条件，则使用 BEFORE 选项；若希望在激活触发器的语句执行之后完成几个或更多的改变，则使用 AFTER 选项。
- INSERT | UPDATE | DELETE：触发事件，用于指定激活触发器的语句的种类：

INSERT：将新行插入表时激活触发器。例如，INSERT 的 BEFORE 触发器不仅能被 MySQL 的 INSERT 语句激活，也能被 LOAD DATA 语句激活。

UPDATE：更改表中某一行数据时激活触发器，例如 UPDATE 语句。

DELETE：从表中删除某一行数据时激活触发器，例如 DELETE 和 REPLACE 语句。

- FOR EACH Row：一般是指行级触发，对于受触发事件影响的每一行都要激活触发器的动作。例如，使用 INSERT 语句向某个表中插入多行数据时，触发器会对每一行数据的插入都执行相应的触发器动作。
- 触发器主体：触发器动作主体，包含触发器激活时将要执行的 MySQL 语句。如果要执行多条语句，可使用 BEGIN…END 复合语句结构。

（2）查看触发器的语法格式：

```
SHOW TRIGGERS;
```

（3）修改和删除触发器的语法格式：

```
DROP TRIGGER [IF EXISTS] [数据库名.]<触发器名>
```

> **注意**：
> 执行 DROP TRIGGER 语句时，需要 SUPER 权限。

应用举例

（1）当平台有人下订单时，订单中相关商品信息插入订单详情表中。建立一个触发器，实现对新订单中所有商品的价格进行加和，即求出商品的总价。

创建并使用触发器：

实现过程如图 7-27 所示。

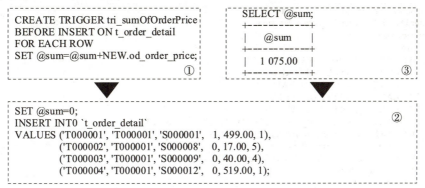

图 7-27 触发器建立与使用过程

其中：

①：建立触发器，当向订单详情表 t_order_detail 中插入数据时，通过 FOR EACH ROW 指定对当前订单中所有商品价格（od_order_price）进行累加。

②：向订单详情表 t_order_detail 中插入本次订单中所有商品的信息。

③：查询触发器计算的结果值为 1 075.00 元。

查看触发器，参考代码如下：

```
SHOW TRIGGERS;
```

删除触发器，参考代码如下：

```
SHOW TRIGGERS;
```

(2) 创建触发器，生成商品售后评分数据，其实现过程如图 7-28 所示。

其中：

①：创建名为 generate_t_rating_data 的触发器，实现当往表 t_order_payment_flow 中插入数据时，触动触发器。

②：游标的建立和使用。

扩展阅读： 游标基本语法知识。

图 7-28 中应用了游标的知识，过程或函数中的查询有时会返回多条记录，而使用简单的 SELECT 语句，没有办法得到第一行、下一行或前十行的数据，这时可以使用游标来逐条读取查询结果集中的记录。GaussDB（for MySQL）中提供了关于游标的语法知识，包括游标的声明、打开、使用和关闭。MySQL 中使用 DECLARE 关键字来声明游标，并定义相应的 SELECT 语句，根据需要添加 WHERE 和其他子句。其语法的基本形式如下：

1. 声明游标

其语法的基本形式如下：

DECLARE cursor_name CURSOR FOR select_statement;

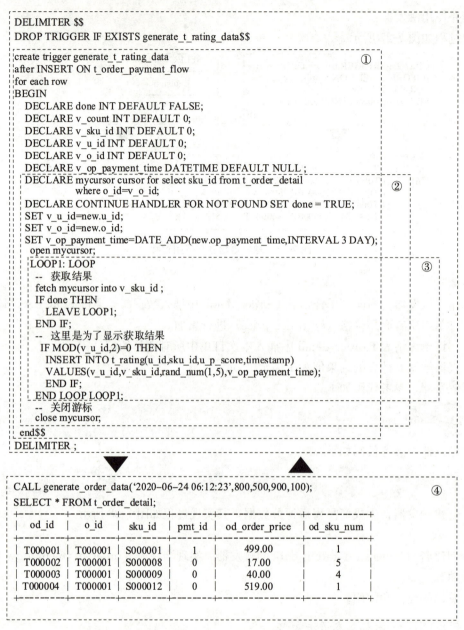

图 7-28　生成商品售后评分数据

2. 打开游标

声明游标之后，要想从游标中提取数据，必须首先打开游标。其语法格式如下：

OPEN cursor_name;

其中，cursor_name 表示所要打开游标的名称。需要注意的是，打开一个游标时，游标并不指向第一条记录，而是指向第一条记录的前面。在程序中，一个游标可以打开多次。用户打开游标后，其他用户或程序可能正在更新数据表，所以有时会导致用户每次打开游标后，显示的结果都不同。

3. 使用游标

游标顺利打开后，可以使用 FETCH…INTO 语句来读取数据。其语法形式如下：

FETCH cursor_name INTO var_name [, var_name]…

上述语句中，将游标 cursor_name 中 SELECT 语句的执行结果保存到变量参数 var_name 中。变量参数 var_name 必须在游标使用之前定义。使用游标类似高级语言中的数组遍历，当第一次使用游标时，此时游标指向结果集的第一条记录。

4. 关闭游标

游标使用完毕后，要及时关闭，其语法格式如下：

CLOSE cursor_name;

CLOSE 释放游标使用的所有内部内存和资源，因此每个游标不再需要时都应该关闭。在一个游标关闭后，如果没有重新打开，则不能使用它。但是，使用声明过的游标不需要再次声明，用 OPEN 语句打开它即可。

课后习题

1. 简述 SQL 中 DDL、DML、DCL、DQL 四种分类的功能。
2. 简述你对系统变量和用户自定义变量的理解。
3. 完成 7.1.2 节变量所有图中 SQL 语句的内容。
4. 完成 7.1.3 节流程控制所有图中 SQL 语句的内容。
5. 简述对存储过程的理解。
6. 完成 7.2 节流程控制所有图中 SQL 语句的内容。
7. 完成 7.3 节自定义函数所有图中 SQL 语句的内容。
8. 简述你对事务的理解。
9. 完成 7.4 节事务所有图中 SQL 语句的内容。
10. 简述你对触发器的理解。
11. 完成 7.5 节触发器所有图中 SQL 语句的内容。

第 8 章
数据库安全与管理

GaussDB（for MySQL）是华为云提供的一款安全、可信的数据库服务，它允许租户快速发放不同类型的数据库，并可根据业务需要，对计算资源和存储资源进行弹性扩容。GaussDB（for MySQL）提供自动备份、即时备份、数据库恢复等功能，以防止数据丢失。参数组功能则允许租户根据业务需要进行数据库调优。本章将对数据安全性、实例生命周期管理的实验过程和数据备份与恢复的基本知识进行介绍。

数据库安全与管理（一）

重点难点

◎理解数据安全性的基本知识。
◎掌握实例生命周期管理的过程及实现过程。
◎掌握数据备份与恢复的基本知识和实现过程。

8.1 概述

从广义范围上讲，数据库安全框架可分为网络层次安全、操作系统层次安全和数据管理系统层次安全 3 个层次。

（1）网络层次安全从技术角度讲，主要有加密技术、数字签名技术、防火墙技术和入侵检测技术等方法。

（2）操作系统层次安全的核心是要保证服务器安全，主要体现在服务器的用户账户、密码、访问权限等方面。其数据安全主要体现在加密技术、数据存储的安全性、数据传输的安全性方面，例如，Kerneros、IPSec、SSL 和 VPN 等技术。

（3）数据管理系统层次安全包含数据库加密、数据存取访问控制、安全审计和数据备份等。

基于这些层次，数据库提供的安全控制模型如图 8-1 所示。

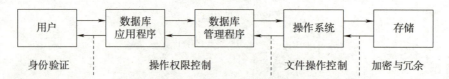

图 8-1 数据库安全控制模型

身份验证是华为云数据库 GaussDB（for MySQL）管理系统提供的最外层的安全保护措施。GaussDB（for MySQL）支持使用 IAM（Identity and Access Management，身份识别与访问管理）进行精细的权限管理，根据企业用户的职能，设置不同的访问权限，以达到用户之间权限隔离的目的。依据用户的分层权限配合数据库自身的安全策略，实现数据库应用程序、管理程序间的操作权限控制，实现操作系统层面的文件操作控制。GaussDB（for MySQL）是华为云提供的一款安全、可信的数据库服务。从数据存储量上，GaussDB（for MySQL）可根据业务需要，对计算资源和存储资源进行弹性扩容。从存储安全上，针对不同的数据库对象表、视图、索引、序列、存储过程和函数等对象，通过控制用户的操作权限实现不同层级的安全保护措施；针对不同的库表数据，提供自动备份、即时备份、数据库恢复等功能，以防止数据丢失。GaussDB（for MySQL）提供了参数组功能，允许租户根据业务需要进行数据库调优。GaussDB（for MySQL）还提供多个特性来保障租户数据库的可靠性和安全性，例如安全组、权限设置、SSL 连接、自动备份、即时备份、时间点恢复和跨可用区部署等。GaussDB（for MySQL）支持部署高可用实例。租户可选择在单可用区或多可用区中部署高可用实例。当租户选择高可用实例时，GaussDB（for MySQL）会主动建立和维护数据库同步复制，在主实例出现故障的情况下，GaussDB（for MySQL）会自动将备实例升为主实例，从而达到高可用的目的。如果租户使用 MySQL 数据库时，业务中读取数据比例大，可以对 GaussDB（for MySQL）单实例创建只读实例。GaussDB（for MySQL）维护主实例和只读实例间的数据同步关系，租户可以根据业务需要连接不同的实例进行读写分离。

8.2 数据安全性

8.2.1 身份验证

GaussDB（for MySQL）基于华为云建设，故在谈及数据库本身的用户验证前，有必要了解一下 IAM 的内容，因为它可以帮助用户对所拥有的云数据库进行精细的权限管理。IAM 创建与验证过程如图 8-2 所示。

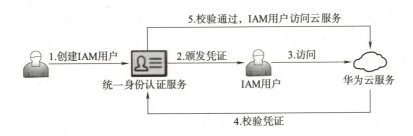

图 8-2　IAM 创建与验证过程

IAM 提供敏感操作保护功能，包括登录保护和操作保护，在用户登录控制台或者进行敏感操作时，系统将要求进行邮箱/手机/虚拟 MFA 的验证码的第二次认证，为用户的账号和资源提供更高的安全保护。使用 IAM，无须付费，可根据企业的业务组织，在华为云账号中，给企业中不同职能部门的员工创建 IAM 用户，让员工拥有唯一安全凭证，使用 GaussDB（for

MySQL）资源。使用 IAM，根据企业用户的职能，设置不同的访问权限，以达到用户之间的权限隔离，如图 8-3 所示。

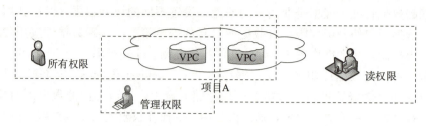

图 8-3　权限管理模型

图 8-3 中，3 位用户针对同一个项目 A 中 VPC 的数据，拥有不同的访问权限。

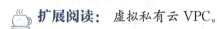虚拟私有云 VPC。

按华为官网描述，虚拟私有云（Virtual Private Cloud，VPC）是用户在华为云上申请的隔离的、私密的虚拟网络环境。用户可以基于 VPC 构建独立的云上网络空间，配合弹性公网 IP、云连接、云专线等服务实现与 Internet、云内私网、跨云私网互通，打造可靠、稳定、高效的专属云上网络。VPC 具有如下特点：

（1）灵活易用。支持跨可用区部署 ECS（Elastic Cloud Server，弹性云服务器）实例，自定义路由和对等连接，灵活地控制 VPC 内和 VPC 间的通信。

（2）100％隔离。云上私有网络，租户之间 100％隔离。基于主机侧和基于网络侧多重安全防护。

（3）高速带宽。华为云为客户提供全动态 BGP 和静态 BGP 等多种带宽服务，满足不同客户需要。

（4）轻松扩展。提供多种服务与 VPC 配合，使得客户本地数据中心业务能够无缝扩展到华为云上。

GaussDB（for MySQL）实例可运行在租户独立的 VPC 上，在正式操作数据库实例前，首先需要验证你能够使用 IAM 为用户或者应用程序生成身份凭证，不必与其他人员共享你的账号密码，系统会通过身份凭证中携带的权限信息允许用户安全地访问你的账号中的资源。如果华为云账号已经能满足要求，则不需要创建独立的 IAM 用户。如果已经有自己的身份认证系统，则不需要在华为云中重新创建用户，可以通过身份提供商功能直接访问华为云单点登录。

为了确保个人数据（例如用户名、密码、手机号码等）不被未经过认证、授权的实体或者个人获取，IAM 通过加密存储个人数据、控制个人数据访问权限以及记录操作日志等方法防止个人数据泄露，保证个人数据安全。拥有 IAM 身份登录平台后，如果拥有管理权限，可基于数据库建立数据库本身的用户身份，这是 GaussDB（for MySQL）提供的数据库本身最外层安全的保护措施。

语法格式

```
CREATE USER <用户名> [@ '<主机名>' ] [ IDENTIFIED BY PASSWORD '<用户密码>' ]
        ,<用户名> @ '<主机名>' [ IDENTIFIED BY PASSWORD '<用户密码>' ]…
```

其中：
- <用户名>：登录数据库要用的用户账号名称。
- <主机名>：<用户名>用于连接 GaussDB（for MySQL）时所用主机的名字。如果未指定此项，则<主机名>默认为"%"，表示一组主机，即对所有主机开放权限。
- IDENTIFIED BY PASSWORD '<用户密码>'：IDENTIFIED BY 用于指定连接<主机名>时，<用户名>所用的用户密码。

应用举例

创建名为 tjdz，密码为 tjdz_123，可以支持任何客户端登录的用户，如图 8-4 所示

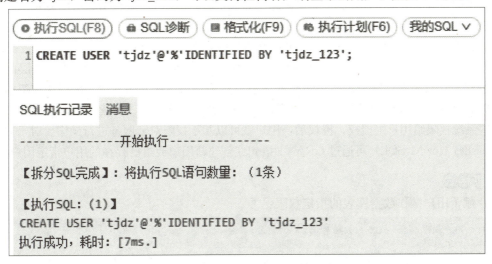

图 8-4 创建用户

GaussDB（for MySQL）提供用户和密码登录的方式，可以阻止未经授权的用户的访问。这里需要强调的是，密码强度对于安全性是比较重要的，所以可增强密码强度。例如，采用数字、字母和符号混合，长度为 8~20 字符的字符串，再定期更换密码，这样会进一步加强数据库的安全性。

8.2.2 访问控制

访问控制是数据库安全中最有效的方法，也是最容易出问题的地方。有控制就是接口，相当于对用户开出一个通道，利用得好，更加安全，否则反而会出现注入数据库的漏洞。GaussDB（for MySQL）首先基于华为 VPC 环境运行，VPC 允许租户通过配置 VPC 入站 IP 范围，来控制连接数据库的 IP 地址段。GaussDB（for MySQL）实例运行在租户独立的 VPC 内。租户可以创建一个跨可用区的子网组，之后可以根据业务需要，将部署 GaussDB（for MySQL）的高可用实例选择此子网完成。GaussDB（for MySQL）在创建完实例后会为租户分配此子网的 IP 地址，用于连接数据库。GaussDB（for MySQL）实例部署在租户 VPC 后，租户可通过 VPN 使其他 VPC 能够访问实例所在 VPC，也可以在 VPC 内部创建 ECS，通过私有 IP 连接数据库。租户可以综合运用子网和安全组的配置，来完成 GaussDB（for MySQL）实例的隔离，提升 GaussDB（for MySQL）实

数据库安全与管理（二）

例的安全性。

租户创建 GaussDB（for MySQL）实例时，GaussDB（for MySQL）会为租户同步创建一个数据库主账户，主账户的密码由租户指定。此主账户允许租户操作自己创建的 GaussDB（for MySQL）实例数据库。租户可以使用数据库主账户连接 GaussDB（for MySQL）实例数据库，并根据需要创建数据库实例和数据库子账户，并根据自身业务规划，将数据库对象赋予数据库子账户，以达到权限分离的目的。租户创建数据库实例时，可以选择安全组，将 GaussDB（for MySQL）实例业务网卡部署在对应的安全组中。租户可以通过 VPC，对 GaussDB（for MySQL）实例所在的安全组入站、出站规则进行限制，从而控制可以连接数据库的网络范围。数据库安全组仅允许数据库监听端口接受连接。配置安全组不需要重启 GaussDB（for MySQL）实例。

数据库设置用户访问控制的基本原则是对于不同用户根据敏感数据的分类要求，按最小权限原则、检查关键权限和检查关键数据库对象的权限，给予不同的权限。对于大型数据库系统或者用户数量多的系统，权限管理主要使用基于角色的访问控制。对于云成员管理层面，管理员可以创建用户组，并给用户组授予策略或角色，然后将用户加入用户组，使得用户组中的用户获得相应的权限。IAM 预置了各服务的常用权限，例如管理员权限、只读权限，管理员可以直接使用这些系统权限给用户组授权，授权后，用户就可以基于权限对云服务进行操作。对于数据库本身，GaussDB（for MySQL）可通过 GRANT 语句在创建新用户或给已存在的用户指定用户权限。

语法格式

（1）赋予用户操作数据库表的指定权限：

```
GRANT<用户权限类型> ON <数据库名>.<表名>
TO <用户名>
[IDENTIFIED BY [PASSWORD] '<用户密码>'];
```

- <用户权限类型>：指定要赋予的数据库级别或数据库表的权限类型。

数据库级别权限包括 CREATE、DROP、EVENT、GRANT OPTION、LOCK TABLES 和 REFERENCES 权限。

数据表级别权限包括 ALTER、CREATE VIEW、CREATE、DELETE、DROP、GRANT OPTION、INDEX、INSERT、REFERENCES、SELECT、SHOW VIEW、TRIGGER 和 UPDATE。

如果为 ALL，表示赋予数据库或数据表级别所有有效的权限。

- <数据库名>.<表名>：如果 ON 关键字后使用 "ON *" 语法，而不是 "ON *.*"，则会在数据库级别为默认数据库分配权限。如果没有默认数据库，则会发生错误。如果指定要授权的 "<数据库名>.<表名>"，则对表级别进行授权。

（2）查看指定用户的操作权限：

```
SHOW GRANTS FOR<用户名> @ '%';
```

（3）权限重新分配指定人员：

```
REVOKE SELECT ON <数据库名>.<表名> FROM <用户名> @ '%';
```

(4)刷新权限,使更改生效:

```
FLUSH privileges
```

(5)删除用户及权限:

```
DROP USER<用户名>@'%';
```

应用举例

下面将对项目组已经存在的用户赋予所有的权限,同时对新进项目组的人员根据不同的分工赋予不同的权限,如果用户退出项目组,则将删除该用户。

(1)赋予用户 tjdz 操作数据库 ecommerce 操作表的所有权限,如图 8-5 所示。

图 8-5 赋予用户操作数据库的所有权限

(2)对新进项目组的人员根据不同的分工赋予不同的权限,并管理权限。

● 公司分配李薇(liwei)负责注册用户的统计分析工作:

```
GRANT SELECT ON ecommerce.t_user  TO liwei@'%';
```

● 公司分配晓晓(xiaoxiao)负责促销商品的业务工作:

```
GRANT INSERT,UPDATE,DELETE,SELECT ON ecommerce.t_promotion  TO xiaoxiao@'%';
```

(3)公司分配王伟(wangwei)负责电商的整体业务工作:

```
GRANT all privileges ON ecommerce.*   to wangwei@'%';
```

(4) 查看李薇（liwei）的工作职责：

```
show grants for liwei@ '%';
```

(5) 查看晓晓（xiaoxiao）的工作职责：

```
show grants for xiaoxiao@ '%';
```

(6) 查看王伟（wangwei）的工作职责：

```
show grants for wangwei@ '%';
```

(7) 随着新员工李薇（liwei）工作能力的提升，上级领导又为其分配"分析与统计用户订单"的工作：

```
GRANT SELECT ON ecommerce.t_order TO liwei@ '%';
GRANT SELECT ON ecommerce.t_order_detail TO liwei@ '%';
```

(8) 新员工 liwei 建议使用新的用户名 weiwei，管理员为其修改：

```
RENAME USER liwei TO weiwei;
```

(9) 员工 liwei 职位调整，将 liwei 的"分析与统计注册用户"的工作分配给其他员工。

```
REVOKE SELECT ON ecommerce.t_user FROM weiwei@ '%';
```

(10) 员工 liwei 职位调整，晋升为小组长。负责"用户订单"的团队的整体工作。

```
GRANT ALL ON ecommerce.t_order TO weiwei@ '%' WITH GRANT OPTION;
GRANT ALL ON ecommerce.t_order_detail TO weiwei@ '%' WITH GRANT OPTION;
```

(11) 刷新权限，使更改生效。

```
flush privileges
```

(12) 员工 liwei 跳槽到其他公司，离职交接。

```
DROP USER weiwei@ '%';
```

8.2.3 审计功能

企业级用户通常需要对公有云上 IAM 用户的权限定期进行安全审计，以确定 IAM 用户的权限未超出规定的范围。例如，除账号和审计员用户以外的所有 IAM 用户都不应该具有任何 IAM 的管理权限。对于数据库本身，审计可以帮助数据库管理员发现现存架构和使用中的漏洞。数据库审计的层次可从用户身份本身、用户和管理员审计、安全活动监控和漏洞与威胁审计方面的内容进行审计。主要审计的内容描述如下：

（1）访问及身份验证审计：数据库用户登入、登出的相关信息，例如登入登出时间、连接方式及参数信息和登入途径等。

(2) 用户和管理员审计：针对用户和管理员执行的活动进行分析和报告。

(3) 安全活动监控：记录数据库中任何未授权或者可疑的活动生成审计报告。

(4) 漏洞与威胁审计：发现数据库可能存在的漏洞，以及想要利用这些漏洞的用户。

8.2.4 数据库加密

数据库加密是数据库安全的手段，针对数据库管理系统的内核层，数据在物理存取之前完成加/解密工作。这些对于数据库用户来说是透明的。数据库内核采用加密存储、加密运算在服务器端运行，在一定程度上会加重服务器的负载。对于数据库系统的外层，可应用开发加密/解密工具，或定义加密的方法增加数据库的安全。还可以控制基于表、字段等这样的对象粒度进行加解密工作。对于用户来讲，只需要关注敏感信息范围即可。

针对 GaussDB（for MySQL）来讲，它的实例支持数据库客户端与服务端 TLS 加密传输。GaussDB（for MySQL）在发放实例时，指定的 CA（证书颁发机构）会为每个实例生成唯一的服务证书。客户端可以使用从服务控制台上下载的 CA 根证书，并在连接数据库时提供该证书，对数据库服务端进行认证并达到加密传输的目的。

8.3 实例生命周期管理

实例是利用物理资源虚拟化后形成的逻辑实体，GaussDB（for MySQL）中，在使用这个实例的过程，可以称作实例生命周期管理。在整个实例生命周期中，GaussDB（for MySQL）支持修改实例名称、删除实例（按需计费）、重启实例、导出实例和回收站的功能。

8.3.1 修改实例名称

GaussDB（for MySQL）支持修改节点的实例名称，以方便用户识别。下面以将建立的实例名称 gauss—tjdzxx 更改成 gauss—tjdzxx1 为例，演示修改实例名称的过程。

（1）登录管理控制台。单击管理控制台左上角的 ♀ 按钮，选择区域和项目。

（2）在页面左上角单击 ≡ 按钮，选择"数据库"→"云数据库 GaussDB"，进入云数据库 GaussDB 控制台，在左侧导航栏选择 GaussDB（for MySQL）。在"实例管理"页面，单击目标实例名称后的 ⁄ 按钮，编辑实例名称，如图 8-6 所示。

图 8-6 "实例管理"页面

（3）实例名称长度为 4～64 个字符，必须以字母开头，可包含大写字母、小写字母、数字、中画线或下画线，不能包含其他特殊字符，如图 8-7 所示。

（4）单击"确认"按钮，提交修改的名称并生效，如图 8-8 所示。

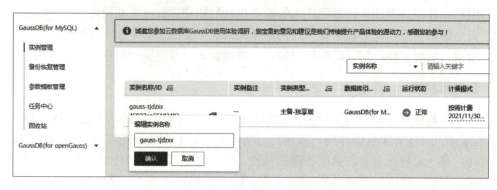

图 8-7　设置实例名称

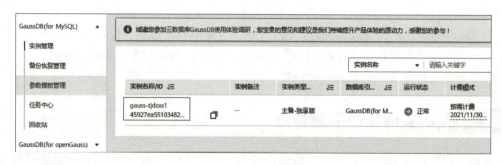

图 8-8　提交修改名称

在当前页面，查看修改结果。修改实例名称所需时间通常在 1 min 以内。

8.3.2　重启实例

当用户修改某些运行参数后，需要重启实例使之生效。因为重启会影响到实例已运行的一些事务，故存在一些限制。GaussDB（for MySQL）官方发布，只有实例状态为可用时才能进行重启操作，但正在执行备份或创建只读节点任务的实例不能重启。重启数据库实例所需的时间，取决于特定数据库引擎的崩溃恢复过程。为了缩短重启时间，建议在重启过程中尽可能减少数据库活动，以减少中转事务的回滚活动。

📖 须知：

（1）数据库可能会由于几个原因而不可用，例如，正在进行备份或以前请求的修改操作。

（2）重启数据库实例会重新启动数据库引擎服务，将导致短暂中断，在此期间，数据库实例状态将显示为"重启中"。

（3）重启过程中，实例将不可用。重启后实例会自动释放内存中 buffer pool 的数据，要注意对业务的热点数据进行预热，避免业务高峰期出现阻塞。

现以重启 gauss－tjdzxx1 为例，演示重启实例的过程。

（1）首先登录管理控制台，单击管理控制台左上角的 ♡ 按钮，选择区域和项目。

（2）在页面左上角单击 ☰ 按钮，选择"数据库"→"云数据库 GaussDB"，进入云数据库 GaussDB 控制台，在左侧导航栏选择 GaussDB（for MySQL）。

在"实例管理"页面，选择指定的实例，选择"更多"→"重启实例"命令。也可以在

"实例管理"页面，单击目标实例名称，在基本信息页面右上角单击"更多"下拉按钮，选择"重启实例"，如图8-9所示。

图8-9 重启实例

（3）在重启实例确认重启对话框中，单击"是"按钮重启实例，如图8-10所示。

图8-10 确认重启实例

重启实例时，如果该实例下有只读节点，那么对应的只读节点也会被同步重启。若已开启高危操作保护，在弹出重启实例对话框中，单击"去验证"按钮，跳转至验证页面，单击"免费获取验证码"，正确输入验证码并单击"认证"按钮，页面自动关闭。

（4）稍后刷新实例列表，查看重启结果。如果实例状态为"正常"，说明实例重启成功。

8.3.3 导出实例

用户可以导出实例列表（所有实例或根据一定条件筛选出来的目标实例），查看并分析实例信息。下面以导出实例 gauss—tjdzxx1 为例，演示实例的导出过程。

（1）登录管理控制台，单击管理控制台左上角的 ◎ 按钮，选择区域和项目。

（2）单击页面左上角的 ≡ 按钮，选择"数据库"→"云数据库 GaussDB"，进入云数据库 GaussDB 控制台，在左侧导航栏选择 GaussDB（for MySQL）。

（3）在"实例管理"页面，单击实例列表右上角的 按钮，在弹出的对话框中勾选所需的导出信息,单击"导出"按钮,如图 8-11 所示。

图 8-11　导出实例列表

(4) 导出任务执行完成后,可在本地查看到一个".csv"文件。

8.3.4　删除实例

租户删除 GaussDB(for MySQL)实例时,存储在数据库实例中的数据都会被删除,任何人都无法查看及恢复数据。对于"按需计费"模式的实例,可根据业务需要,在 GaussDB(for MySQL)数据库"实例管理"页面手动删除释放资源。

> **注意:**
> (1) 执行操作中的实例不能手动删除,只有在实例操作完成后,才可被删除。
> (2) "按需计费"类型的实例删除后将不再产生费用,自动备份会被同步删除,保留的手动备份会继续收取费用。
> (3) 删除按需计费实例时,会同步删除其对应的只读节点,请谨慎操作。
> (4) 节点删除后不可恢复,请谨慎操作。

下面以删除实例 gauss-tjdzxx1 为例,演示删除实例的过程。
(1) 登录管理控制台,单击管理控制台左上角的 ◎ 按钮,选择区域和项目。
(2) 单击页面左上角的 ☰ 按钮,选择"数据库"→"云数据库 GaussDB",进入云数据库 GaussDB 控制台,在左侧导航栏选择 GaussDB(for MySQL)。
(3) 在"实例管理"页面的实例列表中,选择需要删除的实例,在"操作"列选择"更多"→"删除实例"命令,如图 8-12 所示。

图 8-12　删除实例

若已开启高危操作保护,在删除实例对话框中,单击"去验证"按钮,跳转至验证页面,单击"免费获取验证码",正确输入验证码并单击"认证"按钮,页面自动关闭。

(4)在删除实例确认对话框中,单击"是"按钮下发请求,确认删除选中实例的数据,如图 8-13 所示。

图 8-13 确认删除

(5)稍后刷新"实例管理"页面,查看删除结果。

8.3.5 回收站

云数据库 GaussDB(for MySQL)支持将退订后的包年包月实例和删除的按需实例,加入回收站管理。用户可以在回收站中重建实例恢复数据。如果需要开通回收站权限,可以在管理控制台右上角,选择"工单"→"新建工单"命令,提交开通回收站权限的申请。

说明:

回收站开启之后,只有状态为正常和异常的实例,删除时会创建回收备份,且回收备份只会保留一天。

在回收站保留期限内的实例可以通过重建实例恢复数据。下面以重建 gauss-tjdzxx1 实例为例,演示回收站重建实例的过程。

(1)登录管理控制台,单击管理控制台左上角的 ◎ 按钮,选择区域和项目。

(2)在页面左上角单击 ≡ 按钮,选择"数据库"→"云数据库 GaussDB"命令,进入云数据库 GaussDB 控制台,在左侧导航栏选择 GaussDB(for MySQL)。

(3)在"回收站"页面,在实例列表中找到需要恢复的目标实例,单击操作列的"重建"按钮,如图 8-14 所示。

图 8-14 恢复目标实例

(4)在"重建新实例"页面,选填配置后,提交重建任务。

8.4 数据备份与恢复

GaussDB（for MySQL）提供自动和手动两种备份恢复方法。其中，自动备份默认开启，备份存储期限最多 732 天，同时开启自动备份后，允许对数据库执行时间点恢复。GaussDB（for MySQL）自动备份会进行全量数据备份，且每 5 min 会增量备份事务日志，这就允许租户将数据恢复到最后一次增量备份前任何一秒的状态。手动备份是租户手动触发的数据库全量备份，这些备份数据存储在华为 OBS 桶中，当租户删除实例时，OBS 桶中的手动备份会被保留。租户可以通过已有备份将数据恢复到新实例。

GaussDB（for MySQL）提供了全量备份和增量备份的方式。其中，全量备份表示对所有目标数据进行备份。全量备份总是备份所有选择的目标，即使从上次备份后数据没有变化。增量备份指对新增加的数据进行备份，例如 GaussDB（for MySQL）数据库系统自动每 5 min 对上一次自动备份或增量备份后更新的数据进行备份。

GaussDB（for MySQL）备份的等级中包含一级备份和二级备份。其中一级备份是指保存在实例本地的备份，该备份也会同时上传到 OBS 桶（即二级备份），相对于二级备份，一级备份恢复速率更快。用户可以前往备份策略中进行设置。

GaussDB（for MySQL）支持使用已有的自动备份和手动备份，将实例数据恢复到备份被创建时的状态。该操作恢复的为整个实例的数据。同时，GaussDB（for MySQL）也支持使用已有的自动备份，恢复实例数据到指定时间点的新实例中。

下面以备份 ecommerce 数据库数据和数据恢复为例，演示数据备份与恢复的过程。

（1）使用 mysqldump 命令首先需要配置环境变量，在计算机中找到 MySQL 的安装位置，找到 MySQL Workbench，如 C:\Program Files\MySQL\MySQL Workbench 8.0 CE，如图 8-15 所示。

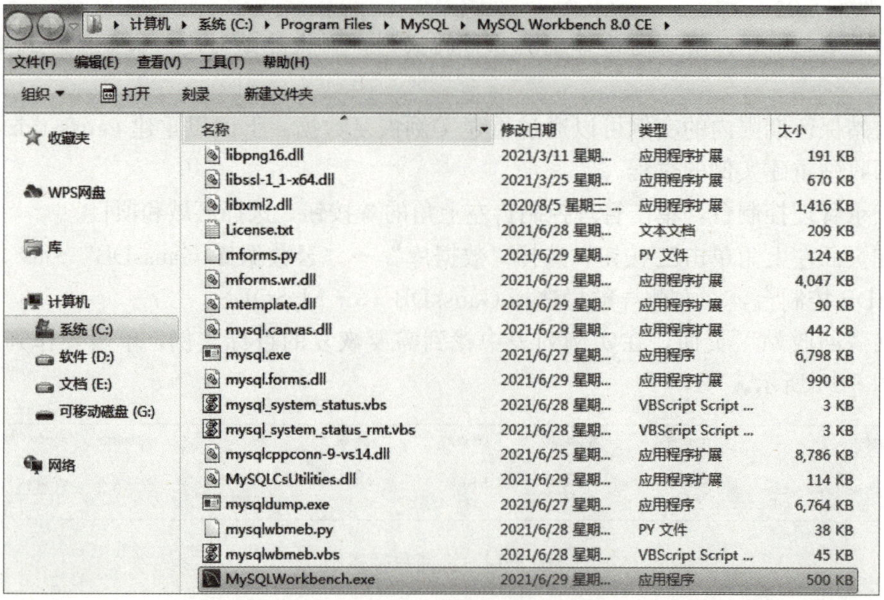

图 8-15 配置安装位置

(2) 在计算机的环境变量中找到 Path 变量,将上面的路径添加到最后面,注意要用分号和其他的路径分开,如图 8-16 所示。

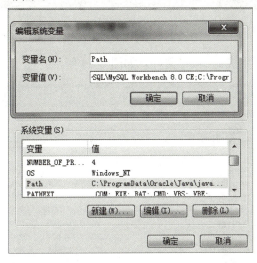

图 8-16　配置 Path 变量

(3) 数据库表结构导出,中间需要输入数据库的密码(IP 地址需要填写连接时的 IP),如图 8-17 所示。

```
C:\>mysqldump --databases ecommerce --single-transaction --order-by-primary --he
x-blob --no-data --routines --events --set-gtid-purged=OFF -u root -p -h 114.116
.249.86 -P 3306 > dump-defs.sql
```

图 8-17　输入数据库密码

(4) 在本地操作系统 C 盘的根目录下查看生成的 SQL 文件,如图 8-18 所示。

图 8-18　查看生成的 SQL 文件

(5) 数据库数据导出,中间需要输入数据库的密码(IP 地址需要填写连接时的 IP),如图 8-19 所示。

```
C:\>mysqldump --databases ecommerce --single-transaction --hex-blob --set-gtid-p
urged=OFF --no-create-info --skip-triggers -u root -p -h 114.116.249.86 -P 3306
-r dump-data.sql
```

图 8-19　输入密码

（6）盘的根目录下查看生成的 SQL 文件，如图 8-20 所示。

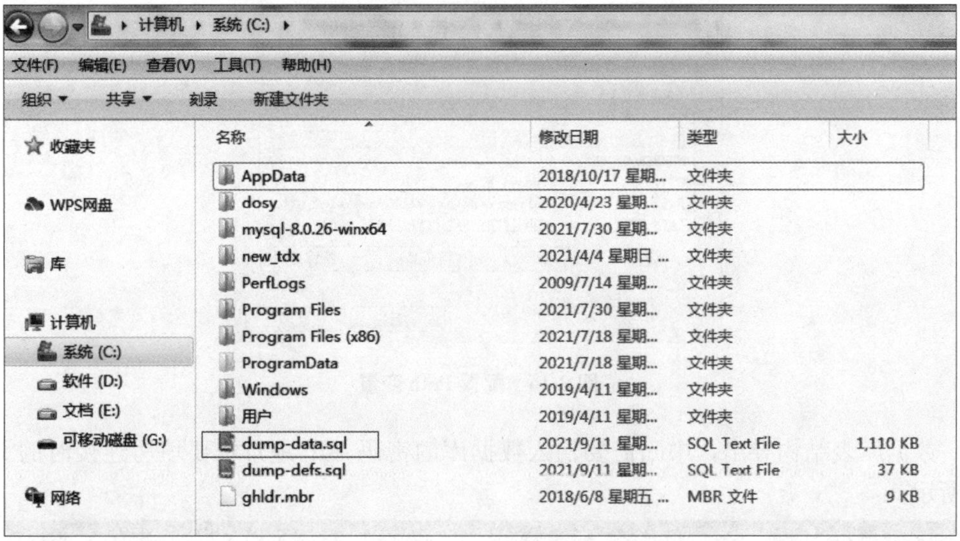

图 8-20　查看文件

（7）删除 ecommerce 数据库内的所有表，删除后，会看到 Tables 下已经没有表了，如图 8-21 所示。

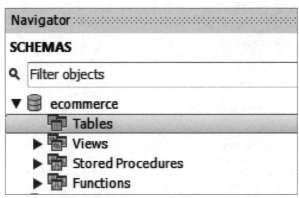

图 8-21　删除表

（8）数据库表结构导入，中间需要输入数据库的密码（IP 地址需要填写连接时的 IP），如图 8-22所示。

```
C:\>mysql -f -h 114.116.249.86 -P 3306 -u root -p < dump-defs.sql
```

图 8-22　数据表结构导入

（9）重新查看数据库 ecommerce 下的 Tables，可以看到表已经重新生成，但并没有数据，如图 8-23 所示。

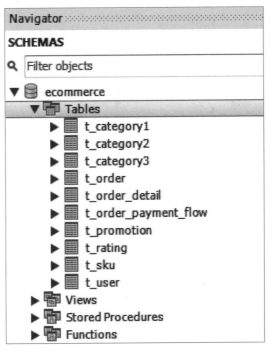

图 8-23　重新生成表

（10）数据库数据导入，中间需要输入数据库的密码（IP 地址需要填写连接时的 IP），如图 8-24 所示。

```
C:\>mysql -f -h 114.116.249.86 -P 3306 -u root -p < dump-data.sql
```

图 8-24　数据库数据导入

（11）重新查看数据库 ecommerce 下的 Tables，可以看到数据已经导入，如图 8-25 所示。

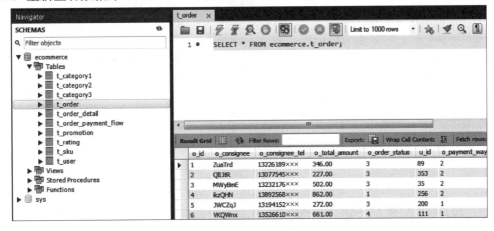

图 8-25　数据导入

(12) Web 控制台数据库实例中，选择菜单中的"导入导出"→"导出"命令，再选择"新建任务"→"导出数据库"命令，如图 8-26 所示。

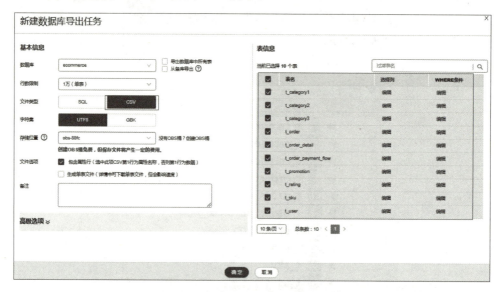

图 8-26　新建数据库导出任务

(13) 任务完成后，在列表中单击"下载"按钮，可以将数据库中的数据表导出到本地 csv 文件。每张表对应一个 csv 文件，如图 8-27 所示。

图 8-27　导出数据表

(14) 将下载本地的压缩文件解压，如图 8-28 所示。

文件名	修改日期	类型	大小
t_category1.csv	2021/8/5 星期四 …	XLS 工作表	1 KB
t_category2.csv	2021/8/5 星期四 …	XLS 工作表	3 KB
t_category3.csv	2021/8/5 星期四 …	XLS 工作表	28 KB
t_order.csv	2021/8/5 星期四 …	XLS 工作表	123 KB
t_order_detail.csv	2021/8/5 星期四 …	XLS 工作表	88 KB
t_order_payment_flow.csv	2021/8/5 星期四 …	XLS 工作表	16 KB
t_promotion.csv	2021/8/5 星期四 …	XLS 工作表	34 KB
t_rating.csv	2021/8/5 星期四 …	XLS 工作表	5 KB
t_sku.csv	2021/8/5 星期四 …	XLS 工作表	151 KB
t_user.csv	2021/8/5 星期四 …	XLS 工作表	464 KB

图 8-28　解压文件

整个过程会首先完成 MySQL Workbench 环境变量的设置，同时使用 mysqldump 工具导出业务数据表的结构和数据，最后将原业务数据库中的表删除，再将备份的数据恢复到数据库。

课后习题

1. 简述你对身份验证的理解。
2. 简述你对访问控制的理解。
3. 简述你对审计功能的理解。
4. 简述你对数据库加密的理解。
5. 请完成 8.3 节图中 SQL 语句的内容。
6. 请完成 8.4 节图中 SQL 语句的内容。

第 9 章

GaussDB 数据仓库服务

GaussDB（DWS）是一种基于公有云基础架构和平台的在线数据处理数据仓库，提供即开即用、可扩展且完全托管的分析型数据库服务。本章将以前面章节基于 GaussDB（for MySQL）中用户行为的表结构为基础，讲述数据仓库的基本知识，主要包括数据仓库建设过程、数据仓库框架设计、数据仓库分层建设的原因，并通过 Data Studio 连接 DWS 完成实际操作。

重点难点

◎理解数据仓库设计的思路。
◎理解事实表、维度相关基础知识。
◎掌握 Data Studio 采集数据和操作 DWS 的方法。
◎掌握数据仓库实现过程的方法。

9.1 数据仓库设计思路

9.1.1 业务需求分析

数据仓库设计思路

从概念层面讲，数据仓库是面向主题的、集成的、随时间而变的、持久性的支持管理决策过程的数据集合。可见，确定主题，是建设数据仓库时业务需求分析的重心所在。如果某企业经过可行性分析，决定成立大数据仓库项目组时涉及的仓库规模较大，那么主题选取的原则是优先实施管理者目前最迫切需求、最关心的主题。针对本课程，以《用户行为分析解决方案》为参考，开启"用户行为分析"仓库的建设，其功能框架如图 9-1 所示。

本项目以周期快照的形式将每天用户购物行为数据，通过 ETL 工具采集到 DWS（Data Warehouse Service，数据仓库服务）平台，并对数据进行处理和 OLAP 分析。DWS 按华为官网描述，是一种基于公有云基础架构和平台的在线数据处理数据库，提供即开即用、可扩展且完全托管的分析型数据库服务。

从功能层面讲，数据仓库是一个将从多个数据源中收集来的信息以统一模式存储在单个站点上的仓储（或归档），一旦收集完毕，数据会存储很长时间，允许访问历史数据。这里应用的

DWS 数据仓库服务，其参考功能架构如图 9-2 所示。

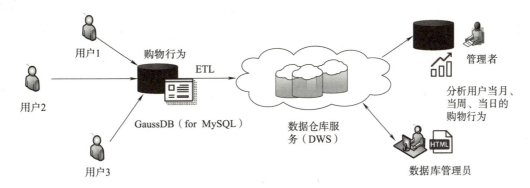

图 9-1　用户行为分析功能架构

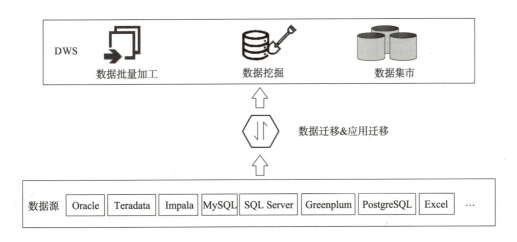

图 9-2　DWS 应用过程功能架构

　　DWS 是基于华为融合数据仓库 GaussDB 产品的云原生服务，兼容标准 ANSI SQL 99 和 SQL 2003，同时兼容 PostgreSQL/Oracle 数据库生态，为各行业 PB 级海量大数据分析提供有竞争力的解决方案。图 9-2 中，演示了数据仓库的工作过程和目前支持的数据源类型，以及 DWS 的功能，包括批量数据采集处理、数据集市建议和数据挖掘分析功能。针对本章"用户行为分析"项目，数据来自图 9-1 中用户购物产生的相关数据表，如图 9-3 所示。

　　通过数据迁移技术传入 DWS 仓库。通过对仓库中历史数据的统计分析，为图 9-1 中的管理者提供电商平台决策分析依据。这里的管理者，可以指实际电商平台的管理人员，也可以指电商平台的智能程序。例如，一个能够将商品推荐给指定用户访问界面的推荐算法程序。

9.1.2　数据仓库建设过程

　　数据仓库建设的核心内容就是事实表与维表的建设过程。其中事实表中的每一个度量从哪些角度进行分析，即事实表涉及的维表有哪些？事实表中存储哪些内容？事实表与维表之间如何关联？这些是依据需求进行数据仓库建设要研究的核心问题，实现的方法可依据 1.4.4 节中描述的 4 步法解决。

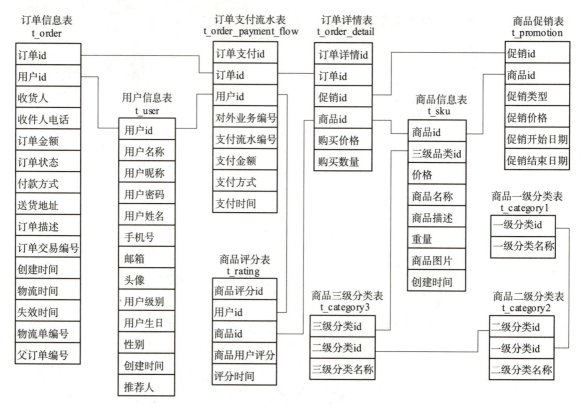

图 9-3 相关数据表及其之间的关系

1. 选择业务过程

业务过程通常用行为动词表示,因为它们通常表示业务执行的活动,以及与之相关的维度描述与每个业务过程事件关联的描述性环境。例如,分析用户购买行为,可按每位用户统计每种商品的购买、评价次数,当日、当周、当月的下订单次数、付款次数,商品评论次数等。这些度量可能是业务过程的直接结果,也可能是通过 SQL 的过滤、分组等计算结果的不同组合。

2. 声明粒度

搭建仓库需要准备多少台服务器,这与仓库涉及的业务存储粒度有着直接的联系。先看一下对于一张表的空间存储估算举例,如图 9-4 所示。

将一个仓库中大概需要多少张表、每张表的情况加一起,再考虑大数据平台 3 个副本的问题,即将估算的结果再乘以 3,即可获取要面临的存储空间的问题。这里需要强调的是,大家一定要注意事实表与维表之间关联的数据量,尤其建立维层次时粒度的问题。下面以项目中的时间维和商品维为例来说明此问题,如图 9-5 所示。

如图 9-5 所示,当最小粒度为天或分钟时,针对每一款商品的数量是 1 440(24 h×60 s)的倍数关说。也就是说,事实表相关统计值按分钟与按天统计相差(1 440-1)倍,也就意味着多付出(1 440-1)的空间。如果决策分析按天统计数值与按小时统计相差无几时,没必要付出多出的 23 倍空间及为此计算所耗的资源。如果按分钟,因为分钟的满粒度多出了 1 339 倍空间,所需要的存储空间与计算资源的耗费代价更高。本章案例数据量不大,采用按天最小粒度的统计模式。

一张订单表中订单事务估算举例：

假设每5 s会生成10个订单事务：
一年：约有10×365×24×60×(60/5)=63 072 000个事务
五年：约有10×5×365×24×60×(60/5)=315 360 000个事务
十年：约有10×365×24×60×(60/5)=630 720 000个事务
一行订单大约占用的字节空间假设为200 B

所占空间：
一年：200×63 072 000，约为11 GB
五年：200×315 360 000，约为55 GB
十年：200×630 720 000，约为110 GB

实际考量：
依据实际情况加权：估算一年、五年、十年
　　　　　　　　可能的最大事务个数与最小事务个数。
看平台情况：例如数据存储的副本问题

图9-4　空间存储估算举例

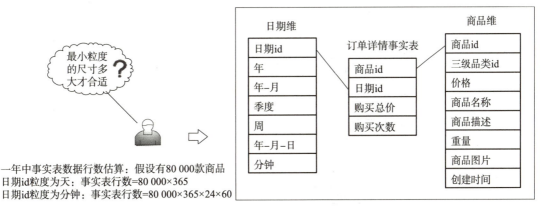

一年中事实表数据行数估算：假设有80 000款商品
日期id粒度为天：事实表行数=80 000×365
日期id粒度为分钟：事实表行数=80 000×365×24×60

图9-5　粒度与事实表行数

3. 确定维度

维度主要描述了事实表中度量值统计的角度，同时维表的数量也影响事实表中的行数。例如，基于图9-5增加一个用户维，统计结果就会变成每位用户每天每款商品为一行数据，为此，事实表的记录行数也会受到影响，如图9-6所示。

所以，在数据仓库机房建设前，估算存储空间时，除了考虑粒度的关系，也要考虑维数及属性值的特点。正常情况下，事实表中的数据量要远远大于维表中的数据量。除了维表对数据量的影响，还要考虑数据仓库本身的特点。数据仓库存储的是历史性的数据，不会更改，如果导入的数据有误，通常可将这批数据删除，然后重新导入。从数据的功用上讲，主要用于统计、决策，故基本不涉及小单元数据的更改、录入。由于内存、CPU、GPU等资源都是昂贵且有限的，故应用有限的资源做更有意义的事情成为建设数据库的关键。故在数据仓库建设中，雪花

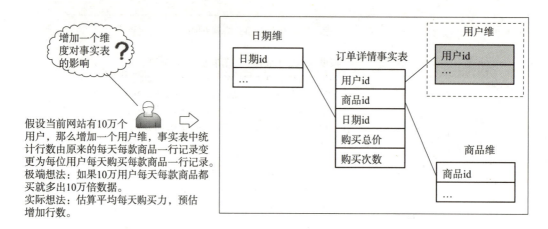

图 9-6　事实表行数与维表数关系

形建设并不受欢迎,反而星形或星座模型成为热点。在基于这些模型的建设中,对于较多分类的数据(例如商品),采用退化维度建设也是常用的手段。以用户行为数据仓库建设为例,其描述过程如图 9-7 所示。

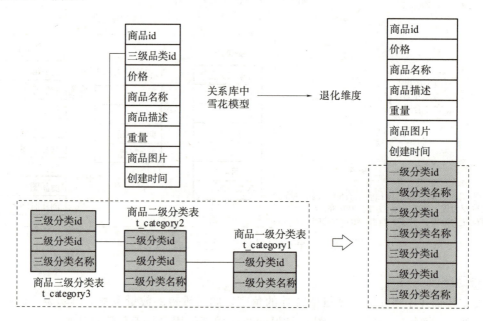

图 9-7　事实表行数与维表数关系

数据仓库的建设中,雪花形的建设虽然基本没有冗余数据,却增加了计算成本,但有些场景下仍然会使用,如图 9-8 所示。

商品的评分信息并不被订单事实表关注,作为商品本身的描述,以支架表的形式存在。支架表是否删除并不会影响事实表与维表本身的关系。

在数据仓库的维度建设中,需要注意维表之间的关系。通常事实表对应的所有维表中,维表之间不会存在相互关联的关系,这里以日期维为例进行说明,如图 9-9 所示。

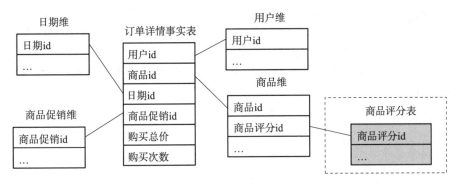

图 9-8 事实表行数与维表数关系

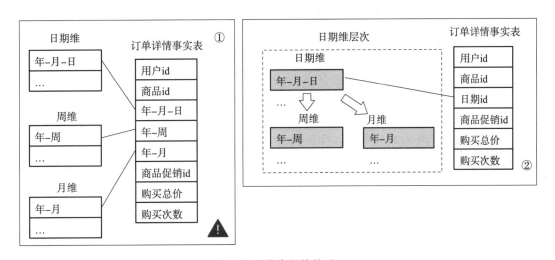

图 9-9 维表间的关系

其中：

①：导致事实表占用磁盘空间增加，减弱键之间的索引效用。这种做法，在实际项目中是不建议使用的。因为它会导致事实表占用更大的磁盘空间，且会减弱键之间的索引效用。

②：建立维层次，将统计结果进行存储。按日期维中最小粒度关系与事实表建立关联关系，如果需要按日、周、月统计数据，数据量且较大，可通过建立维层次的手段来实现，并将统计的结果进行存储。

4. 确定事实

事实也称为度量，是数据仓库多维空间中的信息单元，用以存放不同维度的数据，通常是数值型数据，例如图 9-9 中的购买总价、购买次数，就是由当前订单详情事实表所关联的统计表进行关联数据统计的数值。

在事实表相关联的维表中，要注意主键约束的问题。如果当前使用的数据仓库工具支持键约束功能，要注意无事实的事实表的建设情况。例如，订单详情事实表与促销维表的关系，因为并不是事实表中对应的商品都会参与促销，当有主键约束时，会出现不一致的情况。此种情况，可在事实表中加上一行主键为-1或0（一定是主键 ID 以外的值），然后在促销表中加一行对应的永久行，用来满足两表中的约束规则。在 GaussDB（DWS）数据仓库中，是支持约束功能的。

> **扩展阅读：** 来自华为官网描述

1. DEFAULT 和 NULL 约束

（1）如果能够从业务层面补全字段值，就不建议使用 DEFAULT 约束，避免数据加载时产生不符合预期的结果。

（2）给明确不存在 NULL 值的字段加上 NOT NULL 约束，优化器会在特定场景下对其进行自动优化。

（3）给可以显式命名的约束显式命名。除了 NOT NULL 和 DEFAULT 约束外，其他约束都可以显式命名。

2. 局部聚簇

局部聚簇（Partial Cluster Key，PCK）是列存表的一种局部聚簇技术，在 GaussDB（DWS）中，使用 PCK 可以通过 min/max 稀疏索引实现事实表快速过滤扫描。PCK 的选取遵循以下原则：

（1）一张表上只能建立一个 PCK，一个 PCK 可以包含多个列，但是一般不建议超过 2 列。

（2）在查询中的简单表达式过滤条件上创建 PCK。这种过滤条件一般形如 col op const，其中 col 为列名，op 为操作符 =、>、>=、<=、<，const 为常量值。

（3）在满足上面条件的前提下，选择在 distinct 值比较少的列上建 PCK。

3. 唯一约束

（1）行存表支持唯一约束，而列存表不支持。

（2）从命名上明确标识唯一约束，例如，命名为"UNI＋构成字段"。

4. 主键约束

（1）行存表与列存表都支持主键约束。

（2）从命名上明确标识主键约束，例如，将主键约束命名为"PK＋字段名"。

5. 检查约束

（1）行存表支持检查约束，而列存表不支持。

（2）从命名上明确标识检查约束，例如，将检查约束命名为"CK＋字段名"。

9.1.3 数据仓库框架设计

依据业务中的主题，确定了事实表和维表的内容后，可以开始数据仓库的建设。数据仓库的建设主要分为自顶向下和自底向上两种模式，如图 9-10 所示。

自顶向下模式是从数据仓库到数据集市的建设过程，即先整体再局部的构建模式。优点是数据规范化程度高、最小化数据冗余与不一致性，便于全局数据的分析和挖掘；缺点是建设周期长、见效慢，风险程度相对较大。

自底向上模式是从数据集市到数据仓库的建设过程，即先局部再整体的构建模式。自底向上模式的优点是投资少、见效快，在设计上相对灵活、易于实现；缺点是会有一定级别的冗余和不一致性。

基于 GaussDB（DWS）数据仓库进行用户行为分析数据仓库的建设，GaussDB（for MySQL）数据库作为数据源，应用 Data Studio 工具辅助实现数据源至仓库的数据迁移，其功能框架如图 9-11 所示。

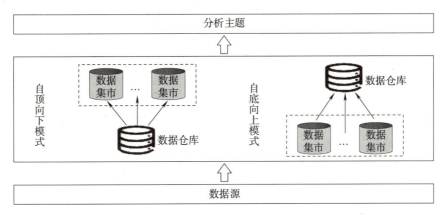

图 9-10　数据仓库建设模式

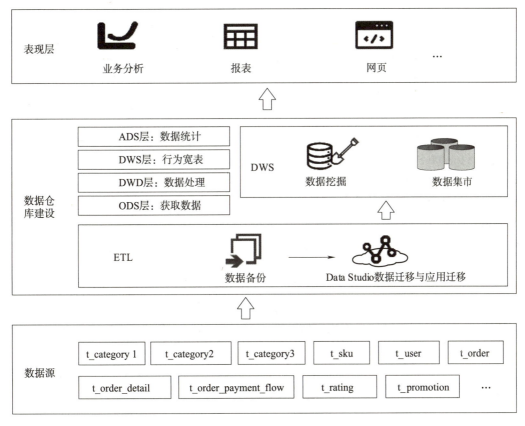

图 9-11　用户行为分析功能架构

（1）数据源：描述数据的来源来。这里指 GaussDB（for MySQL）数据库 ecommerce 中用户行为相关的 10 张表，具体表结构信息详见 3.4.4 节。

（2）表现层：数据仓库统计分析的结果，可导入关系库或直接通过可视化工具，以图表的形式展示给管理决策等需要人员，对数据浏览或决策起到指导的作用。

（3）数据仓库建设：这是本章的核心任务，主要分为数据导入和仓库层次建设两大部分。

①ETL：主要完成数据以全量或增量的形式，设置周期快照的模式，应用第三方工具 Data Studio 将数据导入至 DWS。

②DWS 采用了分层建设的架构，每层的功能如图 9-12 所示。

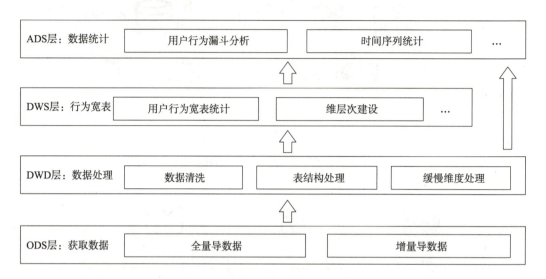

图 9-12 DWS 仓库中用户行为分析功能架构

- ODS 层：原始数据层。完成 ETL 增量、全量数据的存储，表结构基本保持 OLTP 系统，即 GaussDB（for MySQL）数据库中原有相关的表结构。
- DWD 层：数据处理层。主要完成 OLAP 环境下表结构的建设和数据内容的处理两项工作。其中，OLAP 环境下表结构的建设主要完成将 ODS 层 OLTP 表格式到 DWS 下需要的 OLAP 表格式的转变。数据内容的处理，主要指对 ODS 层采集的数据进行缺失值填补、剔除数据中空值、删除离群等操作。
- DWS 层：细粒度统计层。本章将在这一层建设用户行为宽表的统计。同时，在此层建设基于时间线的维层次，完成维层次上的用户行为统计工作。
- ADS 层：数据统计层。主要用于存放数据产品个性化的统计指标数据。其统计的实现主要由 DWD 层、DWS 层数据加工生成，例如统计每日用户下单次数、支付次数，或统计当日、当周、当月的下单次数等。

9.2　数据仓库原始数据层建设

9.2.1　数据采集工具环境准备

数据仓库原始数据层建设

mysqldump 是华为官方推荐的工具，它可以很好地应对并行备份场景实现数据的迁移工作。本例将应用 mysqldump 迁移 GaussDB（for MySQL）数据库 ecommerce 中 10 张用户表的数据以 Excel 的形式备份至本地，具体备份方法参见 8.4 节。Data Studio 是可用于 GuassDB（DWS）数据仓库的数据集成开发工具，可通过提供图形化界面来展示数据库的主要功能，简化了数据库开发和应用构建任务。数据库开发人员可以使用 Data Studio 所提供的特性，创建和管理数据库对象（数据库对象包含数据库、模式、函数、存储过程、表、序列、列、索引、约束条件、视图、表空间等），执行 SQL 语句/SQL 脚本，编辑和执行 PL/SQL 语句，以及导入和导出表数据。数据库开发人员可在 Data Studio 中通过单步进入、单步退出、单步跳过、继续、终止调试等操作调试并修复 PL/SQL 代码中的缺陷。本节将使用 mysqldump 和 Data Studio 完成数据从 GaussDB（for MySQL）导入 GaussDB（DWS）的过程，具体实现过程如图 9-13 所示。

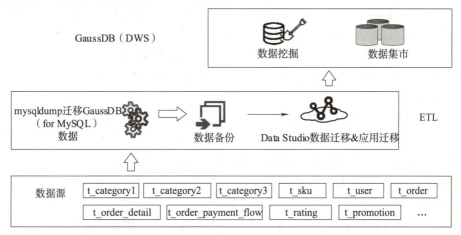

图 9-13　GaussDB（for MySQL）数据迁移到 GaussDB（DWS）的过程

Data Studio 工具在对象浏览过滤树、编码、连接管理、数据库表、函数/过程、安全、SQL 终端和一些通用的功能上，有自己的约束和限制，有必要在使用前了解一下。

☕ **扩展阅读**：来自华为官网描述：Data Studio 约束和限制

对象浏览器过滤树，不显示过滤结果数量以及过滤状态。

编码上，当查看的 SQL 语句、DDL、对象名称或数据中包含中文时，在操作系统支持 GBK 的前提下，Data Studio 客户端字符编码需设置为 GBK。

连接管理上，在"新建连接"和"编辑连接"窗口"高级"选项卡的包含/不包含字段中，逗号被视为一个分隔符。因此，包含/不包含字段不支持包含逗号的模式名称。

数据库表上，在表创建向导的"索引"选项卡中，列表视图中的所选列在删除后无法保持原有排序。操作完成后，如果 Data Studio 窗口不是当前操作系统的活动窗口，则仅当 Data Studio 窗口变为活动状态时才会显示消息对话框。"编辑表数据"中的操作存在以下限制：

（1）不支持在"编辑表数据"选项卡中输入表达式值。

（2）在 Data Studio 中，仅能编辑获取的记录。

（3）编辑表的过滤条件时，不会高亮 HTML 标签中的搜索内容，如"<"、"&"或">"。

（4）包含一个"&"的单元格不会在提示信息中显示。包含两个连续的"&"的单元格会在提示信息中显示为一个"&"。

（5）光标不会停留在新增行。用户需要单击要编辑的单元格。

函数/过程上，在"SQL 终端"或"创建函数/过程"向导创建的函数/过程须以"/"结尾，表示函数/过程的结尾。函数/过程随后输入的语句结尾如果没有"/"，该语句会被视为单条查询，执行过程中可能会报错。

在编辑区域一次最多可打开100个选项卡。选项卡的显示取决于主机的可用资源。数据库对象名最多可包含64个字符（仅限文本格式），数据库对象包括数据库、模式、函数、存储过程、表、序列、约束条件、索引、视图和表空间。但在Data Studio的表达式和说明中使用的字符数没有限制。在Data Studio已登录的实例上最多可打开300个选项卡。如果"对象浏览器"和"搜索对象"窗口中加载了大对象，则"对象浏览器"中对象展开的速度可能会变慢，同时Data Studio也可能无法响应。对于包含数据的单元格，如果数据超出了可显示区域，调整单元格宽度可能导致Data Studio无法响应。表的单元格最多可显示1 000个字符，超出部分显示为"…"。

（1）如果用户从表或"结果"选项卡的单元格复制数据到任意编辑器（如SQL终端/PLSQL源编辑器、记事本或任意外部编辑器应用），将会粘贴全部数据。

（2）如果用户从表或"结果"选项卡的单元格复制数据到一个可编辑的单元格（本单元格或其他单元格），该单元格仅显示1 000个字符，并将超出部分显示为"…"。

（3）导出表或"结果"选项卡数据时，导出的文件将包含全部数据。

安全上，Data Studio在首次连接时验证SSL连接参数。在后续连接中，Data Studio不再验证SSL连接参数。如果勾选了"启用SSL"，打开新连接时，该连接会使用同样的SSL连接参数。SSL连接中，如果安全文件被损坏，Data Studio将无法继续进行任何数据库操作。如果要修复该问题，可删除对应配置文件所在文件夹下的安全文件夹，然后重启Data Studio。

SQL终端上，打开一个包含大量SQL语句的SQL文件，可能会出现"内存不足"错误。对于"SQL终端"选项卡中被注释掉的文本，Data Studio不禁用自动建议和超链接功能。如果模式名或表名中有空格或点（.），则不支持超链接。如果对象名称中包含半角单引号（'）或双引号（"），则不支持自动建议功能。Data Studio仅支持对简单的SELECT语句进行基本的格式化，对于复杂查询可能无法达到预期效果。

1. Data Studio 环境安装

Data Studio安装前，了解一下它的安装条件。

（1）操作系统要求：目前提供了基于通用x86服务器的一些操作系统环境。相关操作系统主要包括Microsoft Windows 2008/7/8/10/11（64位）、SUSE Linux Enterprise Server 11 SP1/2/3/4、SUSE Linux Enterprise Server 12 SP0/1/2/3、RHEL 6.4～7.6、CentOS 7.6 和 NeoKylin7.4—x86_64。

（2）浏览器要求：目前支持IE 11及以上版本。

（3）Java环境要求：华为官方推荐使用Open JDK 1.8.0_141或更高版本。

（4）GaussDB（DWS）支持的版本：目前支持GaussDB（DWS）1.2.x/1.5.x/8.0.x/8.1.x版本。

这些环境准备好以后，去Data Studio官方网站下载安装包，然后解压安装包开始安装。其安装步骤如下：

（1）解压所需软件包（32位或64位），分别放至Program Files或Program Files（x86）文件夹中。如果用户需要用其他文件夹，管理员应控制用户对该文件夹的访问权限。

（2）进入Data Studio解压目录，双击Data Studio.exe，启动Data Studio客户端，完成安装。

正式使用 Data Studio 工具前，有必要对界面上的各项功能有所了解，如图 9-14 所示。

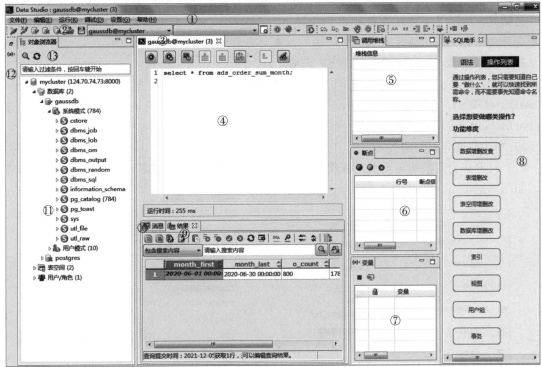

图 9-14　Data Studio 工作主界面

其中：

①主菜单：提供使用 Data Studio 的基本操作。

②工具栏：提供常用操作入口。

③"SQL 终端"选项卡：在该窗口，可以执行 SQL 语句和函数/过程。

④编辑区域：用于进行编辑操作。

⑤"调用堆栈"窗格：显示执行栈。

⑥"断点"窗格：显示所有设置过的断点。

⑦"变量"窗格：显示变量及其变量值。

⑧SQL 帮助信息。

⑨"结果"选项卡：显示所执行的函数/过程或 SQL 语句的结果。

⑩"消息"选项卡：显示进程输出。显示标准输入、标准输出和标准错误。

⑪"对象浏览器"窗格：显示数据库连接的层级树状结构和用户有权访问的相关数据库对象。除公共模式外，所有默认创建的模式均分组在"系统模式"下，用户模式分组在相应数据库的"用户模式"下。

⑫最小化窗口窗格：用于打开"调用堆栈"、"断点"和"变量"窗格。该窗格仅在"调用堆栈"、"断点"和"变量"窗格中的一个或多个窗格最小化时显示。

⑬搜索工具栏：用于在"对象浏览器"窗格中搜索对象。

> 说明

UserData 文件夹在首个用户用 Data Studio 打开实例后创建。打开 Data Studio 时，如果出现任何错误，请参见华为数据仓库服务 GaussDB（DWS）下"工具指南"→"Data Studio 数据库集成开发工具"→"快速入门"中的描述，来对应解决。

2. Data Studio 与 GaussDB（DWS）连接

使用 Data Studio 工具将数据迁移到 GaussDB（DWS）之前，首先需要完成 Data Studio 与 GaussDB（DWS）的连接工作。本工作主要分为华为数据仓库的购买和 Data Studio 连接 GaussDB（DWS）两大步骤完成。

1）华为数据仓库的购买

（1）打开华为商品购买页面，依次选择"服务列表"→"大数据"→"数据仓库服务"选项，如图 9-15 所示。

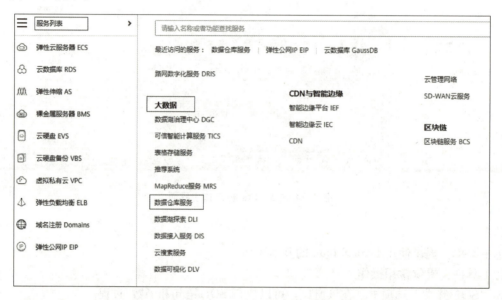

图 9-15　打开华为商品购买页面

（2）在控制台中单击"创建数据仓库集群"按钮，进入集群配置页面，如图 9-16 所示。

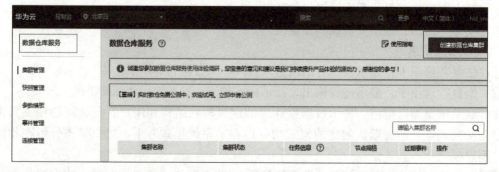

图 9-16　集群配置页面

（3）在创建的数据仓库集群配置页面中，选择默认配置即可，如图 9-17 所示。

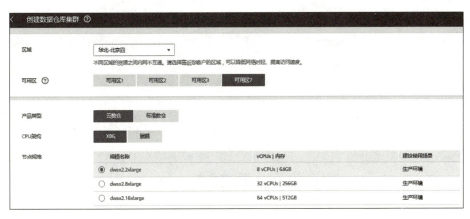

图 9-17　选择默认设置

（4）在集群名称对应的文本框中输入自定义的名称，设置并确认管理员密码，如图 9-18 所示。

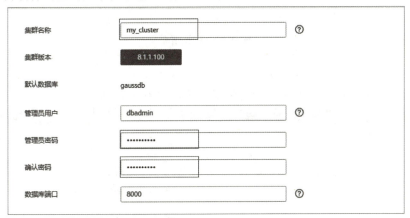

图 9-18　设置并确认管理员密码

（5）购买弹性公网 IP，同时创建私有云，如图 9-19 所示。

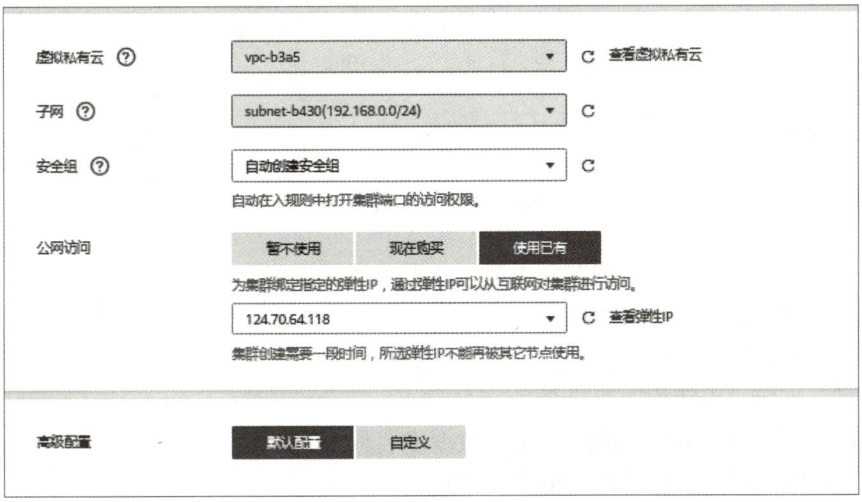

图 9-19　创建私有云

(6) 单击右下角的"立即创建"按钮出现产品清单,如图 9-20 所示。

产品类型	产品规格	
集群	区域	北京四
	可用区	可用区7
	节点规格	dwsx2.2xlarge
	规格详情	云数仓 | 8 vCPUs | 64 GB 内存 | 100 GB 超高I/O
	节点数量	3
	集群名称	my_cluster
	集群版本	8.1.1.100
	默认数据库	gaussdb
	数据库端口	8000
	虚拟私有云	vpc-b3a5
	子网	subnet-b430(192.168.0.0/24)

图 9-20　产品清单

2) Data Studio 连接 GaussDB(DWS)

(1) 打开客户端工具 Data Studio 的连接服务端,如图 9-21 所示。

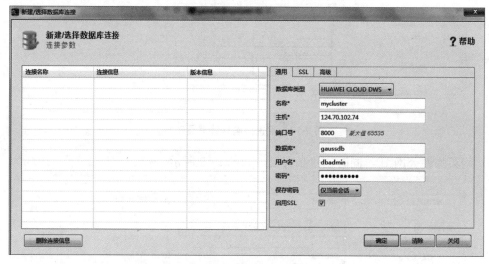

图 9-21　连接服务端

- 数据库类型:将要连接的数据库类型,这里选择华为云仓库 HUAWEI CLOUD DWS。
- 名称:新建立的连接的名称。
- 主机:要连接的主机的 IP 地址。
- 端口号:连接主机使用的端口号。
- 数据库:购买华为数据仓库时使用的数据库名称。
- 用户名:购买华为数据仓库时确认的用户名。
- 密码:购买华为数据仓库时确认的用户密码。

（2）连接成功后，出现如下界面，如图 9-22 所示。

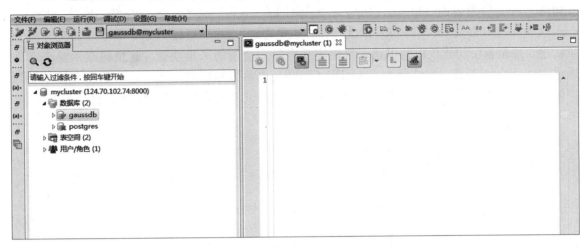

图 9-22　连接成功界面

此时，数据采集的环境已经准备好，可以开始数据的采集工作。

9.2.2　数据增量与全量采集

数据增量采集，指继上次导出之后的新数据。例如，以天为周期采集数据，那么增量采集指每天新增加的数据。该类数据采集具有如下特点：

（1）采集每次增加的数据量，而不是总量。

（2）只采集相对前一次采集有变化的量，无变化的不采集。

数据全量采集，指每次采集数据时，都将指定库表的所有数据进行采集。全量采集表存储的是完整的数据，具有如下特点：

（1）每次采集全量表的数据，无论相对前一次采集是否有变化，都要采集。

（2）每次采集的都是指定表的所有的数据。

什么场景应该采用全量采集，什么场景应该采用增量采集？这与当前项目的业务和所选用的工具有关。这里以用户行为数据库中的用户表和订单信息表为例来说明这个问题。

用户表和订单信息表本身的特点：

（1）用户表的数据量相对是可估计量的表，故表的信息量不会太大。

（2）如果当前电商平台业务非常大，每天有大量订单信息产生，那么订单表的数据量每天都会很大，加上历史数据会是一个非常庞大的数据量。

用户表和订单信息表应用平台的特点：

如果选用的数据库，在数据进行底层存储之前进行了数据的小条目整理，而且每次导入规则所涉及的数据量较大，此时可采用增量导。常规情况下，尽量将经常访问的数据一起导入数据仓库，数据仓库按每批数据进行整理然后存储入磁盘。也就是保证同批的数据查询起来更快一些，例如 HDFS 存储，它本身不适合存储小文件，而它对应的仓库 Hive 也不具备把每次导入的数据与之前的数据进行整理排序后再存储入磁盘的功能，故对增量很少的表采用全量导的方式，对每次产生大量数据的订单表采用增量导的方式。

对于本书应用的 GaussDB（for MySQL）数据库到 GaussDB（DWS）增量、全量备份及导入功能，可去华为公网（https：//console.huaweicloud.com/ticket/？locale＝zh-cn&region＝cn-north-4#/ticketindex/createIndex）依次选择"工单管理"→"新建工单"命令，提交开通全量备份、增量备份功能权限的申请，继而实现增量、全量的采集功能。这里将演示整个文件通过 Data Studio 工具一次性导入 GaussDB（DWS）原始数据层的过程。这些数据会被采用到原始数据 ODS 层存储来考虑数据仓库中数据随时间变化和稳定性的问题，这里建立分区表。

语法格式

```
GaussDB(DWS)创建分区表参考语法格式：
CREATE TABLE [ IF NOT EXISTS ] partition_table_name
( [
    { column_name data_type [ COLLATE collation ] [ column_constraint [ ... ] ]
    | table_constraint
    | LIKE source_table [ like_option [...] ] }[, ... ]
] )
    [ WITH ( {storage_parameter=value} [, ... ] ) ]
    [ COMPRESS | NOCOMPRESS ]
    [ TABLESPACE tablespace_name ]
    [ DISTRIBUTE BY { REPLICATION | { [ HASH ] ( column_name ) } } ]
    [ TO { GROUP groupname | NODE ( nodename [, ... ] ) } ]
    PARTITION BY {
        {VALUES (partition_key)} |
        {RANGE (partition_key) ( partition_less_than_item [, ... ] )}|
        {RANGE (partition_key) ( partition_start_end_item [, ... ] )}
    } [ { ENABLE | DISABLE } ROW MOVEMENT ];
```

具体每一项介绍详见华为官网（https：//support.huaweicloud.com/sqlreference-dws/dws_06_0177.html）"文档首页＞数据仓库服务 GaussDB（DWS）＞ SQL 语法参考（8.1.1 稳定版）＞ DDL 语法 CREATE TABLE PARTITION"。这里只介绍几个将要用到的项。

WITH（storage_parameter [＝value] [, ...]）：这个子句为表或索引指定一个可选的存储参数。

DISTRIBUTE BY：指定表如何在节点之间分布或者复制。其取值范围：

● REPLICATION：表的每一行存在所有数据节点（DN）中，即每个数据节点都有完整的表数据。

● HASH（column_name）：对指定的列进行 Hash，通过映射，把数据分布到指定 DN。

应用举例

下面以 8.4 节 mysqldump 备份 GaussDB（for MySQL）数据库 ecommerce 中 10 个 .csv 文件为例，建立 ODS 层表结构，与 GaussDB（for MySQL）层的表结构基本一致，一定程度地减轻了 GaussDB（for MySQL）服务器层压力，其建表的参考语句如图 9-23 所示。

可以将图 9-23 中的建表语句复制到 Data Studio 工具的窗口上运行，完成 GaussDB（DWS）ODS 层表的创建工作，如图 9-24 所示。

```sql
create schema ecommerce_data;
set current_schema='ecommerce_data';
--用户表
drop table if exists ods_user;
CREATE TABLE ods_user (
      u_id INTEGER  NOT NULL ,
      u_login_name VARCHAR(50),
      u_nick_name VARCHAR(50),
      u_passwd VARCHAR(30),
      u_name VARCHAR(50),
      u_phone_num VARCHAR(15),
      u_email VARCHAR(40),
      u_head_img VARCHAR(100),
      u_user_level INT,
      u_birthday VARCHAR(20) ,
      u_gender VARCHAR(1),
      u_create_time VARCHAR(20)
 ) WITH (ORIENTATION = COLUMN, COMPRESS
ION=MIDDLE)DISTRIBUTE BY REPLICATION;
--订单表
drop table if exists ods_order;
CREATE TABLE ods_order (
      o_id INTEGER NOT NULL ,
      o_consignee VARCHAR(100) ,
      o_consignee_tel VARCHAR(20) ,
      o_total_amount DECIMAL(10,2) ,
      o_order_status VARCHAR(20),
      u_id INTEGER,
      o_payment_way VARCHAR(20),
      o_delivery_address VARCHAR(1000),
      o_ VARCHAR(200),
      o_out_trade_no VARCHAR(50) ,
      o_trade_body VARCHAR(200),
      o_create_time VARCHAR(20),
      o_operate_time VARCHAR(20),
      o_expire_time VARCHAR(20),
      o_tracking_no VARCHAR(100),
      o_parent_order_id VARCHAR(20),
      o_img_url VARCHAR(200)
)WITH (ORIENTATION = COLUMN, COMPRESS
ION=MIDDLE) DISTRIBUTE BY HASH(u_id);
--订单详情表
drop table if exists ods_order_detail;
CREATE TABLE ods_order_detail (
      od_id INTEGER NOT NULL,
      o_id INTEGER NOT NULL,
      sku_id INTEGER NOT NULL,
      pmt_id INTEGER(20),
      od_order_price DECIMAL(10,2) ,
      od_sku_num INTEGER
) WITH (ORIENTATION = COLUMN, COMPRES
SION=MIDDLE) DISTRIBUTE BY HASH(o_id);
--商品表
drop table if exists ods_sku;
CREATE TABLE ods_sku (
      sku_id INTEGER NOT NULL,
      price DECIMAL(10,0),
      sku_name VARCHAR(100),
      sku_DESC VARCHAR(2000),
      weight DECIMAL(10,2),
      category3_id INTEGER(20),
      sku_default_img VARCHAR(200) ,
      create_time VARCHAR(20)
) WITH (ORIENTATION = COLUMN, COMPRES
SION=MIDDLE) DISTRIBUTE BY REPLICATION;

--订单支付表
drop table if exists ods_order_payment_flow;
CREATE TABLE ods_order_payment_flow
(
      op_id      INTEGER NOT NULL ,
      op_out_trade_no    VARCHAR(20) ,
      o_id       INTEGER,
      u_id       INTEGER,
      op_alipay_trade_no VARCHAR(20) ,
      op_total_amount    DECIMAL(16,2) ,
      op_payment_type    VARCHAR(20),
      op_payment_time VARCHAR(20)
) WITH (ORIENTATION = COLUMN, COMPRESSION=MIDDLE)
DISTRIBUTE BY HASH(u_id);
--售后评分表
drop table if exists ods_rating;
CREATE TABLE ods_rating (
   pr_id INTEGER NOT NULL ,
   u_id INTEGER,
   sku_id INTEGER,
   u_p_score DECIMAL(10,2),
   timestamp VARCHAR(20)
) WITH (ORIENTATION = COLUMN, COMPRESSION=MIDDLE)
DISTRIBUTE BY HASH(u_id);
--促销商品表
drop table if exists ods_promotion;
CREATE TABLE ods_promotion
(
      pmt_id    INTEGER NOT NULL,
      sku_id    INTEGER,
      pmt_reduction_type VARCHAR(100),
      pmt_cost    DECIMAL(12,2) ,
      pmt_begin_date VARCHAR(20) ,
      pmt_end_date VARCHAR(20)
)
WITH (ORIENTATION = COLUMN, COMPRESSION=MIDDLE)
DISTRIBUTE BY HASH(pmt_id);
--商品一级分类表
drop table if exists ods_category1;
CREATE TABLE  ods_category1
(
      category1_id          INTEGER NOT NULL,
      p_category1_name      VARCHAR(50) NOT NULL
)WITH (ORIENTATION = COLUMN, COMPRESSION=MIDDLE)
DISTRIBUTE BY REPLICATION;
--商品二级分类表
drop table if exists ods_category2;
CREATE TABLE  ods_category2
(
      category2_id          INTEGER NOT NULL,
      p_category2_name      VARCHAR(50) NOT NULL,
      category1_id          INTEGER

)WITH (ORIENTATION = COLUMN, COMPRESSION=MIDDLE)
 DISTRIBUTE BY REPLICATION;
--商品三级分类表
drop table if exists ods_category3;
 CREATE TABLE ods_category3(
      category3_id          INTEGER NOT NULL,
      p_category3_name      VARCHAR(50) NOT NULL ,
      category2_id    INTEGER
)
```

图 9-23　GaussDB（DWS）ODS 层建表语句

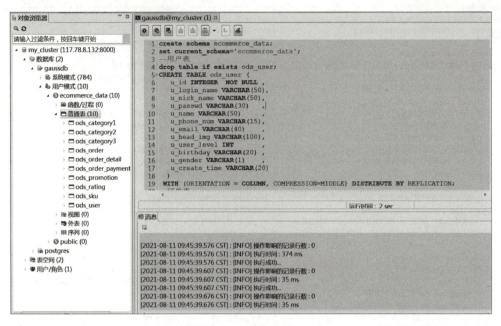

图 9-24　完成表创建工作

此时，表中没有数据，可以通过选择每张表，在弹出的窗口中，单击导入数据文件对应文本框后的"浏览"按钮，选择表对应的数据文件，将数据导入表中。例如，一级分类表数据文件 t_category1.csv 导入 ods_category1 表中。然后，在格式选项中选择数据文件的格式，本例为 .csv，还可指定分隔符、引号、转义符、编码、时间格式等选项。设置完成后，单击"确定"按钮，完成导入操作，如图 9-25 所示。

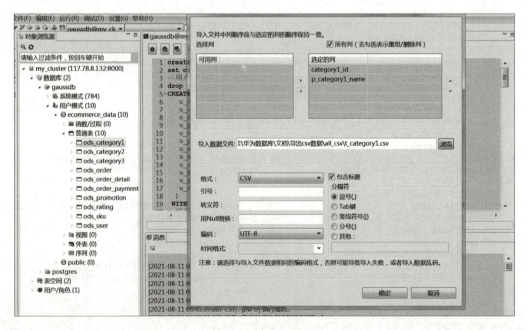

图 9-25　完成导入操作

9.3 数据仓库数据处理层建设

9.3.1 产品类型退化维度建设

数据仓库数据处理层建设

数据仓库原始数据 ODS 层采集的数据基本没有处理，数据存储的表结构也基本与数据库 GaussDB（for MySQL）一致。故在进行数据仓库分析之前，有必要对 ODS 层的数据从表结构上和表数据上进行清洗等处理。数据清洗后的数据需要存储在表中，故在进行数据清洗前，需要对 DWD 层的表进行建设。GaussDB（DWS）仓库中表结构如图 9-26 所示。

图 9-26 DWD 层数据仓库星座模型

GaussDB（DWS）仓库中主要考虑查询的性能，故适当地应用冗余存储而减少因为表关联而带来的性能的消耗是常用的手段。例如，ODS 层商品信息表与其 3 个分类，采用的是雪花模型，数据没有冗余，但在查询商品 ID、一级分类 ID、二级分类 ID、三级分类 ID 时，需要 4 张表关联查询才能查询出结果，其参考语句如图 9-27 所示。

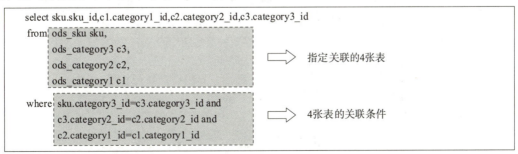

图 9-27 商品信息表查询语句

该语句基于 GaussDB（DWS）在 Data Studio 工具窗口中运行过程用时 2 s，如图 9-28 所示。

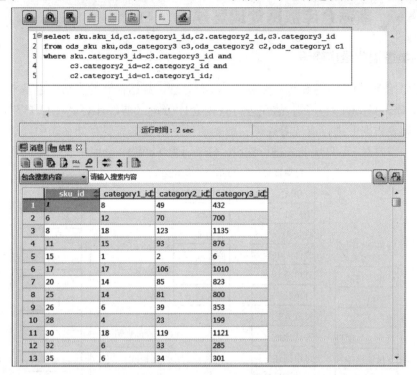

图 9-28　Data Studio 工具窗口

表间计算需要将参与计算的数据读入内存，然后通过 CPU 等进行计算方能得到结果。针对这样的情况，可以简化计算过程，以此减少对内存、CPU 等资源的消耗，可将 4 张表退化成一张表结构，即采用退化维度的方式进行表的建设，此时，相同数据、相同环境下，在 Data Studio 工具窗口中运行过程用时远小于 2 s，用时 384 ms，如图 9-29 所示。

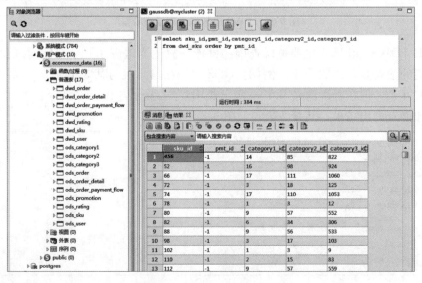

图 9-29　简化计算过程及用时

针对此案例，除了商品维应，除了将 ODS 层的商品信息表、商品一级分类表、商品二级分类表、商品三级分类表进行了退化维度的处理外，其他表结构没有大的变化。按图 9-26 所示的表结构建表，基于 GaussDB（DWS）建表的参考语句如图 9-30 所示。

```
set current_schema='ecommerce_data';
-- 用户表
drop table if exists dwd_user;
CREATE TABLE dwd_user (
    u_id INTEGER NOT NULL ,
    u_login_name VARCHAR(50),
    u_nick_name VARCHAR(50),
    u_passwd VARCHAR(30),
    u_name VARCHAR(50),
    u_phone_num VARCHAR(15),
    u_email VARCHAR(40),
    u_head_img VARCHAR(100),
    u_user_level INT,
    u_birthday VARCHAR(20),
    u_gender VARCHAR(1),
    u_create_time VARCHAR(20)
 )
 WITH (ORIENTATION = COLUMN, COMPRESSION=MIDDLE) DISTRIBUTE BY REPLICATION;
-- 订单表
drop table if exists dwd_order;
CREATE TABLE dwd_order (
    o_id INTEGER NOT NULL,
    o_consignee VARCHAR(100),
    o_consignee_tel VARCHAR(20),
    o_total_amount DECIMAL(10,2),
    o_order_status VARCHAR(20),
    u_id INTEGER,
    o_payment_way VARCHAR(20),
    o_delivery_address VARCHAR(1000),
    o_ VARCHAR(200),
    o_out_trade_no VARCHAR(50),
    o_trade_body VARCHAR(200),
    o_create_time VARCHAR(20),
    o_operate_time VARCHAR(20),
    o_expire_time VARCHAR(20),
    o_tracking_no VARCHAR(100),
    o_parent_order_id VARCHAR(20),
    o_img_url VARCHAR(200)
)
WITH (ORIENTATION = COLUMN, COMPRESSION=MIDDLE) DISTRIBUTE BY HASH(u_id);
-- 订单详情表
drop table if exists dwd_order_detail;
CREATE TABLE dwd_order_detail (
    od_id INTEGER NOT NULL,
    o_id INTEGER NOT NULL,
    u_id INTEGER NOT NULL,
    sku_id INTEGER NOT NULL,
    pmt_id INTEGER(20) ,
    od_order_price DECIMAL(10,2),
    od_sku_num INTEGER
)
WITH (ORIENTATION = COLUMN, COMPRESSION=MIDDLE) DISTRIBUTE BY HASH(o_id);

-- 商品表
drop table if exists dwd_sku;
CREATE TABLE dwd_sku (
    sku_id INTEGER NOT NULL,
    price DECIMAL(10,0),
    sku_name VARCHAR(100),
    sku_DESC VARCHAR(2000),
    weight DECIMAL(10,2),
    category3_id INTEGER,
    category2_id INTEGER,
    category1_id INTEGER,
    category3_name VARCHAR(50),
    category2_name VARCHAR(50),
    category1_name VARCHAR(50) ,
    sku_default_img VARCHAR(200) ,
    create_time VARCHAR(20)
)
WITH (ORIENTATION = COLUMN, COMPRESSION=MIDDLE) DISTRIBUTE BY REPLICATION;
-- 订单支付表
drop table if exists dwd_order_payment_flow;
CREATE TABLE dwd_order_payment_flow
(
    op_id         INTEGER NOT NULL ,
    op_out_trade_no  VARCHAR(20),
    o_id          INTEGER,
    u_id          INTEGER
    op_alipay_trade_no  VARCHAR(20),
    op_total_amount   DECIMAL(16,2) ,
    op_payment_type    VARCHAR(20) ,
    op_payment_time VARCHAR(20)
) WITH (ORIENTATION = COLUMN, COMPRESSION=MIDDLE) DISTRIBUTE BY HASH(u_id);
-- 售后评分表
drop table if exists dwd_rating;
CREATE TABLE dwd_rating (
    pr_id INTEGER NOT NULL,
    u_id INTEGER,
    sku_id INTEGER,
    u_p_score DECIMAL(10,2),
    timestamp VARCHAR(20)
) WITH (ORIENTATION = COLUMN, COMPRESSION=MIDDLE)
DISTRIBUTE BY HASH(u_id);
-- 促销商品表
drop table if exists dwd_promotion;
CREATE TABLE dwd_promotion
(
    pmt_id      INTEGER NOT NULL,
    sku_id      INTEGER,
    pmt_reduction_type VARCHAR(100) ,
    pmt_cost      DECIMAL(12,2) ,
    pmt_begin_date VARCHAR(20) ,
    pmt_end_date VARCHAR(20)
) WITH (ORIENTATION = COLUMN, COMPRESSION=MIDDLE)
DISTRIBUTE BY HASH(pmt_id);
```

图 9-30　DWD 层数据仓库建表语句

DWD 层的表相对于 ODS 层表来讲，由原来的 10 张表，退化成 7 张表。表间采用了星座模型的设计。虽然星座模型下数据存储会有冗余，但磁盘的价格相对内存与 CPU 还是低廉的。这样的存储模型，一定程度上提升了查询速度，也降低了内存与 CPU 等的资源消耗。将这些语句复制到 Data Studio 工具窗口中运行，如图 9-31 所示。

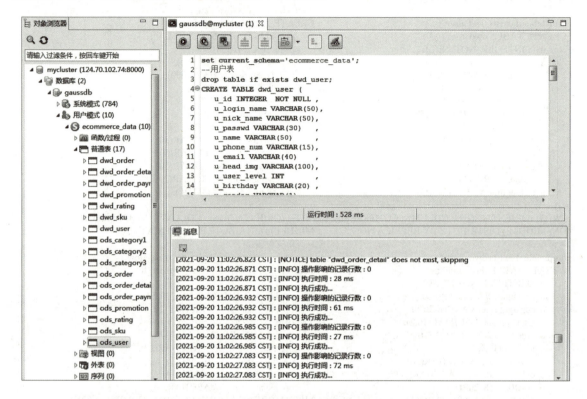

图 9-31　星座模型的设计及语句运行

9.3.2　数据清洗

基于 GaussDB（DWS）数据库 DWD 层的表建设完成以后，需要从 ODS 层取数据，而且取出来的数据要进行数据清洗，去除数据中的噪声、不一致数据等。清洗的复杂度取决于 ODS 层数据的质量和业务模型的复杂度。针对本案例，整体的清洗语句如图 9-32 所示。

对数据进行键值去空处理，与表结构不一致的内容通过 SQL 语句进行计算求取。

这里有个特殊的字段，就是订单详情事实表与促销维关联时，如果订单中出现的商品并没有参与促销，两表中的数据会出现不一致的情况，即出现了无事实的事实表的情况。此时，可以通过 UNION ALL 语句，在进行数据清洗时，在促销表中增加一行 id 为 0 或 -1 的永久行。此后，在进行促销商品关联时，没有参加促销的商品列标记为 -1 或 0，如图 9-33 所示。

9.3.3　订单物流过程缓慢维度变化建设

数据仓库中的数据具有随时间而变化的特点，所以看似稳定的维度中的属性值通常情况下只能说是相对稳定，并非一成不变，只是变化得相对缓慢。例如，一个电商网站中 S000012 这款商品，随着网站规模的变化，所属分类发生变化，如图 9-34 所示。

```
-- 从ODS层导入商品数据
INSERT INTO dwd_sku(
sku_id,           price,
sku_name,         sku_DESC,
weight,           category3_id,
category2_id,     category1_id,
category3_name , category2_name,
category1_name,  sku_default_img,
create_time
)
SELECT
    sku.sku_id ,        sku.price,
    sku.sku_name ,      sku.sku_DESC,
    sku.weight ,        sku.category3_id,
    c2.category2_id,    c1.category1_id,
    c3.p_category3_name, c2.p_category2_name,
    c1.p_category1_name, sku.sku_default_img,
    sku.create_time
FROM
    ods_sku sku
join ods_category3 c3 on
sku.category3_id=c3.category3_id
    join ods_category2 c2 on
c3.category2_id=c2.category2_id
    join ods_category1 c1  on
c2.category1_id=c1.category1_id
WHERE sku.sku_id is not null;
```

```
-- 从ODS层用户表导入数据
  INSERT INTO dwd_user
 SELECT * FROM ods_user WHERE u_id is not null;
-- 从ODS层订单表导入数据
  INSERT INTO dwd_order
 SELECT * FROM ods_order WHERE o_id is not null;
-- 订单支付表
 INSERT INTO dwd_order_payment_flow
SELECT * FROM  ods_order_payment_flow WHERE op_id is not null;
-- 售后评分表
 INSERT INTO dwd_rating
SELECT * FROM ods_rating  WHERE pr_id is not null;
-- 促销商品表
 INSERT INTO dwd_promotion
SELECT * FROM ods_promotion;
-- 从ODS层订单明细表导入数据
 INSERT INTO dwd_order_detail(
od_id,o_id,u_id,
sku_id ,pmt_id ,od_order_price,od_sku_num
)
SELECT
  od.od_id,  od.o_id,  ord.u_id,
  od.sku_id , od.pmt_id , od.od_order_price, od.od_sku_num
FROM ods_order_detail od JOIN
ods_order ord  ON
od.o_id=ord.o_id
WHER Eop_id is not null;
```

图 9-32　DWD 层数据仓库建表语句

	sku_id	pmt_id	category1_id	category2_id	category3_id
1	456	-1	14	85	822
2	52	-1	16	98	924
3	66	-1	17	111	1060
4	72	-1	3	18	125
5	74	-1	17	110	1053
6	78	-1	1	3	12
7	80	-1	9	57	552
8	82	-1	6	34	306
9	88	-1	9	56	533
10	98	-1	3	17	103
11	102	-1	1	3	9
12	110	-1	2	15	83
13	112	-1	9	57	559

图 9-33　商品列标记

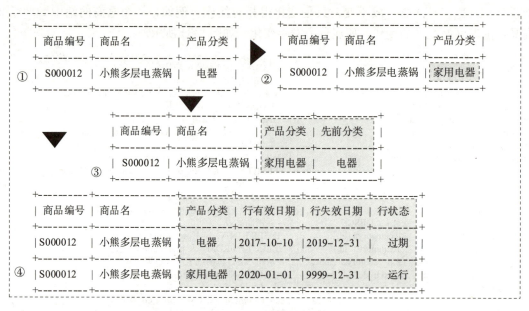

图 9-34 DWD 层数据仓库建表语句

其中：

①：原有数据。S000012 这款商品所属分类为"电器"，②③④仓库中应用①中属性变化的方案。

随着电商平台规模的扩张、产品类别增加，原有电器分类更加精细地分为了家用电器和工业电器等，故产品分类名称发生变化。S000012 商品所属分类由原来的"电器"变更为"家用电器"。此时，针对不同的业务场景，数据仓库相应存储表的结构会发生相应的变化，但无论怎么变化，都以尽量满足快速查询为目的。下面将列举②③④三种方案，当然实际项目中会依据实际情况，可能将这 3 种方案进行混合应用或提出新的解决方案。

②：重写数据。当分类名称发生变更时，用新的类别名称替换旧的名称。当前情况适合仓库不需要对当前产品分类历史数据进行变更的场景，仅统计最新分类情况下的度量。

③：增加列字段。在现有表结构的基础上增加了一列，用于记录先前分类的名称，适用于当前影响维度变化可能影响表中大量行的情况。

④：增加行数据。增加了新行，同时增加了新列，将产品分类的每一种状态都进行了详细记录，适用于对当前维度任何历史变化进行统计的场景。

9.3.4 可加事实、半可加事实、不可加事实处理

事实表中按数据存储的方式主要有事务、周期快照和累积快照 3 种，每种快照都有其自身的特点。其中，快照可以说是一个关于指定数据集合的一个完全可用副本，该副本包括相应数据在某个时间点（复制开始的时间点）的映像。事务、周期快照和累积快照在仓库中分别代表事实表中数据的快照形式，其特点描述如图 9-35 所示。

事实表中的度量可分为可加事实、半可加事实和不可加事实 3 种，如图 9-36 所示。

每一张事实表都会有不同的维表与之对应，通常的做法会在事实表中存储从不同维度按粒度存储的值。可加事实是一定能够满足不同维度上数量的计算的，但不可加事实却是不可以的，

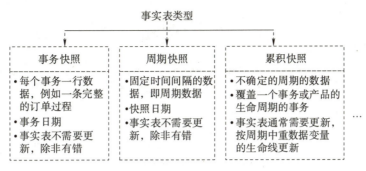

图 9-35　事实表类型

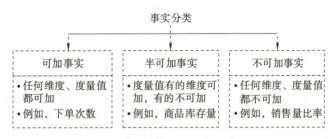

图 9-36　事实（度量）分类

它在任何维度上都不可加，因此如果这个值存在实际统计意义，就得想办法让其变成可加的事实进行存储。例如销售比率，它可以下面的公式计算得到：

$$商品销售比率=\frac{商品销售总额}{商品销售总量}$$

其中，商品销售总额和商品销售总量都是可加的事实，这时，可以在事实表中存储商品销售总额和商品销售总量这样的度量值，在统计数据仓库时将这两个度量值相除即可。

9.4　数据仓库分析层建设

9.4.1　数据行为宽表建设

DWD 层将数据处理好以后，就可以对其进行查询统计分析。统计分析会依据业务的复杂度建立不同的层次。这里首先建设 DWS 层，用于细粒度地统计用户行为信息，为后面 OLAP（联机分析处理）在进行粗粒度切片、切块时提供数据基础。在正式建立 DWS 层的数据前，有必要科普一下 GaussDB（DWS）仓库中查询的语法。

数据仓库分析层建设

语法格式

GaussDB（DWS）SELECT 参考语法格式。

```
[ WITH [ RECURSIVE ] with_query [, …] ]
SELECT [/* + plan_hint * /] [ ALL | DISTINCT [ ON ( expression [, …] ) ] ]
{ * | {expression [ [ AS ] output_name ]} [, …] }
[ FROM from_item [, …] ]
```

```
[ WHERE condition ]
[ GROUP BY grouping_element [, ...] ]
[ HAVING condition [, ...] ]
[ WINDOW {window_name AS ( window_definition )} [, ...] ]
[ { UNION | INTERSECT | EXCEPT | MINUS } [ ALL | DISTINCT ] select ]
[ ORDER BY {expression [ [ ASC | DESC | USING operator ] | nlssort_expression_clause ] [ NULLS { FIRST | LAST } ]} [, ...] ]
[ { [ LIMIT { count | ALL } ] [ OFFSET start [ ROW | ROWS ] ] } | { LIMIT start, { count | ALL } } ]
[ FETCH { FIRST | NEXT } [ count ] { ROW | ROWS } ONLY ]
[ {FOR { UPDATE | SHARE } [ OF table_name [, ...] ] [ NOWAIT ]} [...] ];
```

具体每项介绍详见华为官网（https：//support.huaweicloud.com/sqlreference-dws/dws_06_0177.html）"文档首页"→"数据仓库服务 GaussDB（DWS）＞SQL 语法参考（8.1.1 稳定版）＞DML 语法＞SELECT"。GaussDB（DWS）中，SELECT 用于从表或视图中取出数据。

GaussDB（DWS）中 SELECT 语句在使用时需要注意以下事项：

（1）SELECT 支持普通表和 HDFS（分布式文件系统）的 Join，不支持普通表和 GDS 外表的 join，即 SELECT 语句中不能同时出现普通表和 GDS 外表。

（2）必须对每个在 SELECT 命令中使用的字段有 SELECT 权限。

（3）使用 FOR UPDATE 或 FOR SHARE 还要求 UPDATE 权限。

应用举例

以 2020—06—24 为例，演示 DWS 层建立基于用户行为宽表的日、周、月维层次的过程。维层次间的关系、数据源和业务功能如图 9-37 所示。

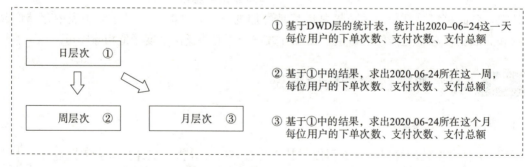

图 9-37　DWS 层用户行为宽表日期维层次建立业务分析

（1）建立基于日层次的用户行为宽表，具体实现过程如图 9-38 所示。

建设完成以后，查询日层次用户行为宽表中的内容，如图 9-39 所示。

（2）建立基于周层次的用户行为宽表，具体实现过程如图 9-40 所示。

在②中，应用了时间函数 next_day() 和 to_date()，求出当前日期 dt 所在周的周一和周日范围的数据，然后按用户编号 u_id 进行分组、求和，求出当周的每位用户的下单次数、支付次数、支付总额。建设完成以后，查询周层次用户行为宽表中的内容，如图 9-41 所示。

统计结果中，显示了 2020—06—24 日所在这一周，即 2020—06—22～2020—06—28 的数据统计。

```
drop table if exists dws_user_action_day;

create  table dws_user_action_day
(
    u_id          INTEGER,
    o_COUNT       INTEGER,
    pay_COUNT     INTEGER,
    pay_amount    DECIMAL(16,2) ,
        dt Date

)
WITH (ORIENTATION = COLUMN, COMPRESSION=
MIDDLE) DISTRIBUTE BY HASH(u_id);
```

① 建立日层次用户行为宽表

```
drop table if exists dws_tmp_order;
create  table  dws_tmp_order AS
(
    SELECT
        u_id,
            substring(oi.o_create_time,1,10) sdt,
          COUNT(*)  o_COUNT
    FROM dwd_order oi
 --   WHERE substring(oi.o_create_time,1,10)='2020-06-
24'
    group by u_id,substring(oi.o_create_time,1,10)
);
```

② 建立订单统计用户行为宽表，统计2020-06-24每位用户下单次数

```
drop table if exists dws_tmp_payment;
create  table  dws_tmp_payment AS
(
    SELECT
        u_id, substring(p.op_payment_time,1,10) sdt,
      COUNT(*)  payment_COUNT,
        sum(p.op_total_amount) payment_amount
    FROM dwd_order_payment_flow p
  --  WHERE substring(p.op_payment_time,1,10)='2020-06-24'
    group by u_id,substring(p.op_payment_time,1,10)
);
```

③ 建立支付统计用户行为宽表，统计2020-06-24每位用户支付次数、支付总额

```
INSERT  INTO dws_user_action_day
SELECT  *
FROM
(   SELECT
        u_id,
        o_COUNT,
        0 payment_COUNT,
        0 payment_amount,
        to_date(sdt)
    FROM dws_tmp_order
    union all
    SELECT
        u_id,
        0 o_COUNT,
        payment_COUNT,
        payment_amount,
        to_date(sdt)
FROM dws_tmp_payment);
```

④ 基于②和③的结果，统计出2020-06-24每位用户下单次数、支付次数、支付总额

图 9-38 DWS 层日层次用户行为宽表建设过程举例

	u_id	o_count	pay_count	pay_amount	dt
331	316	0	1	484.00	2020-06-24 00:00:00
332	142	0	1	133.00	2020-06-24 00:00:00
333	401	0	1	692.00	2020-06-24 00:00:00
334	474	0	2	1467.00	2020-06-24 00:00:00
335	135	0	2	1389.00	2020-06-24 00:00:00
336	225	0	2	1686.00	2020-06-24 00:00:00
337	400	0	1	159.00	2020-06-24 00:00:00
338	14	0	1	456.00	2020-06-24 00:00:00
339	475	0	2	1187.00	2020-06-24 00:00:00
340	282	0	2	1246.00	2020-06-24 00:00:00
341	467	0	1	450.00	2020-06-24 00:00:00
342	292	0	1	133.00	2020-06-24 00:00:00
343	46	0	1	432.00	2020-06-24 00:00:00
344	389	0	1	480.00	2020-06-24 00:00:00
345	36	0	2	1836.00	2020-06-24 00:00:00
346	169	0	1	693.00	2020-06-24 00:00:00

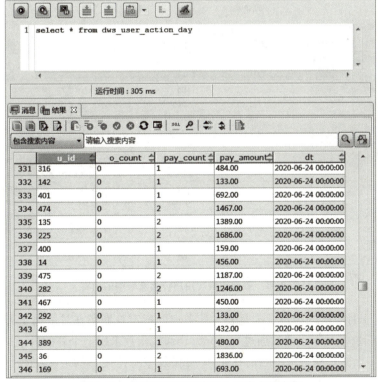

图 9-39 查询日层次用户行为宽表中的内容

```
create  table dws_user_action_week
(
    u_id            INTEGER,
    o_COUNT         INTEGER ,
    pay_COUNT       INTEGER,
    pay_amount      DECIMAL(16,2) ,
        mon_day date,
        sun_day date

)
WITH (ORIENTATION = COLUMN, COMPRESSI
ON=MIDDLE) DISTRIBUTE BY HASH(u_id);
```

① 建立周层次用户行为宽表

```
INSERT INTO
dws_user_action_week(u_id,mon_day,sun_day,o_COUNT,pay_
COUNT,pay_amount)
SELECT u_id, next_day((to_date(dt) - 7),'Monday')
,next_day(dt,'Sunday'),SUM(o_count) o_COUNT,SUM(pay_COUNT)
pay_COUNT ,SUM(pay_amount) pay_amount
FROM dws_user_action_day                              ——→ 基于日层次表进行统计
WHERE dt>=next_day((to_date(dt) – 7),'Monday')
AND dt<=next_day(dt,'Sunday')                         ——→ 指定dt所在周的周一~周日的范围
GROUP BY u_id,next_day((to_date(dt) – 7) ,'Monday'),
next_day(dt,'Sunday');
```

② 查询出统计当前日期所在周每位用户每周下单次数、支付次数和支付总额

图 9-40　DWS 层周层次用户行为宽表建设过程举例

	u_id	o_count	pay_count	pay_amount	mon_day	sun_day
1	65	4	0	0.00	2020-06-22 00	
2	385	2	1	836.00	2020-06-22 00:00:00	2020-06-28 00:00:
3	344	3	1	951.00	2020-06-22 00:00:00	2020-06-28 00:00:
4	236	3	1	420.00	2020-06-22 00:00:00	2020-06-28 00:00:
5	217	2	0	0.00	2020-06-22 00:00:00	2020-06-28 00:00:
6	321	2	1	301.00	2020-06-22 00:00:00	2020-06-28 00:00:
7	27	3	1	252.00	2020-06-22 00:00:00	2020-06-28 00:00:
8	37	3	0	0.00	2020-06-22 00:00:00	2020-06-28 00:00:
9	335	3	1	995.00	2020-06-22 00:00:00	2020-06-28 00:00:
10	240	2	1	694.00	2020-06-22 00:00:00	2020-06-28 00:00:
11	131	2	0	0.00	2020-06-22 00:00:00	2020-06-28 00:00:
12	174	2	0	0.00	2020-06-22 00:00:00	2020-06-28 00:00:
13	416	1	0	0.00	2020-06-22 00:00:00	2020-06-28 00:00:

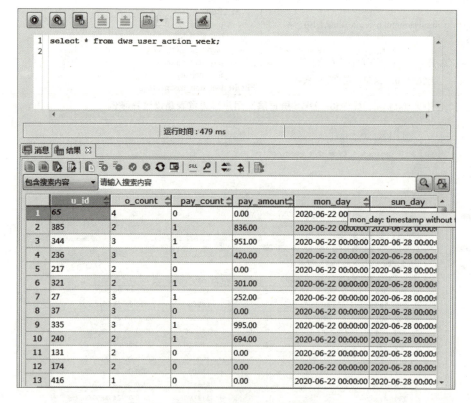

图 9-41　查询周层次用户行为宽表中的内容

（3）建立基于月层次的用户行为宽表。其中求取指定日期所在月的第 1 天和月末日期，可应用 last_day() 函数求月末，然后通过 add_months() 函数求出上个月的月末加 1 天，求出指定日期所在月的第 1 天的日期。求出当前日期 dt 所在月中每位用户的下单次数、支付次数、支付总额的具体实现过程，如图 9-42 所示。

```
create  table dws_user_action_month
(
    u_id            INTEGER,
    o_COUNT         INTEGER,
    pay_COUNT       INTEGER,
    pay_amount      DECIMAL(16,2) ,
        month_first DATE,
    month_last DATE

)
WITH (ORIENTATION = COLUMN, COMPRESSION=MIDDLE) DISTRIBUTE BY HASH(u_id);
```

① 建立月层次用户行为宽表

```
INSERT INTO
dws_user_action_month(u_id,month_first,month_last,o_COUNT,
pay_COUNT,pay_amount)
SELECT u_id, last_day(add_months(to_date(dt),-1)) +1
,last_day(to_date(dt)),SUM(o_count) o_COUNT,SUM(pay_
COUNT) pay_COUNT ,SUM(pay_amount) pay_amount
FROM dws_user_action_day  ——> 基于日层次表进行统计
WHERE dt>=last_day(add_months(to_date(dt),
      -1))+1 AND dt<=last_day(to_date(dt))  ——> 指定dt所在月的范围
GROUP BY u_id,last_day(add_months(to_date(dt),-1)) +1 ,last_
day(to_date(dt));
```

② 查询出统计当前日期所在月每位用户每周下单次数、支付次数和支付总额

图 9-42 DWS 层月层次用户行为宽表建设过程举例

建设完成以后，查询周层次用户行为宽表中的内容，如图 9-43 所示。

	u_id	o_count	pay_count	pay_amount	month_first	month_last
1	149	2	1	929.00	2020-06-01 00:00:00	2020-06-30 00:00:
2	342	2	1	217.00	2020-06-01 00:00:00	2020-06-30 00:00:
3	213	2	1	171.00	2020-06-01 00:00:00	2020-06-30 00:00:
4	266	3	0	0.00	2020-06-01 00:00:00	2020-06-30 00:00:
5	251	3	1	977.00	2020-06-01 00:00:00	2020-06-30 00:00:
6	285	3	0	0.00	2020-06-01 00:00:00	2020-06-30 00:00:
7	98	2	0	0.00	2020-06-01 00:00:00	2020-06-30 00:00:
8	423	1	0	0.00	2020-06-01 00:00:00	2020-06-30 00:00:
9	473	2	0	0.00	2020-06-01 00:00:00	2020-06-30 00:00:
10	139	1	1	915.00	2020-06-01 00:00:00	2020-06-30 00:00:
11	223	2	0	0.00	2020-06-01 00:00:00	2020-06-30 00:00:
12	298	2	0	0.00	2020-06-01 00:00:00	2020-06-30 00:00:
13	70	1	0	0.00	2020-06-01 00:00:00	2020-06-30 00:00:

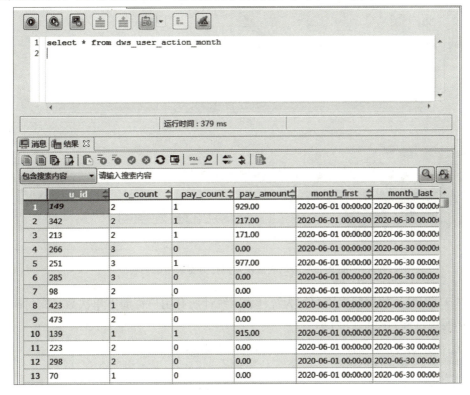

图 9-43 查询周层次用户行为宽表中的内容

统计结果中，显示 2020－06－24 日所在月，即 2020－06－01～2020－06－30 日，这一个月每位用户的下单次数、支付次数的支付总额。

9.4.2 OLAP 用户行为统计分析

有了 DWS 层细粒度的数据统计基础，在 ADS 层可以方便地进行 OLAP 切片、切块的统计。

下面将基于 DWS 层已经建立各层次的用户行为的宽表进行数据的统计演示。

（1）基于 DWS 层的日层次用户行为统计表，统计每天所有用户的下单次数、支付次数、支付总额。具体实现过程如图 9-44 所示。

```
drop table if exists ads_order_sum_day;
create table ads_order_sum_day
( dt date,
    o_COUNT INTEGER ,
    pay_count DECIMAL(16,2),
    pay_amount DECIMAL(16,2)
)
WITH (ORIENTATION = COLUMN, COMPRESSION=MIDDLE) DISTRIBUTE BY HASH(dt);
```
① 建立每日所有用户行为统计表

```
insert into ads_order_sum_day
SELECT
    dt,
    sum(o_COUNT) o_COUNT,
    sum(pay_count) pay_count,
    sum(pay_amount) pay_amount
FROM dws_user_action_day
group by dt;
```
→ 基于DWS层日层次表进行统计

② 统计每日所有用户每天下单次数、支付次数和支付总额

图 9-44　ADS 层每天所有用户行业统计举例

建设完成以后，查询周层次用户行为宽表中的内容，如图 9-45 所示。

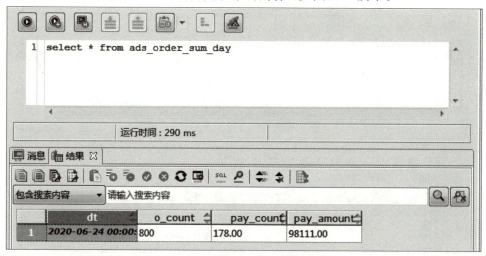

图 9-45　查询周层次用户行为宽表中的内容

（2）基于 DWS 层的周层次用户行为统计表，统计所有用户每周下单次数、支付次数、支付总额。具体实现过程如图 9-46 所示。

```
drop table if exists ads_order_sum_week;
create table ads_order_sum_week
(  mon_day date,
      sun_day date,
    o_COUNT INTEGER ,
    pay_amount DECIMAL(16,2),
    pay_amount DECIMAL(16,2)
)
WITH (ORIENTATION = COLUMN, COMPRESSION=MIDDLE) DISTRIBUTE BY HASH(sun_day);
```
① 建立每周所有用户行为统计表

```
insert into ads_order_sum_week
SELECT
    mon_day,
     sun_day,
    sum(o_COUNT) o_COUNT,
    sum(pay_count) pay_amount,
    sum(pay_amount) pay_amount
FROM dws_user_action_week
group by mon_day,sun_day;
```
→ 基于DWS层周层次表进行统计

② 统计每周所有用户每天下单次数、支付次数和支付总额

图 9-46　ADS 层每周所有用户行业统计举例

建设完成以后，查询周层次用户行为宽表中的内容，如图 9-47 所示。

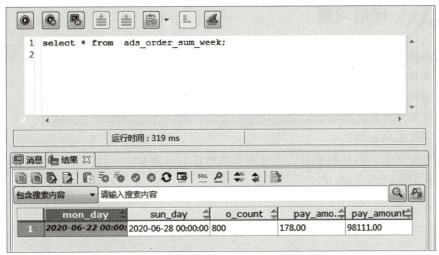

图 9-47　查询周层次用户行为宽表中的内容

（3）基于 DWS 层的月层次用户行为统计表，统计所有用户每月下单次数、支付次数、支付总额。具体实现过程如图 9-48 所示。

```
drop table if exists ads_order_sum_month;
create  table ads_order_sum_month
(    month_first DATE,
     month_last DATE ,
     o_COUNT INTEGER ,
     pay_amount  DECIMAL(16,2),
     pay_amount  DECIMAL(16,2)
)
WITH (ORIENTATION = COLUMN, COMPRESSION=
MIDDLE) DISTRIBUTE BY HASH(month_first);
  ①建立每月所有用户行为统计表
```

```
insert into  ads_order_sum_month
SELECT
     month_first ,
     month_last ,
     sum(o_COUNT) o_COUNT,
     sum(pay_count) pay_amount,
     sum(pay_amount) pay_amount
FROM dws_user_action_month      ← 基于DWS层月层次
group by month_first,month_last;   表进行统计
  ②统计每月所有用户每天下单次数、支付次数和支付总额
```

图 9-48　ADS 层每周所有用户行业统计举例

建设完成以后，查询月层次用户行为宽表中的内容，如图 9-49 所示。

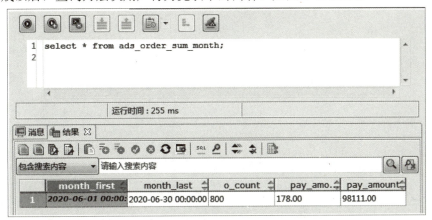

图 9-49　查询月层次用户行为宽表中的内容

课后习题

1. 简述数据仓库的建设过程。
2. 简述数据仓库分层的原因。
3. 简述退化维度的原因。
4. 简述缓慢维度变化的处理方案。
5. 简述事实表的分类。
6. 简述可加事实、不可加事实、半可加事实的区别与联系。
7. 请完成 Data Studio 环境安装与配置。